美国著名奥数教练蒂图·安德雷斯库系列丛书(第二辑)

113个几何不等式:

来自AwesomeMath夏季课程

113 Geometric Inequalities: From the AwesomeMath Summer Program

[美] 艾德里安·安德雷斯库(Adrian Andreescu)
[美] 蒂图·安德雷斯库(Titu Andreescu) 著
[保] 奥列格·玛氏卡洛夫(Oleg Mushkarov)
余应龙 译

哈爾濱工業大學出版社
HARBIN INSTITUTE OF TECHNOLOGY PRESS

黑版贸审字 08－2018－106 号

内 容 简 介

本书介绍了几何不等式的原理及代数问题如何转化为几何问题，并列举了入门题和提高题，每一题都给出了详细解答，且许多问题都给出了多种解法，并以多种角度进行了讨论.

本书适合大学生、中学生及几何不等式研究人员参考阅读.

图书在版编目(CIP)数据

113 个几何不等式：来自 AwesomeMath 夏季课程/(美)艾德里安・安德雷斯库，(美)蒂图・安德雷斯库，(保)奥列格・玛氏卡洛夫著；余应龙译. —哈尔滨：哈尔滨工业大学出版社，2020. 9(2024. 5 重印)

书名原文：113 Geometric Inequalities：from the AwesomeMath Summer Program

ISBN 978－7－5603－9000－0

Ⅰ. ①1… Ⅱ. ①艾… ②蒂… ③奥… ④余… Ⅲ. ①平面几何 Ⅳ. ①O123. 1

中国版本图书馆 CIP 数据核字(2020)第 152967 号

策划编辑　刘培杰　张永芹
责任编辑　刘春雷
封面设计　孙茵艾
出版发行　哈尔滨工业大学出版社
社　　址　哈尔滨市南岗区复华四道街 10 号　邮编 150006
传　　真　0451－86414749
网　　址　http://hitpress. hit. edu. cn
印　　刷　哈尔滨圣铂印刷有限公司
开　　本　787 mm×1092 mm　1/16　印张 12.5　字数 258 千字
版　　次　2020 年 9 月第 1 版　2024 年 5 月第 2 次印刷
书　　号　ISBN 978－7－5603－9000－0
定　　价　58.00 元

美国著名奥数教练蒂图·安德雷斯库

◎ 序言

虽然有时候忽视了几何不等式的重要性,但它却是解决几何中许多问题的利器。经常使用代数和三角学的方法,利用这些几何不等式往往可以迅速找到问题简洁的解。对数学感兴趣的读者来说,想在奥林匹克竞赛中提高自己的数学水平,几何不等式是一个有价值的补充。这种解决问题的方法为其他领域(如微积分和复数)的解题提供了关键思路,因为这些解题方案通常在几何意义上是不标准的。然而,尝试解这些不同类型的不等式来巩固你的数学背景和几何推理的同时,也可以接触到更广泛的问题和富有创造力的不等式类型的解题方案。

这本书结构简单,第 1 章从基本的几何原理讲起,为讨论基本定理及理解后面的较难的概念奠定了必要的基础。第 2 章围绕通常的代数问题展开,给出了在相应的代数问题中化解几何问题的方法。随后入门题和提高题作为对前面理论的加强而列出,每一个问题都有解答,且从多个角度对题目进行了有意义的讨论,而不仅限于几何方面。许多问题都介绍了多种解法,可使读者更好地理解几何不等式的使用范围和通用性。我们希望丰富的理论和几何习题可以帮助读者更好地理解几何不等式的作用,并成为解题时使用的典型案例。

Chris Jeuell 系统地修改了我们的手稿,纠正了许多错误,完善了一些解答。在此,我们对他表示衷心的感谢!

愿与读者一起分享这些问题!

Adrian Andreescu,Titu Andreescu,Oleg Mushkarov

2016 年 5 月

◎ 目录

第 1 章　基本概念

在本章，我们列举几个能用三角形不等式证明的几何不等式的例子，并将其推广到折线，同时也列举一些面积不等式的例子.

1.1　三角形不等式

回忆一下三角形不等式，它指的是对于任意三点 A,B,C，我们有不等式

$$AB + BC \geqslant CA$$

我们还将使用其向量形式，即

$$|\overrightarrow{AB}| + |\overrightarrow{BC}| \geqslant |\overrightarrow{AB} + \overrightarrow{BC}|$$

注意到，在这两个不等式中，当且仅当点 B 在线段 AC 上时，等式成立.

例 1.1　设 M 是 $\triangle ABC$ 内一点. 证明：

(a) $MA + MB < CA + CB$；

(b) $MA + MB + MC < \max\{AB + BC, BC + CA, CA + AB\}$.

证明　(a) 设 N 是直线 AM 与 BC 的交点(图 1.1)，那么由三角形不等式，我们有 $BM < MN + NB$ 以及 $AN < CA + CN$. 于是

$$\begin{aligned} AM + BM &< AM + MN + BN = AN + BN \\ &< CA + CN + NB = CA + CB \end{aligned}$$

(b) 设 $AB \leqslant BC \leqslant CA$. 过点 M 分别作平行于该三角形三边的直线，用 A_1 和 A_2，B_1 和 B_2，C_1 和 C_2 分别表示所作的直线与 BC,CA,AB 的交点(图 1.2). 于是 $\triangle A_1A_2M$，$\triangle MB_1B_2$，$\triangle C_2MC_1$ 这三个三角形相似，这三个三角形中最短的边分别为 MA_1，MB_2，C_1C_2. 将这三个不等式相加，得到

$$\begin{aligned} MA + MB + MC &< (AB_2 + B_2M) + (MA_1 + A_1B) + (MA_2 + A_2C) \\ &< (AB_2 + B_2B_1) + (A_1A_2 + A_1B) + (CB_1 + A_2C) \\ &= AC + BC \end{aligned}$$

这里我们用了 $MA_2 = B_1C$ 这一事实.(为什么？)

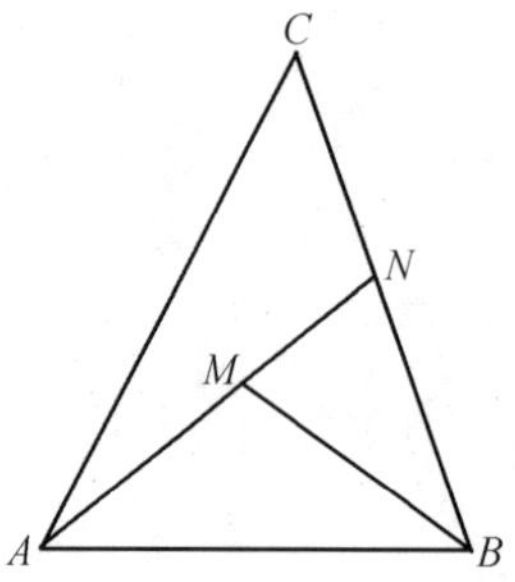

图 1.1

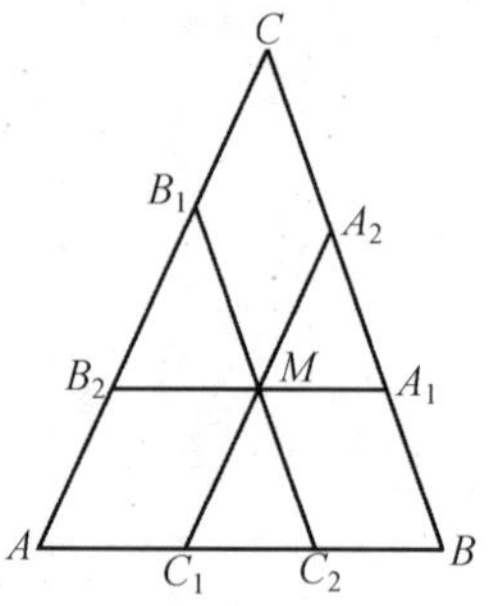

图 1.2

例 1.2 (海伦(Heron)问题)点 A 和 B 在直线 l 的同侧,在 l 上求一点 C,使 $CA+CB$ 最小.

证明 用 B' 表示 B 关于 l 的对称点(图 1.3).对 $\triangle ACB'$ 用三角形不等式,得到

$$CA+CB=CA+CB'\geqslant AB'$$

当 C 是直线 l 与线段 AB' 的交点时,等式成立(即图 1.3 中的点 C_0).

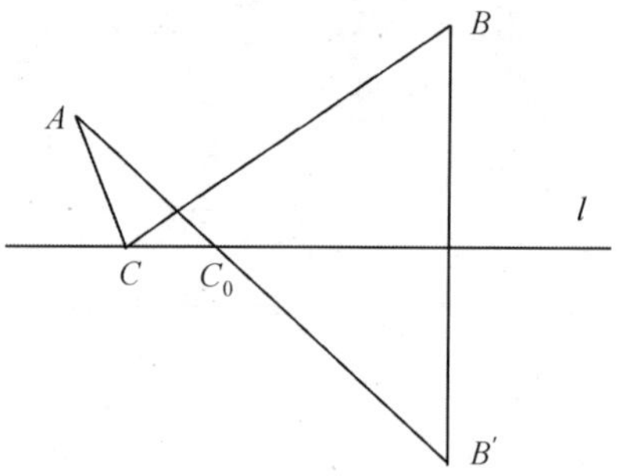

图 1.3

例 1.3 设四边形 $ABCD$ 是圆内接四边形.证明:

(a) $|AB-CD|+|AD-BC|\geqslant 2|AC-BD|$;

(b) 如果 $\angle A\geqslant\angle D$,那么 $AB+BD\leqslant AC+CD$.

证明 (a) 设 M 是对角线 AC 和 BD 的交点,那么 $\triangle ABM$ 和 $\triangle DCM$ 相似,且

$$\begin{aligned}|AC-BD|&=|AM+MC-BM-DM|\\&=\left|AM+BM\cdot\frac{CD}{AB}-BM-AM\cdot\frac{CD}{AD}\right|\\&=\frac{|AM-BM|}{AB}\cdot|AB-CD|\leqslant|AB-CD|\end{aligned}$$

类似地

$$|AC-BD|\leqslant|AD-BC|$$

所以

$$|AB-CD|+|AD-BC|\geqslant 2|AC-BD|$$

(b) 注意到已知条件等价于 $\angle MAD \geqslant \angle MDA$，于是 $MD \geqslant MA$. 另外，我们知道

$$\frac{CD}{AB}=\frac{CM}{MB}=\frac{DM}{MA}=k \geqslant 1$$

于是

$$AC+CD-AB-BD=(k-1)(AB+BM-AM) \geqslant 0$$

例 1.4 设 M 是线段 AB 上一点，K 是平面内一点. 证明：

(a) 如果 M 是 AB 的中点，那么

$$KM \leqslant \frac{KA+KB}{2}$$

(b) 如果 $\frac{MB}{AB}=\lambda$，$0<\lambda<1$，那么

$$KM \leqslant \lambda KA+(1-\lambda)KB$$

(c) 如果 G 是 $\triangle ABC$ 的重心，那么

$$KG \leqslant \frac{KA+KB+KC}{3}$$

证明 (a) 考虑使四边形 $ANBK$ 是平行四边形的点 N，那么

$$\begin{aligned} KM &= \frac{1}{2}KN \\ &\leqslant \frac{1}{2}(KB+BN) \\ &= \frac{1}{2}(KB+KA) \end{aligned}$$

还注意到这一不等式是(b) 中当 $\lambda=\frac{1}{2}$ 时的特殊情况.

(b) 我们有

$$\overrightarrow{KM}=\lambda \overrightarrow{KA}+(1-\lambda)\overrightarrow{KB}$$

那么对于向量形式的三角形不等式，有

$$|\overrightarrow{KM}| \leqslant \lambda |\overrightarrow{KA}|+(1-\lambda)|\overrightarrow{KB}|$$

(c) 我们知道 $\frac{GM}{CG}=\frac{1}{2}$. 因此由(a) 和(b)，推得

$$\begin{aligned} KG &\leqslant \frac{1}{3}(KC+2KM) \\ &< \frac{1}{3}(KC+KA+KB) \end{aligned}$$

这一不等式也可由恒等式

$$\overrightarrow{KA}+\overrightarrow{KB}+\overrightarrow{KC}=3\overrightarrow{KG}$$

和向量形式的三角形不等式推出.

例 1.5 在平面内给出 A,B,C,D 四点，设 E,F 分别是 AB 和 CD 的中点. 证明

$$EF\leqslant \frac{AD+BC}{2}$$

证明 设 M 是 BD 的中点，那么

$$EF\leqslant EM+MF=\frac{1}{2}AD+\frac{1}{2}BC$$

例 1.6 （托勒密(Ptolemy)不等式）对于平面内任意四点 A,B,C,D，我们有

$$AC\cdot BD\leqslant AB\cdot CD+BC\cdot AD$$

当且仅当四边形 $ABCD$ 是圆内接四边形时，等式成立.

证明 我们可以假定点 B 在 $\angle ADC$ 内. 在射线 $\overrightarrow{DA},\overrightarrow{DB},\overrightarrow{DC}$ 上分别考虑点 A_1,B_1,C_1，使

$$DA_1=\frac{1}{DA},DB_1=\frac{1}{DB},DC_1=\frac{1}{DC}$$

那么 $\triangle ABC\backsim\triangle A_1B_1C_1$，所以

$$A_1B_1=\frac{AB}{DA\cdot DB},B_1C_1=\frac{BC}{DB\cdot DC},C_1A_1=\frac{CA}{DC\cdot DA}$$

所求的不等式可由三角形不等式

$$A_1B_1+B_1C_1\geqslant A_1C_1$$

推出.

当且仅当点 B_1 在线段 A_1C_1 上，即当

$$\angle BAD+\angle BCD=\angle A_1B_1D+\angle C_1B_1D=180^\circ$$

时，等式成立.

例 1.7 以 $\triangle ABC$ 的边 AB 为一边，在三角形外部作一个中心为 O 的正方形. 设 M 和 N 分别是边 AC 和 BC 的中点. 证明

$$OM+ON\leqslant\left(\frac{\sqrt{2}+1}{2}\right)(AC+BC)$$

当且仅当 $\angle ACB=135^\circ$ 时，等式成立.

证明 设 K 是 AB 的中点. 由托勒密不等式(例 1.6)，我们有

$$NO\cdot AK\leqslant AO\cdot NK+AN\cdot OK$$

也可写成

$$NO\leqslant\frac{AC}{2}+\frac{\sqrt{2}}{2}BC$$

类似地

$$MO\leqslant\frac{BC}{2}+\frac{\sqrt{2}}{2}AC$$

将这两个不等式相加，得到

$$OM + ON \leqslant \left(\frac{\sqrt{2}+1}{2}\right)(AC + BC)$$

当且仅当 $\angle ANK = \angle BMK = 135°$，即 $\angle ACB = 135°$ 时，等式成立.

例 1.8 （波姆皮尤(Pompeiu) 定理）设 $\triangle ABC$ 是等边三角形，再设 M 是 $\triangle ABC$ 所在平面内一点. 证明：线段 MA，MB，MC 是某个三角形的边. 进而证明：当且仅当点 M 在 $\triangle ABC$ 的外接圆上时，该三角形退化.

第一种证法　对点 A,M,B,C 用托勒密不等式，得到

$$AB \cdot CM \leqslant AM \cdot BC + BM \cdot AC$$

因为 $AB=BC=CA$，得到 $CM \leqslant AM + BM$. 类似地，$BM \leqslant CM + AM$ 和 $AM \leqslant BM + CM$. 这三个不等式中有一个成立，譬如说，当且仅当四边形 $AMBC$ 是圆内接四边形时，第一个不等式成立.

第二种证法　考虑绕点 A 旋转 $60°$，设 M_1 是 M 的像(图 1.4). 那么 $AM = MM_1$，$CM_1 = BM$，$\triangle MM_1C$ 就是所求的三角形.

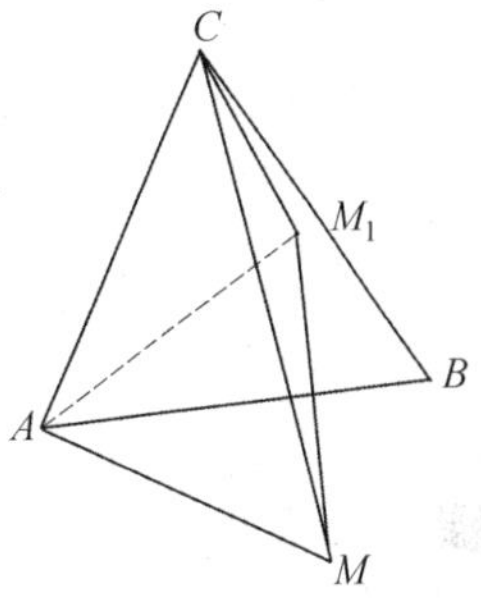

图 1.4

注意，当且仅当 M_1,C,M 三点共线时，意味着点 M 在 $\triangle ABC$ 的外接圆上.（为什么？）

例 1.9　设 E 和 F 是凸四边形 $ABCD$ 外的两点，且 $\triangle ABE$ 和 $\triangle CDF$ 是等边三角形. 证明：对于平面内的一切点 M 和 N，有

$$AM + BM + MN + CN + DN \geqslant EF$$

证明　由对于点 M,A,E,B 和点 N,C,F,D 的波姆皮尤不等式(例 1.8)，推出

$$AM + BM + MN + CN + DN \geqslant EM + MN + FN \geqslant EF$$

1.2　折　　线

在这一节中，我们将使用所谓的推广的三角形不等式，即对于平面内(图 1.5) 任何点 $A_1,A_2,\cdots,A_n$，$n \geqslant 3$，以下结论成立

$$A_1A_2 + A_2A_3 + \cdots + A_{n-1}A_n \geqslant A_nA_1$$

这一不等式用三角形不等式对 n 归纳推出.

注意，当且仅当点 $A_2,\cdots,A_{n-1}$ 以这一顺序位于 A_1A_n 上时，等式成立.

例 1.10　给出凸多边形 P，考虑顶点都是 P 的边的中点的多边形 P'. 证明：P' 的周长不小于 P 的周长的一半.

证明　如果 $n=3$，那么三角形 P' 的周长是三角形 P 的周长的一半.

设 $n \geqslant 4$，$A_1,A_2,\cdots,A_n$ 是 P 的顶点. 用 $B_1,B_2,\cdots,B_n$ 分别表示 $A_1A_2,A_2A_3,\cdots,A_{n-1}A_n,A_nA_1$ 的中点. 那么

$$2B_1B_2+2B_2B_3+\cdots+2B_nB_1$$
$$=\frac{1}{2}(A_1A_3+A_2A_4)+\frac{1}{2}(A_2A_4+A_3A_5)+\cdots+\frac{1}{2}(A_nA_2+A_1A_3)$$
$$>\frac{1}{2}(A_1A_2+A_3A_4)+\frac{1}{2}(A_2A_3+A_4A_5)+\cdots+\frac{1}{2}(A_nA_1+A_2A_3)$$
$$=A_1A_2+A_2A_3+\cdots+A_nA_1$$

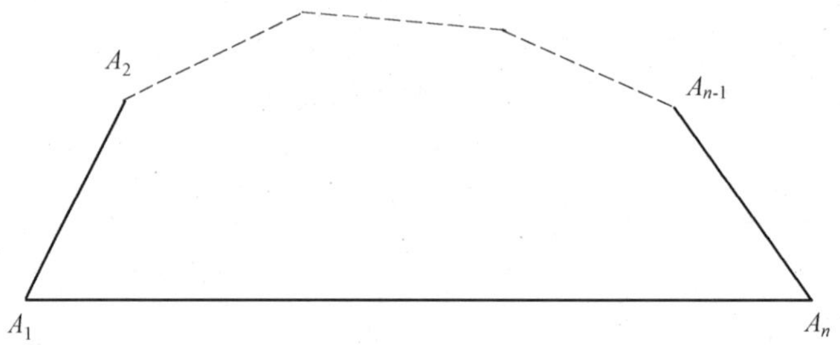

图 1.5

例 1.11 设多边形 $ABCDEF$ 是一个凸六边形，$\angle A\geqslant 90°$，$\angle D\geqslant 90°$. 证明：四边形 $BCEF$ 的周长不小于 $2AD$.

证明 设 M,N,K 分别是 BF,BE,CE 的中点（图 1.6）. 注意到因为 $\angle A\geqslant 90°$，所以点 A 在以 BF 为直径的圆内.

于是 $AM\leqslant\frac{BF}{2}$，类似地，$DK\leqslant\frac{CE}{2}$. 于是

$$BF+FE+CB+EC\geqslant 2AM+2MN+2NK+2KD\geqslant 2AD$$

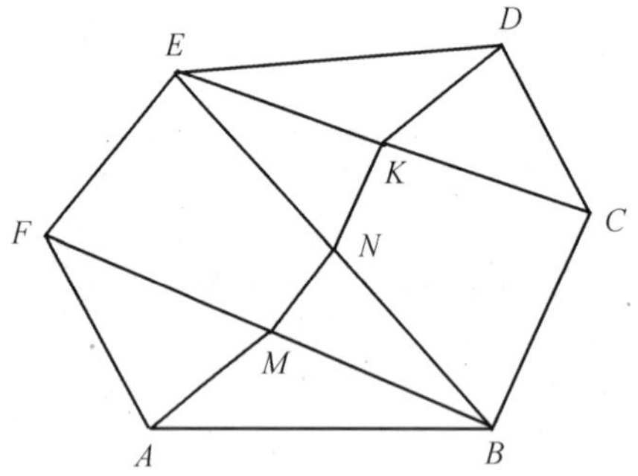

图 1.6

例 1.12 在四边形 $ABCD$ 中，$AB=3$，$CD=2$，$\angle AMB=120°$，M 是 CD 的中点，在所有这样的四边形 $ABCD$ 中，求周长最小的一个.

解 设 C' 和 D' 分别是 C 和 D 关于直线 BM 和 AM 的对称点（图 1.7）.

因为 $C'M=D'M=\frac{1}{2}CD$，以及

$$\angle C'MD'=180°-2\angle CMB-2\angle DMA=60°$$

所以 $\triangle C'MD'$ 是等边三角形.

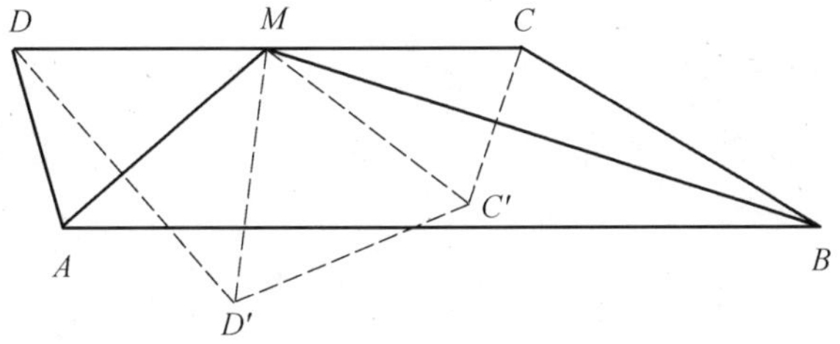

图 1.7

于是

$$AD+\frac{1}{2}CD+CB=AD'+D'C'+C'B\geqslant AB$$

推出

$$AD+CB\geqslant AB-\frac{1}{2}CD=2$$

于是

$$AB+BC+CD+DA\geqslant 7$$

当且仅当 C',D' 在 AB 上时,等式成立.

在这一情况下

$$\angle ADM=\angle AD'M=120^\circ,\angle BCM=\angle BC'M=120^\circ$$

以及

$$\angle AMD=60^\circ-\angle CMB=\angle CBM$$

因此 $\triangle AMD$ 和 $\triangle MBC$ 相似,这表明

$$AD\cdot BC=\left(\frac{CD}{2}\right)^2=1$$

另外,$AD+BC=2$,我们推得 $AD=BC=1$.

于是周长最小的四边形 $ABCD$ 是一个等腰梯形,其边 $AB=3,BC=AD=1,CD=2$(图 1.8).

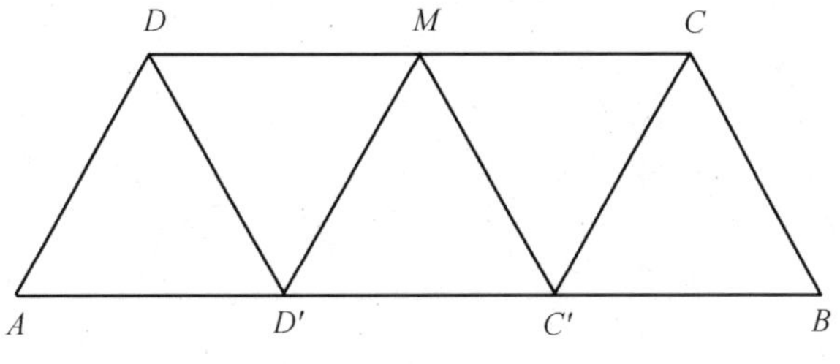

图 1.8

例 1.13 (法格纳诺(Fagnano)问题)证明:在内接于给定的三角形的一切三角形中,垂足三角形的周长最小.

证明 设$\triangle ABC$是给定的三角形,M,N,P分别是AB,BC,CA上的点.设E和F分别是点M向AC和BC所作的垂线的垂足.于是四边形$MFCE$内接于直径为CM的圆,因此$EF=CM\sin\angle C$.设Q和R分别是MP和MN的中点.于是

$$MN+NP+PM=2FR+2QR+2QE \geqslant 2EF=2CM\sin\angle C$$

设AA_1,BB_1,CC_1是$\triangle ABC$的高,设E_1和F_1分别是C_1向AC和BC所作的垂线的垂足.于是$E_1F_1=CC_1\sin\angle C$.设Q_1和R_1分别表示C_1B_1和C_1A_1的中点,那么

$$\angle E_1Q_1B_1=2\angle E_1C_1B_1=2\angle C_1B_1B=\angle C_1B_1A_1$$

这证明了$E_1Q_1 /\!/ A_1B_1$.类似地,$F_1R_1 /\!/ A_1B_1$.因此,E_1,Q_1,R_1,F_1四点共线,得到

$$A_1B_1+B_1C_1+C_1A_1=2Q_1R_1+2Q_1E_1+2R_1F_1 =2E_1F_1=2CC_1\sin\angle C$$

于是

$$MN+NP+PM\geqslant 2CM\sin\angle C \geqslant 2CC_1\sin\angle C =A_1B_1+B_1C_1+C_1A_1$$

注 在给定的三角形不是锐角三角形的情况下法格纳诺问题也能解决.例如,假定$\angle ACB\geqslant 90^\circ$.在这种情况下,不难看出当$N=P=C$,$M$是$\triangle ABC$的过点$C$的高的垂足时,$\triangle MNP$的周长最小,此时$\triangle MNP$已退化.

例 1.14 (费马(Fermat)问题)平面内给定三点A,B,C,求使到A,B,C三点的距离的和最小的所有的点X.

第一种解法 对于平面内每一点X,设

$$t(X)=XA+XB+XC$$

容易看出,如果X在$\triangle ABC$外,那么就存在点X',使$t(X')<t(X)$.实际上,在这种情况下,直线AB,BC,CA之一,譬如说,直线AB使$\triangle ABC$与点X在该直线的两侧(图1.9).

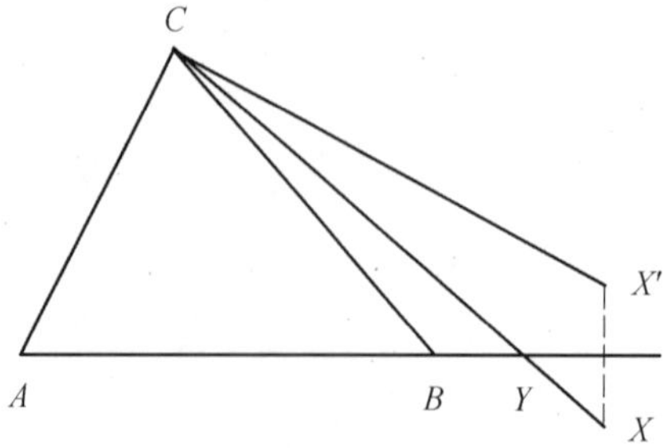

图1.9

考虑点 X 关于 AB 的对称点 X'. 我们有 $AX' = AX$，$BX' = BX$. 此外，线段 CX 交直线 AB 于点 Y，且 $XY = X'Y$. 三角形不等式给出

$$CX' < CY + X'Y = CY + XY = CX$$

这表明 $t(X') < t(X)$.

所以我们可以将点 X 局限于 $\triangle ABC$ 的内部或边界上. 不失一般性，我们将假定 $\angle C \geqslant \angle A \geqslant \angle B$. 于是 $\angle A$ 和 $\angle B$ 都是锐角. 用 φ 表示逆时针绕点 A 旋转 $60°$ 的变换. 对于平面上的一点 M，设 $M' = \varphi(M)$，那么 $\triangle AMM'$ 是等边三角形. 特别的，$\triangle ACC'$ 是等边三角形. 考虑 $\triangle ABC$ 内的任意一点 X. 由于 $AX = XX'$，当 $\varphi(X) = X'$，$\varphi(C) = C'$ 时，$CX = C'X'$，于是

$$t(X) = BX + XX' + X'C'$$

这就是说，$t(X)$ 等于折线 $BXX'C'$ 的长.

现在我们考虑三种情况.

情况 1 $\angle C < 120°$. 那么 $\angle BCC' = \angle C + 60° < 180°$. 因为 $\angle A < 90°$，有 $\angle BAC' < 180°$，所以线段 BC' 交边 AC 于某一点 D(图 1.10).

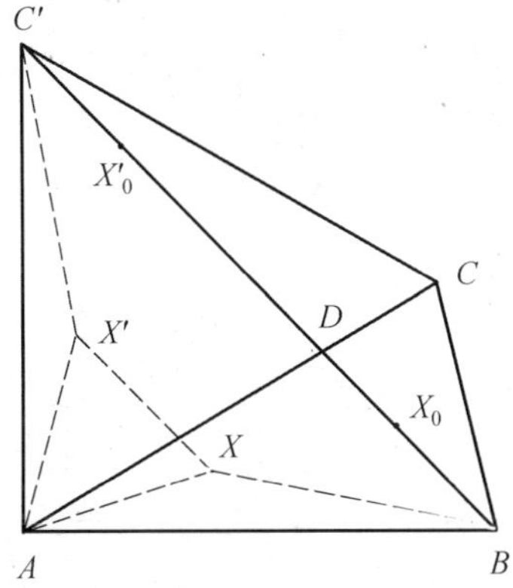

图 1.10

用 X_0 表示 BC' 与 $\triangle ACC'$ 的外接圆的交点. 那么 X_0 在线段 BD 的内部，因为 $\angle AX_0C' = \angle ACC' = 60°$，所以 X'_0 在 $C'X_0$ 上. 此外

$$t(X_0) = BX_0 + X_0X'_0 + X_0'C' = BC'$$

所以对 $\triangle ABC$ 内的一切 X，有 $t(X_0) \leqslant t(X)$. 仅当 X 和 X' 都在 BC' 上时，等式成立，这只有当 $X = X_0$ 时才有可能. 注意，上面作出的 X_0 满足

$$\angle AX_0C = \angle AX_0B = \angle BX_0C = 120°$$

这点称为 $\triangle ABC$ 的费马点或费马－托里拆利(Torricelli)点.

情况 2 $\angle C = 120°$. 在这种情况下，线段 BC' 包含点 C，且

$$t(X) = BX + XX' + X'C' = BC'$$

确切地说，$X=C$.

注 情况1和情况2也遵循波姆皮尤定理(例1.8). 事实上，$\triangle ACC'$是等边三角形，也成立

$$t(X)=AX+BX+CX\geqslant C'X+BX\geqslant C'B$$

情况3 $\angle C>120^\circ$. 那么BC'与边AC没有公共点(图1.11).

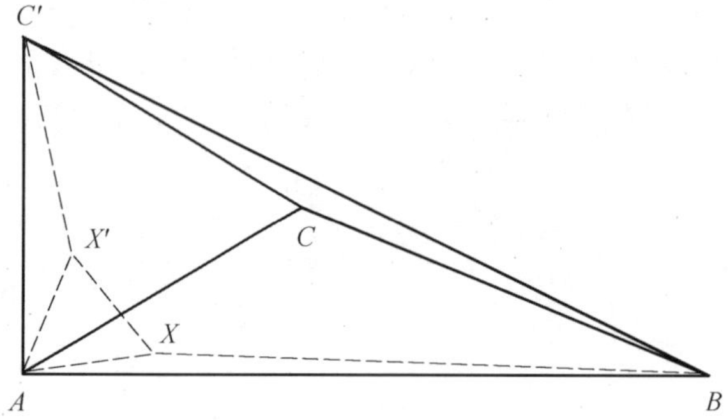

图1.11

如果$AX\geqslant AC$，那么由三角形不等式给出

$$t(X)=AX+BX+CX\geqslant AC+BC$$

如果$AX<AC$，那么点X'在$\triangle ACC'$内，因为点C在四边形$BC'X'X$内(图1.11)，所以

$$\begin{aligned}t(X)&=BX+XX'+X'C'\\&\geqslant BC+CC'=BC+AC\end{aligned}$$

这两种情况都恰好是当$X=C$时，等式成立.

总之，如果$\triangle ABC$的所有的角都小于120°，那么当点X与$\triangle ABC$的费马－托里拆利点重合时，$t(X)$最小. 如果$\triangle ABC$有一个角不小于120°，那么当点X与这个角的顶点重合时，$t(X)$最小.

第二种解法 费马问题的以下的优美的解法归功于托里拆利. 这是建立在等边三角形内一点到三边的距离的和等于该三角形的高这一事实上的.

假定$\triangle ABC$的所有的角都小于120°，并用P表示该三角形的费马－托里拆利点. 过A,B,C三点分别向AP,BP,CP作垂线，确定一个等边$\triangle DEF$(图1.12)，这是因为$\angle FDE=180^\circ-\angle APB=60^\circ$.

用h表示这个三角形的高，那么我们有

$$PA+PB+PC=h$$

设M是$\triangle ABC$的边界或内部的任意一点，那么点M到$\triangle DEF$的各边的距离的和等于h，并且这个和显然小于或等于$MA+MB+MC$，于是

$$PA+PB+PC=h\leqslant MA+MB+MC$$

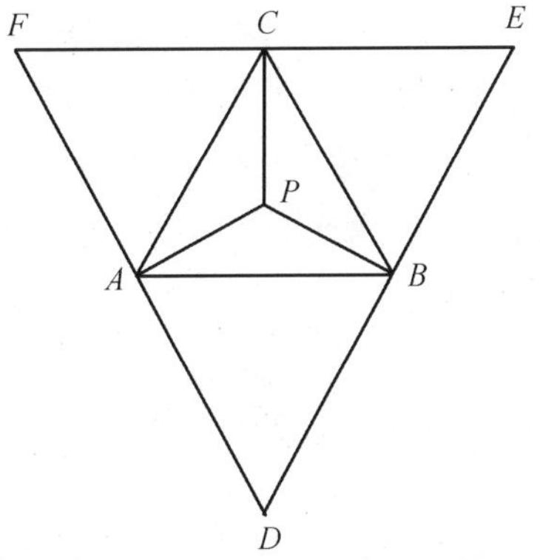

图 1.12

因此费马问题的解由点 P 给出.

例 1.15　设 $n>3$,$M,A_1,A_2,\cdots,A_n$ 是平面内不同的点.证明

$$\frac{A_1A_2}{MA_1\cdot MA_2}+\frac{A_2A_3}{MA_2\cdot MA_3}+\cdots+\frac{A_{n-1}A_n}{MA_{n-1}\cdot MA_n}\geqslant\frac{A_1A_n}{MA_1\cdot MA_n}$$

证明　在 $\overrightarrow{MA_i}$ 上取点 B_i,使

$$MB_i=\frac{1}{MA_i},i=1,2,\cdots,n$$

那么

$$B_iB_j=\frac{A_iA_j}{MA_i\cdot MA_j}$$

事实上,如果 M,A_i,A_j 三点不共线,那么 $\triangle MA_iA_j$ 与 $\triangle MB_jB_i$ 相似,于是

$$B_iB_j=\frac{MB_i}{MA_j}A_iA_j=\frac{A_iA_j}{MA_i\cdot MA_j}$$

如果 M,A_i,A_j 三点共线,那么

$$B_iB_j=|MB_i\pm MB_j|=\left|\frac{1}{MA_i}\pm\frac{1}{MA_j}\right|$$

$$=\frac{|MA_i\pm MA_j|}{MA_i\cdot MA_j}=\frac{A_iA_j}{MA_i\cdot MA_j}$$

因此所求的不等式等价于

$$B_1B_2+B_2B_3+\cdots+B_{n-1}B_n\geqslant B_1B_n$$

当且仅当点 $B_1,B_2,\cdots,B_n$ 以这一顺序在一直线上时,等式成立.下面考虑两种情况.

情况 1　如果 $M\in B_1B_n$,那么 $A_1,A_2,\cdots,A_n\in B_1B_n$,容易看出,对某个不大于 n 的整数 k,这些点在直线 B_1B_n 上的顺序是以下顺序之一:$M,A_1,A_2,\cdots,A_n$;$M,A_n,A_{n-1},\cdots,A_1$;$A_k,A_{k-1},\cdots,A_1,M,A_n,A_{n-1},\cdots,A_{k+1}$;或 $M,A_{k+1},\cdots,A_n,M,A_1,\cdots,A_k$.

情况 2　如果 M,B_1,B_n 三点不共线,那么

$$\angle A_1A_2A_3+\angle A_1MA_3=\angle A_1A_2M+\angle A_3A_2M+\angle A_1MA_3$$

$$=\angle MB_1B_3+\angle B_1B_3M+\angle A_1MB_3$$
$$=180^\circ$$

因此，四边形 $MA_1A_2A_3$ 是圆内接四边形. 类似地，所有的四边形 $MA_2A_3A_4,\cdots,MA_{n-2}A_{n-1}A_n$ 都是圆内接四边形，这就证明了点 $M,A_1,A_2,\cdots,A_n$ 以这一顺序在同一个圆上.

例 1.16 (IMO 1973) 一名士兵在一个形如等边三角形的区域内搜索地雷. 地雷探测器的活动半径是该三角形的高的一半. 假定该士兵从一个顶点开始搜索，求他完成这一任务的最短路径.

解 设 h 是给定等边 $\triangle ABC$ 的高. 假定士兵从顶点 A 出发. 考虑圆心分别为 B 和 C，半径都是 $\frac{h}{2}$ 的圆 k_1,k_2(图 1.13). 为了探测到 B,C 两点，士兵的探测路径必须与圆 k_1,k_2 都有公共点. 假定路径的总长度是 t，并且路径先与 k_2 有公共点 M，然后与 k_1 有公共点 N. 用 D 表示 k_2 与 $\triangle ABC$ 的过点 C 的高的公共点，用 l 表示过点 D 且平行于 AB 的直线. 将 t 加上常数 $\frac{h}{2}$，再利用三角形不等式，我们得到

$$t+\frac{h}{2}\geqslant AM+MN+NB$$
$$=AM+MP+PN+NB$$
$$\geqslant AP+BP$$

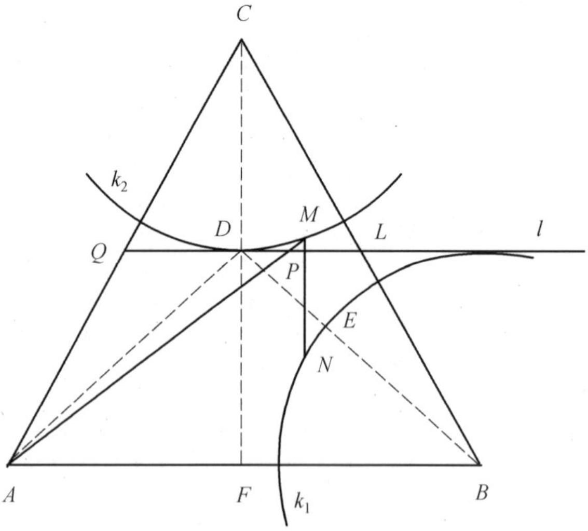

图 1.13

这里 P 是 MN 与 l 的交点. 另外，海伦问题(例 1.2) 证明了 $AP+PB\geqslant AD+DB$，当 $P=D$ 时，等式成立. 这表明 $t+\frac{h}{2}\geqslant AD+DB$，即 $t\geqslant AD+DE$，这里 E 是 DB 与 k_1 的

交点.

上面的论述证明了从顶点 A 出发，首先与 k_2 有公共点，然后与 k_1 有公共点的士兵的最短路径是折线 ADE. 接下来要证明的是沿着这条路径移动时，士兵将能够探索到由 $\triangle ABC$ 围成的整个区域. 设 F,Q 和 L 分别是 AB,CA,BC 的中点. 因为 $DL<\frac{h}{2}$，所以推得以 D 为中心，以 $\frac{h}{2}$ 为半径的圆盘包含整个 $\triangle QLC$.

换句话说，从位置 D 出发，当士兵沿着线段 AD 移动时，他将会探测到由四边形 $AFDQ$ 围成的区域内的所有的点；而沿着 DE 移动时，他将会探测到由四边形 $FBLD$ 围成的区域内的所有的点. 于是沿着路径 ADE 移动时，士兵将能够探测到由 $\triangle ABC$ 围成的整个区域. 所以，路径 ADE 是问题的一个解. 另一个解由路径 ADE 关于直线 CD 对称给出. 上面的论述证明了从点 A 出发时没有其他的解.

1.3　面积不等式

下面我们考虑一些面积不等式，这些不等式可以通过直接比较平面内的两个图形得到. 我们还将利用不等式

$$[ABC]^{①}\leqslant\frac{AB\cdot BC}{2}$$

该不等式由著名的公式

$$[ABC]=\frac{AB\cdot BC\sin\angle ABC}{2}$$

推出. 当且仅当 $\angle ABC=90^\circ$ 时，等式成立.

例 1.17　设 $ABCD$ 是圆内接四边形，O 是对角线 AC 和 BD 的交点. 证明：

(a) $\sqrt{[ABCD]}\geqslant\sqrt{[AOB]}+\sqrt{[COD]}$；

(b) 如果 $AB\parallel CD$，那么 $[ABCD]\geqslant 4[AOB]$.

证明　(a) 注意到

$$\frac{[AOB]}{[AOD]}=\frac{BO}{DO}=\frac{[BOC]}{[DOC]}$$

因此由 AM－GM 不等式推出

$$\begin{aligned}[ABCD]&=[AOB]+[BOC]+[COD]+[DOA]\\&\geqslant[AOB]+[COD]+2\sqrt{[BOC][DOA]}\end{aligned}$$

① [ ] 表示多边形的面积，如：$[ABC]$ 表示 $\triangle ABC$ 的面积，$[ABCD]$ 表示四边形 $ABCD$ 的面积.

$$=(\sqrt{[AOB]}+\sqrt{[COD]})^2$$

所求的不等式得证.

(b) 如果 $AB \parallel CD$,那么$[ACD]=[BCD]$,所以$[AOD]=[BOC]$. 于是(a) 表明

$$\sqrt{[ABCD]} \geqslant \sqrt{[AOD]}+\sqrt{[BOC]}=2\sqrt{[BOC]}$$

这等价于给定的不等式.

例 1.18 六边形 $ABCDEF$ 的三组对边分别平行. 证明:$[BDF] \geqslant \frac{1}{2}[ABCDEF]$.

证明 过点 B,D,F 分别作直线平行于边 FA,BC,AB,用 K,M,N 表示交点,如图 1.14 所示. 那么

$$[BCD]=[BDM],[DEF]=[DNF],[FAB]=[FKB]$$

于是

$$2\,[BDF]=[ABCDEF]+[MNK] \geqslant [ABCDEF]$$

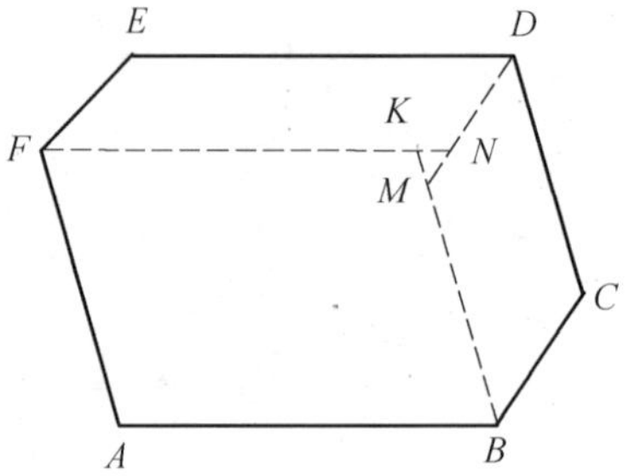

图 1.14

例 1.19 给定一个锐角和角内一点,求过该点作一直线截给定的角得到面积最小的三角形.

解 设$\angle O$是给定的锐角,M是角内一点. 证明作直线 l,使 M 是线段 AB 的中点,这里 A,B 分别是 l 与角的两条射线 p,q 的交点.

首先,我们作这样的直线. 设 φ 是关于点 M 的对称变换. 射线 $p'=\varphi(p)$ 平行于 p,交 q 于某一点 B_0. 设 A_0 是 p 与直线 MB_0 的交点,推出 $\varphi(A_0)=B_0$,所以 M 是线段 A_0B_0 的中点(图 1.15).

下面我们给出两种解法.

第一种解法 考虑过点 M 的不同于直线 $l_0=A_0B_0$ 的任意直线 l,设直线 l 分别交射线 p,q 于点 A,B. 我们将假定 A_0 在 O 和 A 之间;另一种情况类似. 注意到 $\varphi(A)=A'$,这里 A' 是射线 p' 与 l 的交点(图 1.15).

于是

$$\begin{aligned}[OAB]&=[A_0MA]+[OA_0MB]=[B_0MA']+[OA_0MB]\\&>[B_0BM]+[OA_0MB]=[OA_0B_0]\end{aligned}$$

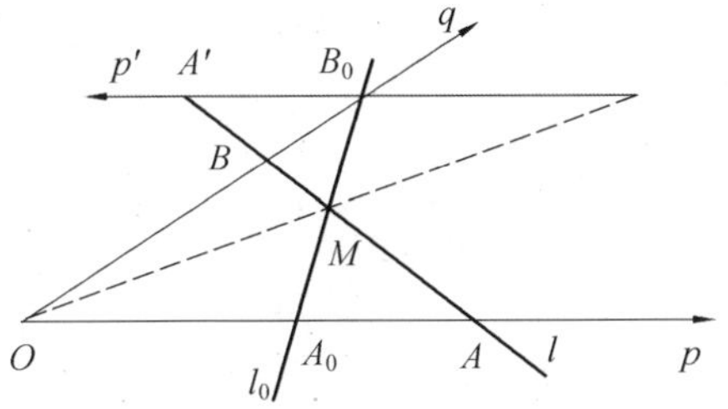

图 1.15

因此直线 $l_0=A_0B_0$ 截给定的角得到了面积最小的三角形.

第二种解法　利用上面的记号,分别用 E 和 F 表示过点 M 且垂直于射线 p,q 的直线的垂足.利用著名的三角形的面积公式和正弦定理,得到

$$\begin{aligned}[MEF]&=\frac{1}{2}ME\cdot MF\sin\angle EMF\\&=\frac{MA\cdot MB}{AB^2}\cdot\frac{AB^2}{2}\cdot\frac{\sin A\cdot\sin B}{\sin\angle AOB}\cdot\sin^2\angle AOB\\&=\frac{MA\cdot MB}{AB^2}\cdot[ABO]\cdot\sin^2\angle AOB\end{aligned}$$

因为$[MEF]$ 和 $\sin\angle AOB$ 与直线 l 无关,且

$$\frac{MA\cdot MB}{AB^2}=\frac{MA\cdot MB}{(MA+MB)^2}\leqslant\frac{1}{4}$$

于是推出当 $MA=MB$ 时,$[ABO]$ 最小.

例 1.20　证明:

(a) 位于三角形内部的平行四边形的面积不大于三角形的面积的一半;

(b) 位于平行四边形内部的三角形的面积不大于平行四边形的面积的一半.

证明　(a) 假定平行四边形 $EFGH$ 内接于 $\triangle ABC$,且 $E,F\in AB$,$G\in BC$,$H\in CA$(图 1.16).

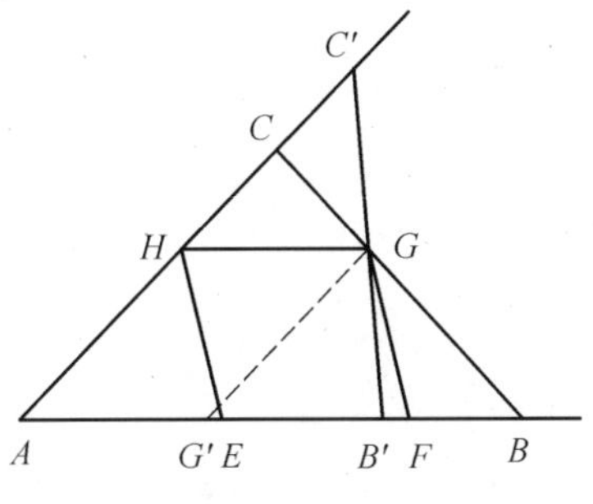

图 1.16

取点 $G'\in AB$,且 $GG'\parallel AC$.于是四边形 $AG'GH$ 是平行四边形,且$[EFGH]=[AG'GH]$.考虑过点 G 与射线$\overrightarrow{AC}$ 和$\overrightarrow{AB}$ 交点 C' 和 B',且使 G 是线段 $B'C'$ 的中点.于是,

由例1.19推出

$$[EFGH]=[AG'GH]=\frac{1}{2}[AB'C']\leqslant\frac{1}{2}[ABC]$$

在一般情况下，作包含该平行四边形的两条对边的平行线.如果这两条直线只与三角形的两边相交，那么问题归结为上面考虑的情况(图1.17).否则，就归结为如图1.18所示的情况，这又利用到上面考虑的情况.

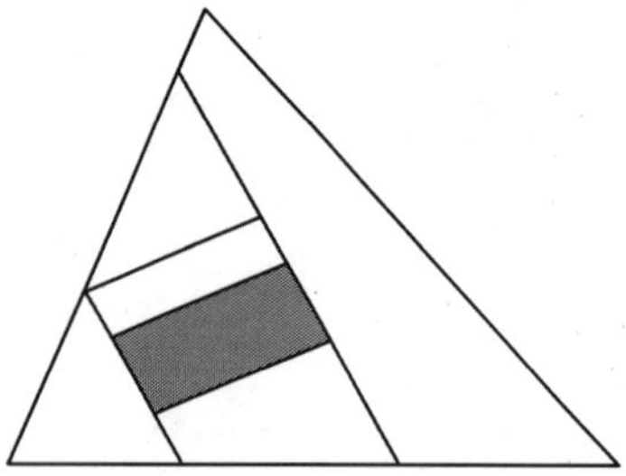

图1.17

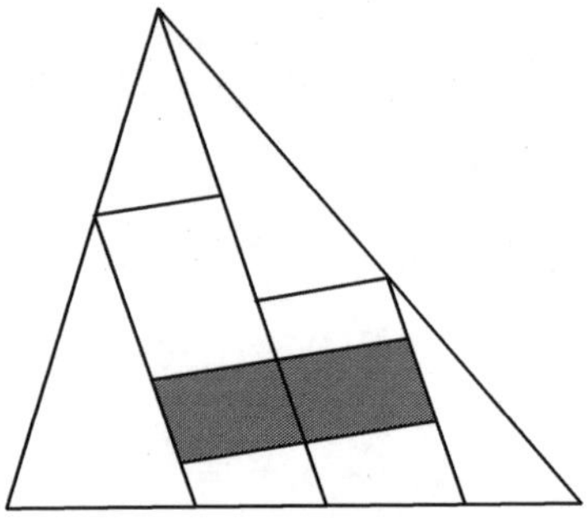

图1.18

(b) 假定两个顶点 A 和 B 在平行四边形的同一边 PQ 上(图1.19)，那么 $AB\leqslant PQ$. 因为 $\triangle ABC$ 的过点 C 的高不大于平行四边形 $PQRS$ 的边 PQ 上的高，我们推出 $\triangle ABC$ 的面积不大于平行四边形 $PQRS$ 的面积的一半.

在一般情况下，过 $\triangle ABC$ 的顶点作三条平行于平行四边形的一边的直线，那么我们得到如图1.20所示的情况，又用到上面考虑的情况.

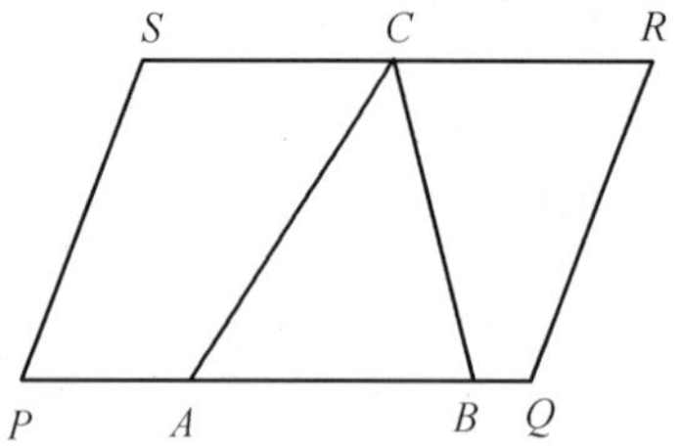

图1.19

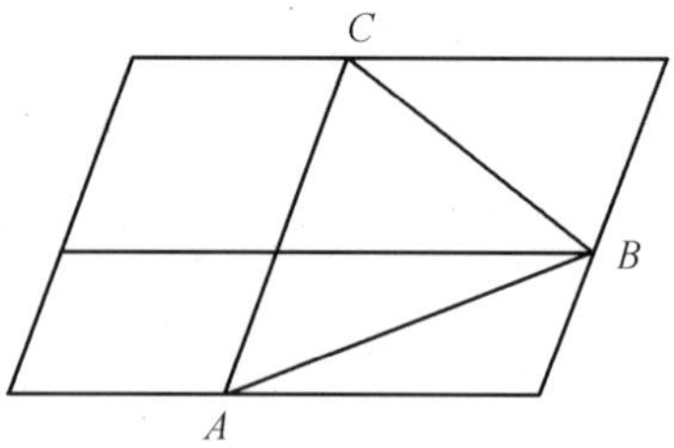

图1.20

例1.21 给定凸四边形 $ABCD$，过点 C 作一直线分别交边 AB 和 AD 的延长线于点 M,K，使 $\frac{1}{[BCM]}+\frac{1}{[DCK]}$ 最小.

解 我们将证明所求的直线平行于 BD.

分别用 M_0 和 K_0 表示该直线与 AB 和 AD 的交点.于是，必须证明

$$\frac{1}{[BCM]}+\frac{1}{[DCK]}>\frac{1}{[BCM_0]}+\frac{1}{[DCK_0]}$$

该式等价于

$$\frac{1}{[BCM]}-\frac{1}{[BCM_0]}>\frac{1}{[DCK_0]}-\frac{1}{[DCK]}$$

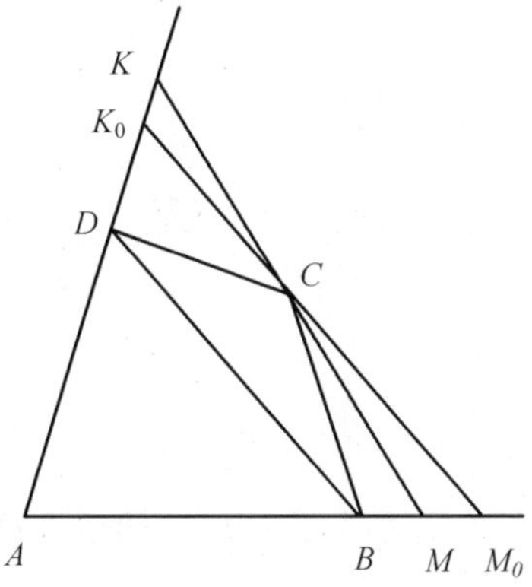

图 1.21

我们可以假定 $M\in BM_0$. 于是 $K_0\in DK$,上面的不等式等价于

$$\frac{[MCM_0]}{[BMC][BM_0C]}>\frac{[KCK_0]}{[DCK_0][DCK]}$$

考虑到 $\angle MCM_0=\angle KCK_0$,我们看出前面的不等式可改写为

$$\frac{MC}{[BMC]}\cdot\frac{CM_0}{[BM_0C]}>\frac{KC}{[DCK]}\cdot\frac{CK_0}{[DCK_0]}$$

另外

$$\frac{CM_0}{[BM_0C]}=\frac{CK_0}{[DCK_0]}$$

因为 $M_0K_0 /\!/ BD$,所以上述不等式等价于

$$\frac{MC}{[BMC]}>\frac{KC}{[DCK]}$$

因为点 B 到 MK 的距离短于点 D 到 MK 的距离,所以上述不等式成立.

例 1.22 设 K,L 和 M 分别是 $\triangle ABC$ 的边 AB,BC 和 CA 上的点. 证明

$$\frac{1}{[AKM]}+\frac{1}{[BLK]}+\frac{1}{[CML]}\geqslant\frac{3}{[KLM]}$$

证明 设过点 K 且平行于 ML 的直线分别交射线 $\overrightarrow{MA}$ 和 $\overrightarrow{LB}$ 于点 A',B'. 类似地,设过点 L 且平行于 KM 的直线分别交射线 $\overrightarrow{KB'}$ 和 $\overrightarrow{MC}$ 于点 B'',C',最后,设过点 M 且平行于 KL 的直线分别交射线 LC' 和 KA' 于点 C'',A''. 于是,由例 1.21 有

$$\begin{aligned}\frac{1}{[AKM]}+\frac{1}{[BLK]}+\frac{1}{[CML]}&\geqslant\frac{1}{[A'KM]}+\frac{1}{[B'LK]}+\frac{1}{[CML]}\\&\geqslant\frac{1}{[A'KM]}+\frac{1}{[B''LK]}+\frac{1}{[C'ML]}\end{aligned}$$

$$\geqslant \frac{1}{[A''KM]}+\frac{1}{[B''LK]}+\frac{1}{[C''ML]}$$

$$=\frac{3}{[KLM]}$$

最后一个不等式是由四边形 $A''KLM, B''LMK, C''MKL$ 是平行四边形以及 $[A''KM]=[B''LK]=[C''ML]=[MKL]$ 这一事实推得的.

例 1.23 设 K, L 和 M 分别是过 $\triangle ABC$ 的重心向边 AB, BC, CA 所作的垂线的垂足. 证明

$$[KLM]\leqslant \frac{1}{4}[ABC]$$

证明 设 G 是 $\triangle ABC$ 的重心. 利用三角形中的标准记号,我们有

$$GL=\frac{1}{3}h_a=\frac{2[ABC]}{3a}$$

$$GM=\frac{1}{3}h_b=\frac{2[ABC]}{3b}$$

$$GK=\frac{1}{3}h_c=\frac{2[ABC]}{3c}$$

注意到还有 $\angle KGM=180°-\angle A$. 于是有

$$[GKM]=\frac{GK\cdot GM\sin\angle KGM}{2}$$

$$=\frac{2[ABC]^2\sin A}{9bc}$$

$$=\frac{1}{9}[ABC]\cdot\sin^2 A$$

类似地

$$[GKL]=\frac{1}{9}[ABC]\cdot\sin^2 B$$

$$[GLM]=\frac{1}{9}[ABC]\cdot\sin^2 C$$

由例 3.1(b) 推出

$$[KLM]=[GKM]+[GKL]+[GLM]$$

$$=\frac{1}{9}[ABC]\cdot(\sin^2 A+\sin^2 B+\sin^2 C)$$

$$\leqslant \frac{1}{4}[ABC]$$

例 1.24 设四边形 $ABCD$ 是平行四边形, M 是其内一点. 证明

$$[ABCD]\leqslant AM\cdot CM+BM\cdot DM$$

(a) 如果四边形 $ABCD$ 是正方形;(b) 如果四边形 $ABCD$ 是矩形.

确定等式成立的情况.

证明　首先注意到

$$[ABM]+[CDM]=\frac{1}{2}[ABCD]$$

在平行四边形 $ABCD$ 的外部作一点 Q,使 $AQ=CM$,$BQ=DM$(图 1.22).

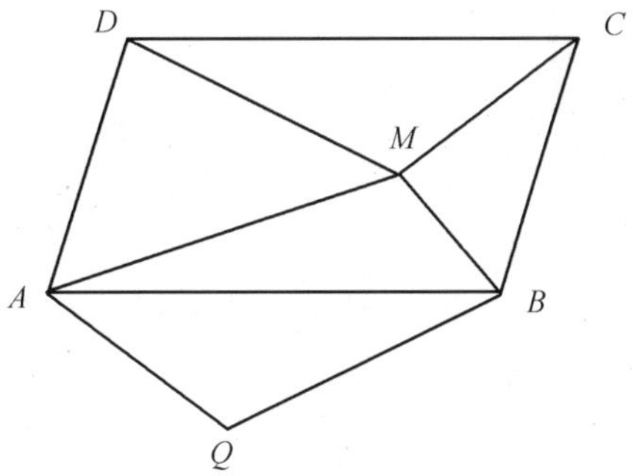

图 1.22

那么 $\triangle ABQ\cong\triangle CDM$,所以

$$[AQBM]=[ABM]+[CDM]=\frac{1}{2}[ABCD]$$

另外,$[AQBM]=[AMQ]+[BMQ]$. 因为 $AM\cdot AQ\geqslant 2[AMQ]$,$BM\cdot BQ\geqslant 2[BMQ]$,我们得到

$$\begin{aligned}AM\cdot CM+BM\cdot DM&=AM\cdot AQ+BM\cdot BQ\\&\geqslant 2([AMQ]+[BMQ])\\&=2[AQBM]=[ABCD]\end{aligned}$$

为了处理等式的情况,假定四边形 $ABCD$ 是矩形,$AB=a$,$AD=b$. 建立坐标系 xAy,原点为 A,坐标轴为 Ax,Ay,射线为 AB 和 AD(图 1.23).

设 $M=(x,y)$ 是使等式 $AM\cdot CM+BM\cdot DM=[ABCD]=ab$ 成立的点. 于是

$$\angle MAQ=\angle MBQ=90^\circ$$

因为 $\angle BAQ=\angle MCD$,得到 $\angle MAB=\angle MCB$. 另外

$$\tan\angle MAB=\frac{y}{x},\ \tan\angle MCB=\frac{a-x}{b-y}$$

所以 $y(b-y)=x(a-x)$.

如果 $a\neq b$,那么点 M 通过曲线的两个部分(图 1.23 中 $a>b$ 的情况).

如果 $a=b$,即四边形 $ABCD$ 是正方形,那么 $y(a-y)=x(a-x)$,这给出 $x=y$ 或 $x+y=a$. 因此,在这种情况下,点 M 通过正方形的对角线 AC 和 BD(图 1.24).

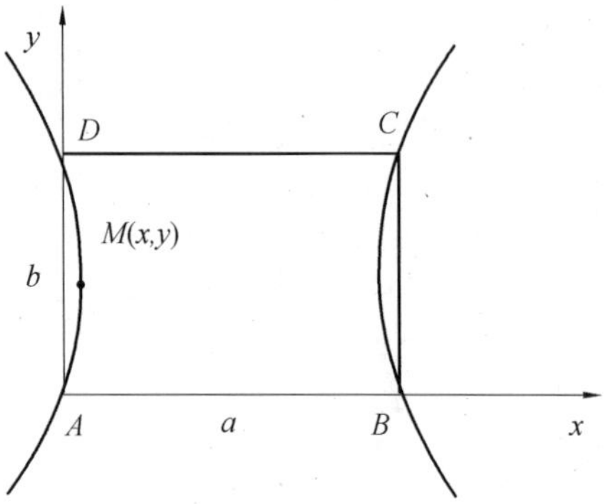

图 1.23

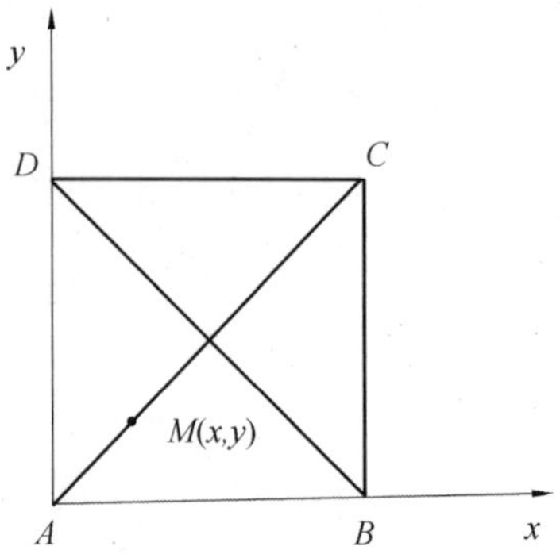

图 1.24

例 1.25 设 D 和 E 分别是 $\triangle ABC$ 的边 AB 和 BC 上的点. 点 K 和 M 是线段 DE 的三等分点. 直线 BK 和 BM 分别交边 AC 于点 T 和点 P. 证明

$$[BPT]\leqslant\sqrt{[ABT][BPC]}$$

证明 设 $[DBK]=[KBM]=[MBE]=S$(图 1.25),那么

$$\frac{[ABT]}{S}=\frac{AB\cdot BT}{DB\cdot BK}$$

$$\frac{[TBP]}{S}=\frac{TB\cdot BP}{KB\cdot BM}$$

$$\frac{[PBC]}{S}=\frac{PB\cdot BC}{MB\cdot BE}$$

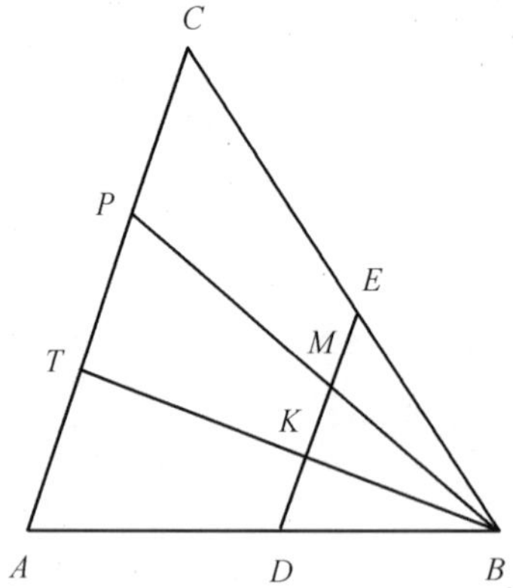

图 1.25

我们得到

$$\frac{[ABP]}{2S}\cdot\frac{[CBT]}{2S}=\frac{AB\cdot BP}{DB\cdot MB}\cdot\frac{CB\cdot BT}{EB\cdot KB}$$

$$=\frac{[ABT]}{S}\cdot\frac{[CBP]}{S}$$

因此

$$\begin{aligned}4[ABT][CBP]&=[ABP][CBT]\\&=([ABT]+[BPT])([BPC]+[BPT])\\&\geqslant 2\sqrt{[ABT][BPT]}\cdot 2\sqrt{[BPC][BPT]}\end{aligned}$$

上式等价于

$$[BPT]\leqslant\sqrt{[ABT][BPC]}$$

例 1.26　设四边形 $ABCD$ 是梯形($AB\ /\!/\ CD$),K 是 AB 上一点.确定使 $\triangle ABM$ 和 $\triangle CDK$ 的公共部分的面积最大的点 M 在 CD 上的位置.

解　我们将证明所求的点 M 满足

$$\frac{DM}{MC}=\frac{AK}{KB}$$

设 P 和 Q 分别是 AM 和 DK,BM 和 CK 的交点(图 1.26).于是

$$\frac{KQ}{QC}=\frac{KB}{MC}=\frac{AK}{DM}=\frac{KP}{PD}$$

这说明 $PQ\ /\!/\ CD\ /\!/\ AB$.

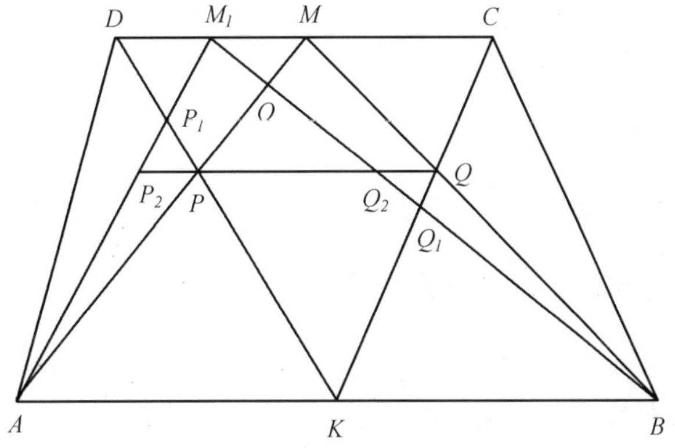

图 1.26

现在考虑 DC 上任意一点 $M_1\neq M$.我们可以假定点 M_1 在 D 与 M 两点之间.设

$$P_1=AM_1\cap KD,Q_1=BM_1\cap KC$$

$$P_2=AM_1\cap PQ,Q_2=BM_1\cap PQ,O=AM\cap BM_1$$

于是

$$\begin{aligned}[MPKQ]-[M_1P_1KQ_1]&=[MOQ_1Q]-[M_1P_1PO]\\&>[MOQ_2Q]-[M_1P_2PO]=0\end{aligned}$$

为了证明最后一个不等式,我们首先注意到,因为

$$\frac{PP_2}{MM_1}=\frac{AP}{AM}=\frac{BQ}{BM}=\frac{QQ_2}{MM_1}$$

所以 $PP_2=QQ_2$.

于是

$$[MOQ_2Q]=[MPQ]-[OPQ_2]=[M_1P_2Q_2]-[OPQ_2]=[M_1P_2PO]$$

例 1.27 求一个包含在给定的三角形中的面积最大的中心对称的多边形.

解 设 M 包含在给定的 $\triangle ABC$ 内的对称中心为 O 的多边形中. 对于平面内任何一点 X,用 X' 表示 X 关于 O 对称的点,那么 M 包含在 $\triangle ABC$ 和 $\triangle A'B'C'$ 的公共部分 T 内. 注意到 O 是多边形 T 的对称中心.

因为 $AB \parallel A'B'$,$BC \parallel B'C'$,$CA \parallel C'A'$ 以及 $AB=A'B'$,$BC=B'C'$,$CA=C'A'$,推出 $\triangle A'B'C'$ 至少有两个顶点在 $\triangle ABC$ 外. 首先假定 A' 在 $\triangle ABC$ 外. 那么 T 是平行四边形,由例 1.20(a) 推出

$$[M]\leqslant[T]\leqslant\frac{1}{2}[ABC]$$

设点 A',B',C' 在 $\triangle ABC$ 外. 那么 T 是六边形 $A_1A_2B_1B_2C_1C_2$,如图 1.27 所示. 设

$$\frac{AC_1}{AB}=\frac{AB_2}{AC}=x$$

$$\frac{BC_2}{AB}=\frac{BA_1}{BC}=y$$

$$\frac{CA_2}{CB}=\frac{CB_1}{CA}=z$$

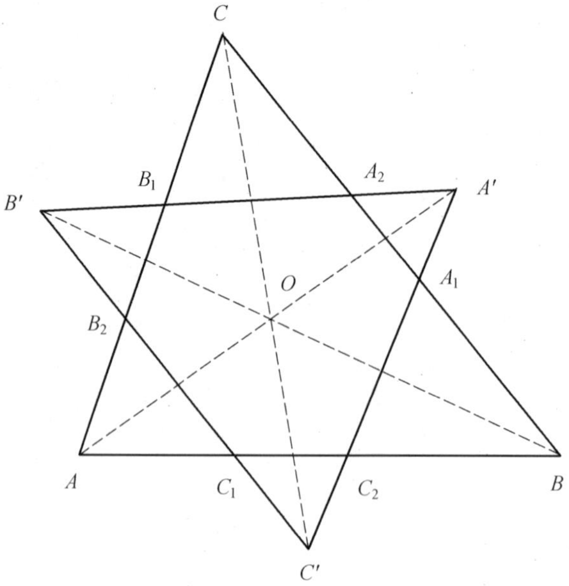

图 1.27

注意到点 C'_1 在直线 $A'B'$ 和 BC 上,即 $C'_1=A_2$. 类似地,$C'_2=B_1$,所以 $C_1C_2=B_1A_2$.

因此

$$\frac{C_1C_2}{AB}=\frac{B_1A_2}{AB}=z$$

得到

$$x+y+z=\frac{AC_1}{AB}+\frac{BC_2}{AB}+\frac{C_1C_2}{AB}-1$$

另外

$$\begin{aligned}[T]&=[ABC]-[AC_1B_2]-[BA_1C_2]-[CB_1A_2]\\&=[ABC](1-x^2-y^2-z^2)\end{aligned}$$

现在由 RM－AM 不等式给出

$$x^2+y^2+z^2\geqslant\frac{1}{3}(x+y+z)^2=\frac{1}{3}$$

得到

$$[T]\leqslant\frac{2}{3}[ABC]$$

当且仅当 $x=y=z=\frac{1}{3}$，即当点 A_1 和 A_2，B_1 和 B_2，C_1 和 C_2 分别将 BC，CA，AB 三等分时，等式成立. 于是问题的解由六边形 $A_1A_2B_1B_2C_1C_2$ 给出. 其对称中心是 $\triangle ABC$ 的重心.

例 1.28　设 $\triangle ABC$ 是等边三角形，P 是其内心. 过点 P 作 BC 的垂线交 AB 于点 X，过点 P 作 CA 的垂线交 BC 于点 Y，过点 P 作 AB 的垂线交 CA 于点 Z. 证明：$[XYZ]\leqslant[ABC]$. 等式何时成立？

证明　不失一般性，假定 $\triangle ABC$ 的边长为 2. 建立坐标系，使 $A=(0,\sqrt{3})$，$B=(1,0)$，$C=(-1,0)$. 如果 $P=(x,y)$，那么容易推出

$$X=(x,\sqrt{3}(1-x))$$

$$Y=(x+\sqrt{3}y,0)$$

$$Z=\left(-\frac{1}{2}(x-\sqrt{3}y+3),-\frac{\sqrt{3}}{2}(x-\sqrt{3}y+1)\right)$$

于是

$$\begin{aligned}[XYZ]&=\frac{1}{2}\det\begin{vmatrix}x&\sqrt{3}(1-x)&1\\x+\sqrt{3}y&0&1\\-\frac{1}{2}(x-\sqrt{3}y+3)&-\frac{\sqrt{3}}{2}(x-\sqrt{3}y+1)&1\end{vmatrix}\\&=\frac{3\sqrt{3}}{4}\left|x^2+\left(y-\frac{\sqrt{3}}{3}\right)^2-\frac{4}{3}\right|\end{aligned}$$

设 G 是 $\triangle ABC$ 的重心，那么 $G=\left(0,\frac{\sqrt{3}}{3}\right)$，上面的等式表明

$$[XYZ]=\frac{3\sqrt{3}}{4}\left|PG^2-\frac{4}{3}\right|$$

因为 P 是 $\triangle ABC$ 的内心，我们有 $0\leqslant PG^2\leqslant\frac{4}{3}$；所以

$$[XYZ]\leqslant\sqrt{3}=[ABC]$$

当且仅当 $P=G$ 时，等式成立.

例 1.29 (IMO Shortlist 1995) 设 O 是凸四边形 $ABCD$ 内一点，K,L,M,N 分别是边 AB,BC,CD,DA 上的点，且四边形 $OKBL$，$OMDN$ 均是平行四边形. 证明

$$\sqrt{[ABCD]}\geqslant\sqrt{[ONAK]}+\sqrt{[OLCM]}$$

证明 设 $[ABCD]=S$，$[ONAK]=S_1$，$[OLCM]=S_2$.

如果点 O 在 AC 上，那么四边形 $ABCD$，$AKON$，$OLCM$ 相似，且 $AC=AO+OC$(图 1.28). 于是

$$\sqrt{S}=\sqrt{S_1}+\sqrt{S_2}$$

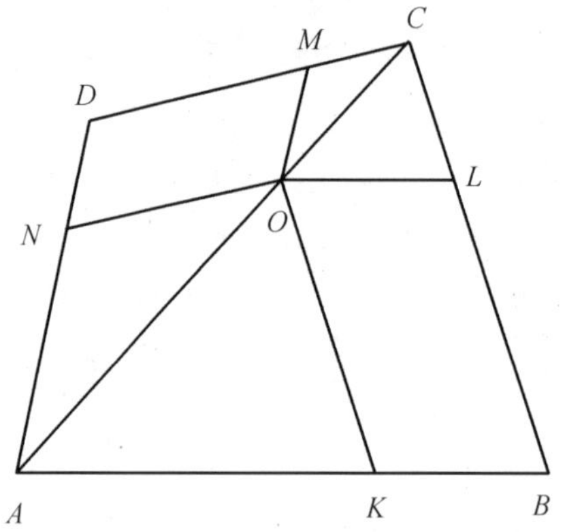

图 1.28

如果点 O 不在 AC 上，那么可以假定点 O 和点 D 在 AC 的同一侧. 用 W,X,Y,Z 分别表示过点 O 的一条直线与 BA,AD,CD,BC 的交点(图 1.29).

首先，设 $W=X=A$，那么

$$\frac{OW}{OX}=1,\frac{OZ}{OY}>1$$

将该直线不经过点 B 绕点 O 旋转直到 $Y=Z=C$，那么有

$$\frac{OW}{OX}>1,\frac{OZ}{OY}=1$$

从而在旋转的过程中的某个位置，我们有

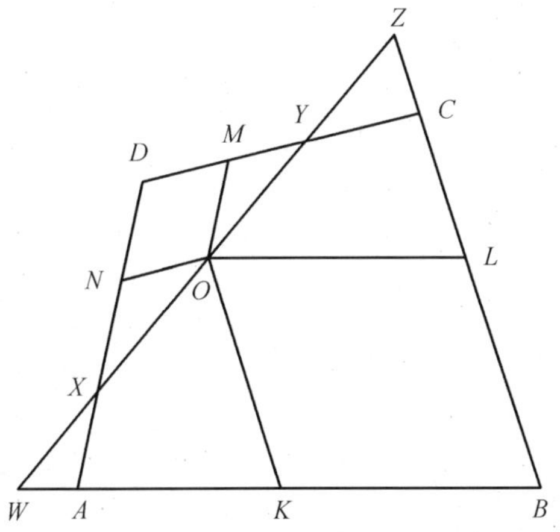

图 1.29

$$\frac{OW}{OX}=\frac{OZ}{OY}$$

将直线固定于此，设 T_1, T_2, P_1, P_2, Q_1 和 Q_2 分别表示四边形 $KBLO$，四边形 $NOMD$，$\triangle WKO$，$\triangle OLZ$，$\triangle ONX$ 和 $\triangle YMO$ 的面积. 所求的结果等价于不等式

$$T_1+T_2\geqslant 2\sqrt{S_1S_2}$$

因为 $\triangle WBZ$，$\triangle WKO$，$\triangle OLZ$ 相似，所以

$$\begin{aligned}\sqrt{P_1}+\sqrt{P_2}&=\sqrt{P_1+T_1+P_2}\left(\frac{WO}{WZ}+\frac{OZ}{WZ}\right)\\&=\sqrt{P_1+T_1+P_2}\end{aligned}$$

这等价于 $T_1=2\sqrt{P_1P_2}$. 类似地，$T_2=2\sqrt{Q_1Q_2}$. 因为

$$\frac{OW}{OZ}=\frac{OX}{OY}$$

所以有

$$\frac{P_1}{P_2}=\frac{OW^2}{OZ^2}=\frac{OX^2}{OY^2}=\frac{Q_1}{Q_2}$$

设

$$\frac{Q_1}{P_1}=\frac{Q_2}{P_2}=k$$

则

$$\begin{aligned}T_1+T_2&=2\sqrt{P_1P_2}+2\sqrt{Q_1Q_2}\\&=2\sqrt{P_1P_2}(1+k)\\&=2\sqrt{(1+k)P_1(1+k)P_2}\\&=2\sqrt{(P_1+Q_1)(P_2+Q_2)}\end{aligned}$$

$$\geqslant 2\sqrt{S_1 S_2}$$

这就是所求的.

注 著名的布鲁恩(Brunn)－闵可夫斯基(Minkowski)不等式[7]对平面内的两个凸集进行了描述

$$\sqrt{[X+Y]} \geqslant \sqrt{[X]} + \sqrt{[Y]}$$

这里

$$X+Y=\{a+b \in \mathbf{R}^2 \mid a \in X, b \in Y\}$$

$[Z]$ 是平面内集合 Z 的面积.

注意到如果 X 和 Y 分别表示四边形 $ONAK$ 和四边形 $OLCM$，那么不难证明 $X+Y=ABCD$；例 1.29 是布鲁恩－闵可夫斯基不等式的一个结果.

第 2 章　代数技巧

在本章中，我们考虑解几何不等式的三种代数方法：利用代数不等式法，向量和点积法，以及复数法.

2.1　代数不等式

我们列举在证明几何不等式时经常使用的几类代数不等式.

· **算术平均－几何平均不等式**(AM－GM 不等式)

对于任何非负实数 $x_1,x_2,\cdots,x_n$，有

$$\frac{x_1+x_2+\cdots+x_n}{n}\geqslant\sqrt[n]{x_1x_2\cdots x_n}$$

当且仅当 $x_1=x_2=\cdots=x_n$ 时，等式成立.

· **平方的平方根平均－算术平均不等式**(RM－AM 不等式)

对于任意实数 $x_1,x_2,\cdots,x_n$，有

$$\frac{x_1^2+x_2^2+\cdots+x_n^2}{n}\geqslant\left(\frac{x_1+x_2+\cdots+x_n}{n}\right)^2$$

当且仅当 $x_1=x_2=\cdots=x_n$ 时，等式成立.

· **柯西－许瓦兹(Cauchy-Schwarz) 不等式**

对于任意实数 $x_1,x_2,\cdots,x_n$ 和 $y_1,y_2,\cdots,y_n$，有

$$(x_1^2+x_2^2+\cdots+x_n^2)(y_1^2+y_2^2+\cdots+y_n^2)\geqslant(x_1y_1+x_2y_2+\cdots+x_ny_n)^2$$

当且仅当 x_i 与 $y_i(i=1,2,\cdots,n)$ 对应成比例时，等式成立.

· **闵可夫斯基不等式**

对于任意实数 $x_1,x_2,\cdots,x_n;y_1,y_2,\cdots,y_n;\cdots;z_1,z_2,\cdots,z_n$，有

$$\sqrt{x_1^2+y_1^2+\cdots+z_1^2}+\sqrt{x_2^2+y_2^2+\cdots+z_2^2}+\cdots+\sqrt{x_n^2+y_n^2+\cdots+z_n^2}$$

$$\geqslant\sqrt{(x_1+x_2+\cdots+x_n)^2+(y_1+y_2+\cdots+y_n)^2+\cdots+(z_1+z_2+\cdots+z_n)^2}$$

当且仅当 $x_i,y_i,z_i(i=1,2,\cdots,n)$ 对应成比例时，等式成立.

我们将在[3]，[8]，[13] 这几本书中向读者提供更多的信息.

例 2.1　证明：在给定周长的所有矩形中，正方形的面积最大.

证明　设 P 是面积为 A，边长为 x 和 y 的矩形的周长. 那么 AM－GM 不等式表明

$$A=xy\leqslant\left(\frac{x+y}{2}\right)^2=\left(\frac{P}{4}\right)^2$$

因此A的最大值等于$\frac{P^2}{16}$，只有当$x=y$，即矩形为边长为$x=y=\frac{P}{4}$的正方形时，A达到正的最大值.

例 2.2 证明：在给定面积的所有三角形中，等边三角形的周长最小.

证明 考虑边长为a,b,c，周长为$2s=a+b+c$的任意三角形. 面积K由海伦公式

$$K=\sqrt{s(s-a)(s-b)(s-c)}$$

给出. 现在，由 AM－GM 不等式给出

$$\sqrt[3]{(s-a)(s-b)(s-c)}\leqslant\frac{(s-a)+(s-b)+(s-c)}{3}=\frac{s}{3}$$

于是

$$K=\sqrt{s(s-a)(s-b)(s-c)}$$
$$\leqslant\sqrt{s\left(\frac{s}{3}\right)^3}=s^2\frac{\sqrt{3}}{9}$$

当且仅当$s-a=s-b=s-c$，即$a=b=c$时，等式成立.

于是，面积为K的任何三角形的周长不小于$2\sqrt{3\sqrt{3}K}$，这个最小值在三角形为等边三角形时达到.

例 2.3 设A_1,B_1,C_1分别在$\triangle ABC$的边BC,CA,AB上. 设$x=[AB_1C_1]$，$y=[A_1BC_1]$，$z=[A_1B_1C]$，$t=[A_1B_1C_1]$. 证明

$$t^3+(x+y+z)t^2\geqslant 4xyz$$

证明 我们可以假定$\triangle ABC$的面积为1. 那么$x+y+z+t=1$，于是，给定的不等式归结为$t^2\geqslant 4xyz$. 设

$$p=\frac{BA_1}{BC},q=\frac{CB_1}{CA},r=\frac{AC_1}{AB}$$

那么

$$\frac{[AB_1C_1]}{[ABC]}=\frac{AB_1\cdot AC_1}{AC\cdot AB}=r(1-q)$$

因此，$x=r(1-q)$，类似地，$y=p(1-r)$，$z=q(1-p)$. 于是

$$t=1-(p+q+r)+pq+qr+rp$$

以及

$$xyz=pqr(1-p)(1-q)(1-r)=v(t-v)$$

这里$v=pqr$. 因此，我们必须证明$t^2\geqslant 4v(t-v)$，即$(t-2v)^2\geqslant 0$，这显然成立.

下一个问题是例 1.19 的一个推广.

例 2.4 给定两个正整数p,q，再给出顶点为O的锐角内部的一点M. 过点M的直线

交角的两边于 A,B 两点. 求使乘积 $OA^p \cdot OB^q$ 最小的直线的位置.

解　考虑在 $\overrightarrow{OA}$ 上的点 K 和 $\overrightarrow{OB}$ 上的点 L，使 MK 平行于 OB，ML 平行于 OA(图 2.1).

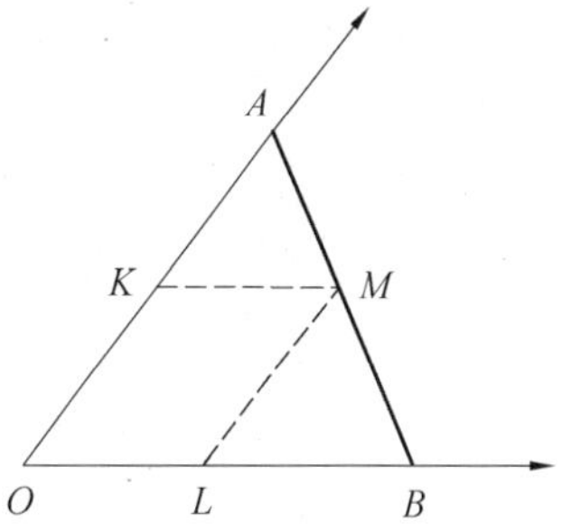

图 2.1

此时 $\triangle KMA \backsim \triangle OBA$，$\triangle MLB \backsim \triangle AOB$，推出

$$OB=\frac{AB}{AM}\cdot MK, OA=\frac{AB}{BM}\cdot ML$$

于是

$$OA^p\cdot OB^q=\frac{ML^p\cdot MK^q}{\left(\frac{BM}{AB}\right)^p\cdot\left(\frac{AM}{AB}\right)^q}$$

因为 MK 和 ML 与过点 M 的直线的选择无关，所以只要 $\left(\frac{BM}{AB}\right)^p\cdot\left(\frac{AM}{AB}\right)^q$ 最大，就推出 $OA^p\cdot OB^q$ 最小.

设 $x=\frac{BM}{AB}$，$y=\frac{AM}{AB}$. 那么 $x+y=1$，对 $x_1=x_2=\cdots=x_p=\frac{x}{p}$ 和 $x_{p+1}=\cdots=x_{p+q}=\frac{y}{q}$ 应用 AM－GM 不等式给出

$$\frac{1}{p+q}=\frac{x+y}{p+q}\geqslant\sqrt[p+q]{\left(\frac{x}{p}\right)^p\left(\frac{y}{q}\right)^q}$$

于是

$$x^py^q\leqslant\frac{p^pq^q}{(p+q)^{p+q}}$$

当 $\frac{x}{p}=\frac{y}{q}$，即 $\frac{BM}{AM}=\frac{p}{q}$ 时，$x^p\cdot y^q$ 最小. 因此过点 M 所作的直线必须使 $AM:MB=q:p$. 具有这样的性质的直线的唯一性留给读者证明.

注意　例 1.19 是在例 2.4 中令 $p=q=1$ 时得到的. 这由公式

$$[AOB]=\frac{OA\cdot OB\cdot\sin\angle AOB}{2}$$

推得.

例 2.5　过一个给定的 $\triangle ABC$ 内的点 M 作三条直线. 第一条与边 AB 和 BC 交于点 C_1 和 A_2，第二条与边 BC 和 CA 交于点 A_1 和 B_2，第三条与边 CA 和 AB 交于点 B_1 和 C_2. 证明

$$\frac{1}{[A_1A_2M]}+\frac{1}{[B_1B_2M]}+\frac{1}{[C_1C_2M]}\geqslant\frac{18}{[ABC]}$$

等式何时成立?

证明　设 $[A_1A_2M]=S_1$，$[B_1B_2M]=S_2$，$[C_1C_2M]=S_3$，$[A_1C_2M]=T_1$，$[B_1A_2M]=T_2$，$[C_1B_2M]=T_3$(图 2.2). 那么 $S_1S_2S_3=T_1T_2T_3$. 两次利用 AM－GM不等

式,给出

$$\frac{1}{S_1}+\frac{1}{S_2}+\frac{1}{S_3}\geqslant\frac{3}{\sqrt[3]{S_1S_2S_3}}=\frac{3}{\sqrt[6]{S_1S_2S_3T_1T_2T_3}}$$
$$\geqslant\frac{18}{S_1+S_2+S_3+T_1+T_2+T_3}$$
$$\geqslant\frac{18}{[ABC]}$$

当且仅当

$$S_1=S_2=S_3=T_1=T_2=T_3=\frac{[ABC]}{6}$$

即 M 是 $\triangle ABC$ 的重心,且这三条直线包含该三角形的中线时,等式成立(图 2.3).

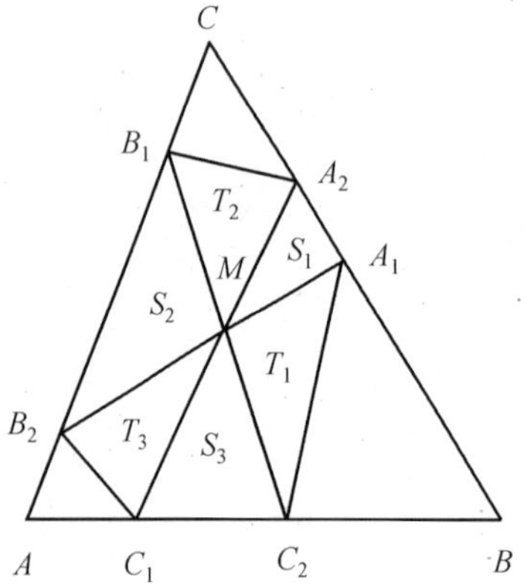

图 2.2

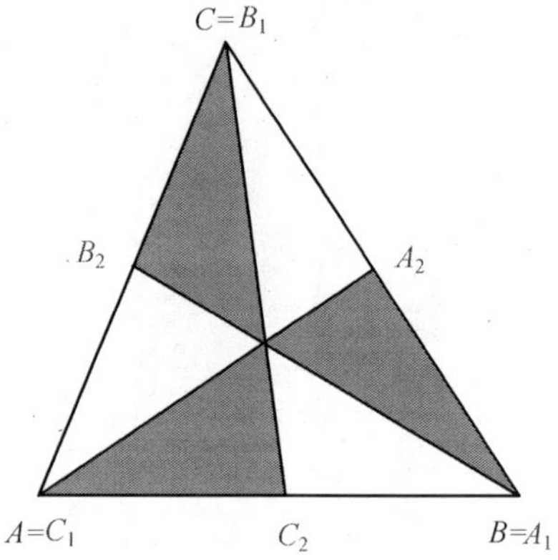

图 2.3

例 2.6 设 X 是 $\triangle ABC$ 内一点,直线 AX,BX,CX 分别与边 BC,CA,AB 相交于点 A_1,B_1,C_1. 证明

$$[A_1B_1C_1]\geqslant\frac{1}{4}[ABC]$$

等式何时成立?

证明 设

$$\lambda=\frac{AC_1}{C_1B},\mu=\frac{BA_1}{A_1C},\nu=\frac{CB_1}{B_1A}$$

根据西瓦(Cave)定理,$\lambda\mu\nu=1$. 另外

$$\frac{[AB_1C_1]}{[ABC]}=\frac{AC_1}{AB}\cdot\frac{AB_1}{AC}=\frac{\lambda}{(\lambda+1)(\nu+1)}$$
$$\frac{[BA_1C_1]}{[ABC]}=\frac{BA_1}{BC}\cdot\frac{BC_1}{BA}=\frac{\mu}{(\mu+1)(\lambda+1)}$$
$$\frac{[CB_1A_1]}{[ABC]}=\frac{CB_1}{CA}\cdot\frac{CA_1}{CB}=\frac{\nu}{(\nu+1)(\mu+1)}$$

因此

$$\begin{aligned}\frac{[A_1B_1C_1]}{[ABC]}&=1-\frac{\lambda}{(\lambda+1)(\mu+1)}-\frac{\mu}{(\mu+1)(\nu+1)}-\frac{\nu}{(\nu+1)(\lambda+1)}\\&=\frac{1+\lambda\mu\nu}{(\lambda+1)(\mu+1)(\nu+1)}\\&=\frac{2}{(\lambda+1)(\mu+1)(\nu+1)}\end{aligned}$$

将不等式

$$1+\lambda\geqslant 2\sqrt{\lambda},1+\mu\geqslant 2\sqrt{\mu},1+\nu\geqslant 2\sqrt{\nu}$$

相乘,得到

$$(1+\lambda)(1+\mu)(1+\nu)\geqslant 8$$

于是

$$[A_1B_1C_1]\geqslant\frac{1}{4}[ABC]$$

当且仅当 $\lambda=\mu=\nu=1$ 时,等式成立.

例 2.7　设 X,Y,Z 分别是由单位正方体的三对异面(不在同一平面内的)棱所确定的直线上的任意三点.证明:$\triangle XYZ$ 的周长不小于 $3\sqrt{\frac{2}{3}}$.等号何时成立?

证明　考虑单位正方体 $ABCD-D_1C_1B_1A_1$.不失一般性,我们假定 X 在由边 C_1D_1 确定的直线上,Y 在直线 AD 上,Z 在直线 BB_1 上(图 2.4).

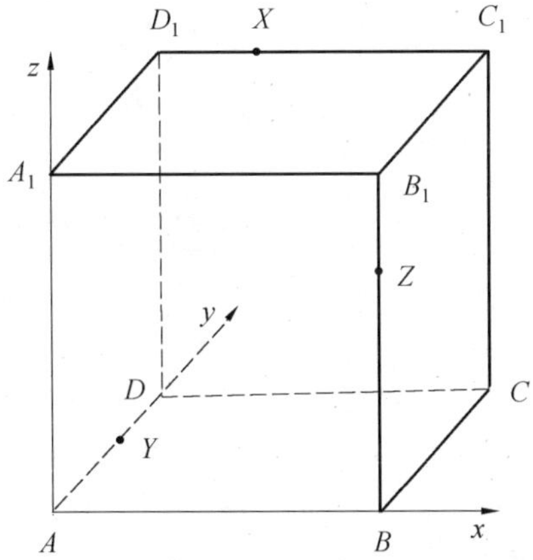

图 2.4

下面,我们利用以 A 为原点,AB,AD 和 AA_1 为坐标轴的空间坐标系.点 X,Y,Z 的坐标为 $X=(x,1,1)$,$Y=(0,y,0)$,$Z=(1,0,z)$,$\triangle XYZ$ 的周长 P 由

$$P=\sqrt{1+y^2+z^2}+\sqrt{(1-x)^2+1+(1-z)^2}+\sqrt{x^2+(1-y)^2+1}$$

给出.

现在问题是当 x,y,z 跑遍区间$(-\infty,+\infty)$时,使右边的表达式最小. 根据这一性质,我们可以期望用闵可夫斯基不等式完成. 我们有

$$P \geqslant \sqrt{(1+1+1)^2+(y+1-z+x)^2+(z+2-x-y)^2}$$
$$=\sqrt{9+(1+x+y-z)^2+[2-(x+y-z)]^2}$$

下面,利用 RM $-$ GM 不等式,我们得到

$$(1+x+y-z)^2+[2-(x+y-z)]^2 \geqslant \frac{9}{2}$$

于是

$$P \geqslant \sqrt{9+\frac{9}{2}}=3\sqrt{\frac{3}{2}}$$

容易检验,当且仅当 $x=y=z=\frac{1}{2}$ 时,等式成立,同时证明了当 X,Y,Z 分别是该正方体的相应的棱的中点时,$\triangle XYZ$ 的周长取到最小值.

例 2.8 对于 $\triangle ABC$ 的内部或边界上一点 X,用 x,y,z 分别表示 X 到 BC,AC,AB 的距离. 求:

(a) 当 X 在什么位置时,和 $x^2+y^2+z^2$ 取最小值?

(b) 当 X 在什么位置时,和 $x^2+y^2+z^2$ 取最大值?

解 (a) 设 $BC=a,AC=b,AB=c$. 那么

$$ax+by+cz=2[ABC]$$

由柯西 $-$ 许瓦兹不等式得到

$$4[ABC]^2=(ax+by+cz)^2$$
$$\leqslant (a^2+b^2+c^2)(x^2+y^2+z^2)$$

因此

$$x^2+y^2+z^2 \geqslant \frac{4[ABC]^2}{a^2+b^2+c^2}$$

于是当点 X 使

$$\frac{x}{a}=\frac{y}{b}=\frac{z}{c}$$

时,和 $x^2+y^2+z^2$ 取最小值.

众所周知,在任何三角形中,存在唯一具有这样的性质的点,即所谓的 Lemoine 点(或对称点). Lemoine 点定义为三角形的中线关于相应的角平分线的对称直线所确定的直线的交点.

(b) 我们将证明,当 X 与三角形的最小角的顶点重合时,和 $x^2+y^2+z^2$ 取最大值. 设 $a=BC$ 是 $\triangle ABC$ 的最小边. 那么

$$a(x+y+z) \leqslant ax+by+cz=2[ABC]$$

所以 $x+y+z\leqslant h_a$，这里 h_a 是 $\triangle ABC$ 的过点 A 的高. 另外

$$x^2+y^2+z^2\leqslant(x+y+z)^2$$

所以 $x^2+y^2+z^2\leqslant h_a^2$，仅当 $X=A$ 时，等式成立.

例 2.9　设 n 是正整数，S_n 是平行于锐角 $\triangle ABC$ 的一边 AB 的线段在三角形中截出的 n 个矩形的面积的和. 证明

$$S_n\leqslant\frac{n}{n+1}[ABC]$$

并确定使等式成立的条件.

证明　首先证明这些矩形必须上下堆放. 实际上，设 $r_1,r_2,\cdots,r_n$ 是一边平行于锐角 $\triangle ABC$ 的一边 AB 的，且在 $\triangle ABC$ 中不相交的任意矩形. 考虑矩形的上面的边所确定的直线，设最靠近 AB 的一条直线分别与 AC，BC 相交于点 M_1，N_1. 那么 $r_1,r_2,\cdots,r_n$ 位于 M_1N_1 下方的部分都包含在矩形 $A_1B_1M_1N_1$ 中，这里点 A_1，B_1 分别是点 M_1，N_1 在 AB 上的射影. 因此，这部分的总面积至多是矩形 $A_1B_1M_1N_1$ 的面积. 注意到因为矩形 $A_1B_1M_1N_1$ 至多包含 $r_1,r_2,\cdots,r_n$ 中的一个，所以位于 M_1N_1 上方的部分有 $n-1$ 个. 对 $\triangle M_1N_1C$ 继续用这一方法，可推得存在如图 2.5 所示的 n 个矩形，它们的总面积不小于 $r_1,r_2,\cdots,r_n$ 的总面积.（如果我们重复这样构建 k 次，$k<n$，那么我们用同样的方法在 $\triangle M_kN_kC$ 中再加任意 $n-k$ 个新的矩形.）

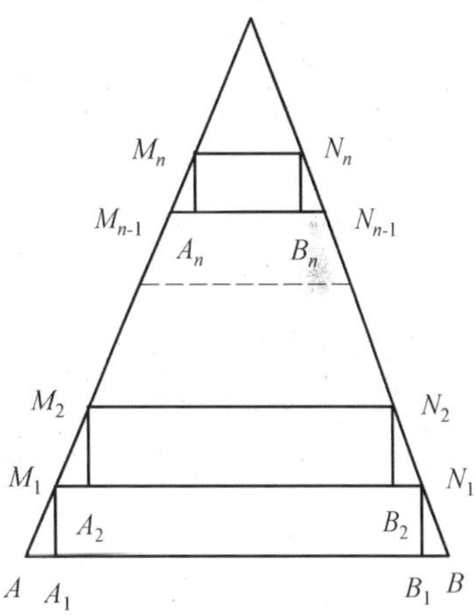

图 2.5

用 $x_k(1\leqslant k\leqslant n)$ 表示平行线 M_kN_k 和 $M_{k-1}N_{k-1}(M_0=A,N_0=B)$ 之间的距离，用 x_{n+1} 表示点 C 到 M_nN_n 的距离. 设 CC_0 是 $\triangle ABC$ 过顶点 C 的高，$h=CC_0$. 那么 $\triangle M_{k-1}A_kM_k\backsim\triangle AC_0C$，得到

$$[M_{k-1}A_kM_k]=\frac{x_k^2}{h^2}[AC_0C]$$

类似地

$$[N_{k-1}B_kN_k]=\frac{x_k^2}{h^2}[BC_0C],[M_nN_nC]=\frac{x_{n+1}^2}{h^2}[ABC]$$

当 $1\leqslant k\leqslant n$ 时，用 S_n 表示矩形 $A_kB_kM_kN_k$ 的总面积. 于是

$$\begin{aligned}S_n&=[ABC]-[M_nN_nC]-\sum_{h-1}^{n}([M_{k-1}A_kM_k]+[N_{k-1}B_kN_k])\\&=[ABC]\left(1-\frac{1}{h^2}\sum_{k=1}^{n+1}x_k^2\right)\end{aligned}$$

考虑到

$$\sum_{k=1}^{n+1} x_k = h$$

由 RM－AM 不等式，得到

$$\sum_{k=1}^{n+1} x_k^2 \geqslant \frac{n}{n+1}\left(\sum_{k=1}^{n+1} x_k\right)^2 = \frac{h^2}{n+1}$$

因此

$$S_n \leqslant \frac{n}{n+1}[ABC]$$

当且仅当 $x_1 = x_2 = \cdots = x_{n+1} = \frac{h}{n+1}$ 时，等式成立. 于是，所需要的矩形必定是如图 2.5 所示的那样切割的，点 $M_1, M_2, \cdots, M_n$ 和 $N_1, N_2, \cdots, N_n$ 分别将 AC 和 BC 分成 $n+1$ 等份.

例 2.10 (IMO 2004) 设 $n \geqslant 3$ 是整数，$t_1, t_2, \cdots, t_n$ 是正实数，且

$$n^2 + 1 > (t_1 + t_2 + \cdots + t_n)\left(\frac{1}{t_1} + \frac{1}{t_2} + \cdots + \frac{1}{t_n}\right)$$

证明：对满足 $1 = i < j < k = n$ 的一切 i, j, k 而言，t_i, t_j, t_k 是一个三角形的三边长.

证明 由对称性，只要证明 $t_1 + t_2 > t_3$. 我们就有

$$\left(\sum_{i=1}^{n} t_i\right)\left(\sum_{i=1}^{n} \frac{1}{t_i}\right) = n^2 + \sum_{i<j}\left(\frac{t_i}{t_j} + \frac{t_j}{t_i} - 2\right) \tag{1}$$

右边和式中的所有的项都是正的，因此这个和不小于 $n^2 + T$，这里

$$T = \left(\frac{t_1}{t_3} + \frac{t_3}{t_1} - 2\right) + \left(\frac{t_2}{t_3} + \frac{t_3}{t_2} - 2\right)$$

我们注意到，作为 t_3 的函数，当 $t_3 \geqslant \max\{t_1, t_2\}$ 时，T 是增函数.

如果 $t_1 + t_2 = t_3$，那么由柯西－许瓦兹不等式，得到

$$T = (t_1 + t_2)\left(\frac{1}{t_1} + \frac{1}{t_2}\right) - 1 \geqslant 3$$

因此，如果 $t_1 + t_2 \leqslant t_3$，那么我们有 $T \geqslant 1$，于是，式(1) 的右边大于或等于 $n^2 + 1$，这是一个矛盾.

注 可以证明如果用$(n + \sqrt{10} - 3)^2$ 代替本题中的数 $n^2 + 1$，结论仍然成立. 这是确保结论成立的最佳可能的数.

2.2 向量和点积

回忆一下，如果 $\boldsymbol{a}$ 和 $\boldsymbol{b}$ 是平面向量，那么它们的点积(或数量积或内积) 定义为

$$\boldsymbol{a} \cdot \boldsymbol{b} = |\boldsymbol{a}| \cdot |\boldsymbol{b}| \cos \angle(\boldsymbol{a}, \boldsymbol{b})$$

这里 $|\boldsymbol{a}|$ 是向量 $\boldsymbol{a}$ 的长度. 特别，我们有

$$|\boldsymbol{a}\cdot\boldsymbol{b}|\leqslant|\boldsymbol{a}|\cdot|\boldsymbol{b}|$$

这是柯西－许瓦兹不等式的向量形式. 注意,点积有以下有用的代数性质

$$\boldsymbol{a}\cdot\boldsymbol{b}=\boldsymbol{b}\cdot\boldsymbol{a}$$

$$\boldsymbol{a}\cdot(r\boldsymbol{b}+\boldsymbol{c})=r\boldsymbol{a}\cdot\boldsymbol{b}+\boldsymbol{a}\cdot\boldsymbol{c}$$

$$r\boldsymbol{a}\cdot s\boldsymbol{b}=rs\boldsymbol{a}\cdot\boldsymbol{b}$$

这里 r,s 是任意实数. 我们还有推广的向量形式的三角形不等式

$$|\boldsymbol{a}_1+\boldsymbol{a}_2+\cdots+\boldsymbol{a}_n|\leqslant|\boldsymbol{a}_1|+|\boldsymbol{a}_2|+\cdots+|\boldsymbol{a}_n|$$

这是闵可夫斯基不等式的向量形式.

例 2.11 在给定的内接于圆的所有三角形中,求边长的平方的和的最大值.

解 设 R 是给定的圆的半径,O 是圆心,A,B,C 是内接于圆的三角形的顶点. 设 $\boldsymbol{a}=\overrightarrow{OA},\boldsymbol{b}=\overrightarrow{OB},\boldsymbol{c}=\overrightarrow{OC}$,那么

$$\begin{aligned}AB^2+BC^2+CA^2&=|\boldsymbol{a}-\boldsymbol{b}|^2+|\boldsymbol{b}-\boldsymbol{c}|^2+|\boldsymbol{c}-\boldsymbol{a}|^2\\&=2(|\boldsymbol{a}|^2+|\boldsymbol{b}|^2+|\boldsymbol{c}|^2)-\\&\quad 2\boldsymbol{a}\cdot\boldsymbol{b}-2\boldsymbol{b}\cdot\boldsymbol{c}-2\boldsymbol{c}\cdot\boldsymbol{a}\end{aligned}$$

另外

$$|\boldsymbol{a}+\boldsymbol{b}+\boldsymbol{c}|^2=|\boldsymbol{a}|^2+|\boldsymbol{b}|^2+|\boldsymbol{c}|^2+2\boldsymbol{a}\cdot\boldsymbol{b}+2\boldsymbol{b}\cdot\boldsymbol{c}+2\boldsymbol{c}\cdot\boldsymbol{a}$$

推出

$$\begin{aligned}AB^2+BC^2+CA^2&=3(|\boldsymbol{a}|^2+|\boldsymbol{b}|^2+|\boldsymbol{c}|^2)-|\boldsymbol{a}+\boldsymbol{b}+\boldsymbol{c}|^2\\&\leqslant 3(|\boldsymbol{a}|^2+|\boldsymbol{b}|^2+|\boldsymbol{c}|^2)=9R^2\end{aligned}$$

当且仅当 $\boldsymbol{a}+\boldsymbol{b}+\boldsymbol{c}=\boldsymbol{0}$ 时,等式成立. 这意味着 $\triangle ABC$ 的中心和外心重合,即该三角形为等边三角形.

例 2.12 证明:对于平面内任意六点 A,B,C,D,E,F,以下不等式成立

$$2(AB^2+BC^2+CD^2+DE^2+EF^2+FA^2)\geqslant AD^2+BE^2+CF^2$$

证明 设 $\overrightarrow{AB}=\boldsymbol{a},\overrightarrow{BC}=\boldsymbol{b},\overrightarrow{CD}=\boldsymbol{c},\overrightarrow{DE}=\boldsymbol{d},\overrightarrow{EF}=\boldsymbol{e}$. 我们必须证明

$$\begin{aligned}&2[|\boldsymbol{a}|^2+|\boldsymbol{b}|^2+|\boldsymbol{c}|^2+|\boldsymbol{d}|^2+|\boldsymbol{e}|^2+(\boldsymbol{a}+\boldsymbol{b}+\boldsymbol{c}+\boldsymbol{d}+\boldsymbol{e})^2]\\&\geqslant(\boldsymbol{a}+\boldsymbol{b}+\boldsymbol{c})^2+(\boldsymbol{b}+\boldsymbol{c}+\boldsymbol{d})^2+(\boldsymbol{c}+\boldsymbol{d}+\boldsymbol{e})^2\end{aligned}$$

上式等价于

$$(\boldsymbol{a}+\boldsymbol{c}+\boldsymbol{e})^2+(\boldsymbol{a}+\boldsymbol{d})^2+(\boldsymbol{b}+\boldsymbol{e})^2+(\boldsymbol{a}+\boldsymbol{b}+\boldsymbol{d}+\boldsymbol{e})^2\geqslant 0$$

例 2.13 证明:如果 α,β,γ 和 $\alpha_1,\beta_1,\gamma_1$ 是两个三角形的内角,那么

$$\frac{\cos\alpha_1}{\sin\alpha}+\frac{\cos\beta_1}{\sin\beta}+\frac{\cos\gamma_1}{\sin\gamma}<\cot\alpha+\cot\beta+\cot\gamma$$

证明 设 $\triangle A_1B_1C_1$ 的内角为 $\alpha_1,\beta_1,\gamma_1$. 将同一方向的向量 $\boldsymbol{a},\boldsymbol{b},\boldsymbol{c}$ 看作 $\overrightarrow{B_1C_1},\overrightarrow{C_1A_1},\overrightarrow{A_1B_1}$,长度分别为 $\sin\alpha,\sin\beta,\sin\gamma$,那么

$$\frac{\cos\alpha_1}{\sin\alpha}+\frac{\cos\beta_1}{\sin\beta}+\frac{\cos\gamma_1}{\sin\gamma}=-\frac{\boldsymbol{a}\cdot\boldsymbol{b}+\boldsymbol{b}\cdot\boldsymbol{c}+\boldsymbol{c}\cdot\boldsymbol{a}}{\sin\alpha\sin\beta\sin\gamma}$$

另外

$$2(\boldsymbol{a}\cdot\boldsymbol{b}+\boldsymbol{b}\cdot\boldsymbol{c}+\boldsymbol{c}\cdot\boldsymbol{a})=|\boldsymbol{a}+\boldsymbol{b}+\boldsymbol{c}|^2-|\boldsymbol{a}|^2-|\boldsymbol{b}|^2-|\boldsymbol{c}|^2$$

以及当 $\boldsymbol{a}+\boldsymbol{b}+\boldsymbol{c}=\boldsymbol{0}$ 时，即当 $\alpha=\alpha_1,\beta=\beta_1,\gamma=\gamma_1$ 时，$\boldsymbol{a}\cdot\boldsymbol{b}+\boldsymbol{b}\cdot\boldsymbol{c}+\boldsymbol{c}\cdot\boldsymbol{a}$ 取到最小值.

例 2.14 设 A,B,C,M 是同一平面内任意四点，x,y,z 是和为 1 的任意实数. 证明：

(a) $xMA^2+yMB^2+zMC^2\geqslant xyAB^2+yzBC^2+zxCA^2$；

(b) $xMB^2MC^2+yMC^2MA^2+zMA^2MB^2\geqslant xyAB^2MC^2+yzBC^2MA^2+zxCA^2MB^2$.

证明 (a) 所证的不等式可从以下恒等式推出

$$\begin{aligned}&(x+y+z)(xMA^2+yMB^2+zMC^2)-xyAB^2-yzBC^2-zxCA^2\\=&(x+y+z)(xMA^2+yMB^2+zMC^2)-xy(\overrightarrow{MB}-\overrightarrow{MA})^2-\\&yz(\overrightarrow{MC}-\overrightarrow{MB})^2-zx(\overrightarrow{MA}-\overrightarrow{MC})^2\\=&(x\overrightarrow{MA}+y\overrightarrow{MB}+z\overrightarrow{MC})^2\end{aligned}$$

(b) 考虑点 M_1,A_1,B_1,C_1(图 2.6) 是由等式

$$M_1A_1=MB\cdot MC$$
$$M_1B_1=MC\cdot MA$$
$$M_1C_1=MA\cdot MB$$
$$A_1C_1=MB\cdot AC$$
$$B_1C_1=MA\cdot BC$$
$$A_1B_1=MC\cdot AB$$

定义的.

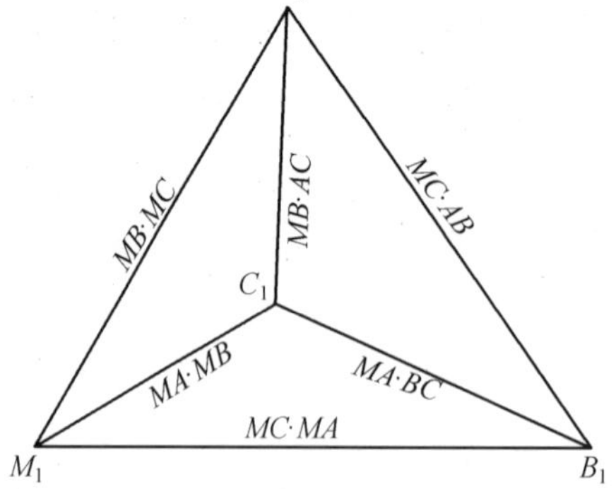

图 2.6

那么将(a) 用于点 M_1,A_1,B_1,C_1，就推得所要求的不等式.

例 2.15 (IMO Shortlist 2001) 设 $\triangle ABC$ 的重心为 G. 确定 $\triangle ABC$ 所在平面内使

$$AP \cdot AG + BP \cdot BG + CP \cdot CG$$

取最小值的点 P 的位置,并用 $\triangle ABC$ 的边长表示这个最小值.

第一种解法　设 a,b,c 分别是 $\triangle ABC$ 的顶点 A,B,C 所对边的长.我们将证明所需要的表达式

$$AP \cdot AG + BP \cdot BG + CP \cdot CG$$

的最小值在点 P 与重心 G 重合时取到,且这个最小值是

$$\begin{aligned} AG^2 + BG^2 + CG^2 &= \frac{1}{9}[(2b^2+2c^2-a^2)+(2c^2+2a^2-b^2)+(2a^2+2b^2-c^2)] \\ &= \frac{1}{3}(a^2+b^2+c^2) \end{aligned}$$

我们将提供一个应用点积的证明方法.

对于平面内任何一点 P,设 $\overrightarrow{GX} = \boldsymbol{x}$,那么 $\boldsymbol{a}+\boldsymbol{b}+\boldsymbol{c}=\boldsymbol{0}$.我们有

$$\begin{aligned} & AP \cdot AG + BP \cdot BG + CP \cdot CG \\ =& |\boldsymbol{a}-\boldsymbol{p}||\boldsymbol{a}|+|\boldsymbol{b}-\boldsymbol{p}||\boldsymbol{b}|+|\boldsymbol{c}-\boldsymbol{p}||\boldsymbol{c}| \\ \geqslant& |(\boldsymbol{a}-\boldsymbol{p})\cdot\boldsymbol{a}|+|(\boldsymbol{b}-\boldsymbol{p})\cdot\boldsymbol{b}|+|(\boldsymbol{c}-\boldsymbol{p})\cdot\boldsymbol{c}| \\ \geqslant& |(\boldsymbol{a}-\boldsymbol{p})\cdot\boldsymbol{a}+(\boldsymbol{b}-\boldsymbol{p})\cdot\boldsymbol{b}+(\boldsymbol{c}-\boldsymbol{p})\cdot\boldsymbol{c}| \\ =& |\boldsymbol{a}|^2+|\boldsymbol{b}|^2+|\boldsymbol{c}|^2 = \frac{1}{3}(a^2+b^2+c^2) \end{aligned}$$

这里最后一步利用了上面的恒等式.假定该等式成立,那么

$$|\boldsymbol{a}-\boldsymbol{p}||\boldsymbol{a}| = |(\boldsymbol{a}-\boldsymbol{p})\cdot\boldsymbol{a}|$$
$$|\boldsymbol{b}-\boldsymbol{p}||\boldsymbol{b}| = |(\boldsymbol{b}-\boldsymbol{p})\cdot\boldsymbol{b}|$$
$$|\boldsymbol{c}-\boldsymbol{p}||\boldsymbol{c}| = |(\boldsymbol{c}-\boldsymbol{p})\cdot\boldsymbol{c}|$$

这些条件意味着点 P 在直线 GA,GB,GC 中的每一条上,即 $P=G$.

第二种解法　设 k 是过 B,G,C 三点的圆.中线 AL 交圆 k 于点 G 和点 K.设 $\theta=\angle BGK,\varphi=\angle CGK,\chi=\angle BGC$(图 2.7).

对 $\triangle BGL$ 和 $\triangle CGL$ 应用正弦定理,已知 $BL=CL$,我们发现

$$\frac{BG}{CG}=\frac{\sin\varphi}{\sin\theta}$$

类似地

$$\frac{AG}{BG}=\frac{\sin\chi}{\sin\varphi}$$

我们还知道,$BK=2R\sin\theta,CK=2R\sin\varphi,BC=2R\sin\chi$,这里 R 是 k 的半径.

因此

$$\frac{CG}{BK}=\frac{BG}{CK}=\frac{AG}{BC} \tag{*}$$

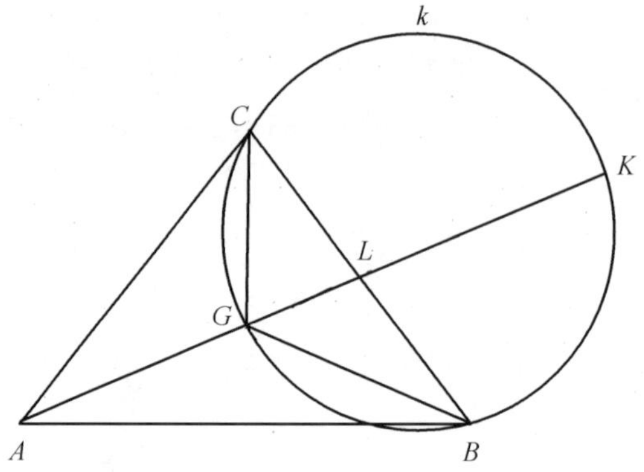

图 2.7

设 P 是 $\triangle ABC$ 所在平面内的任意一点.由托勒密不等式(例 1.6)

$$PK \cdot BC \leqslant BP \cdot CK + BK \cdot CP$$

当且仅当点 P 在圆 k 上时,等式成立.考虑到式($*$),我们有

$$PK \cdot AG \leqslant BP \cdot BG + CG \cdot CP$$

两边同时加上 $AP \cdot AG$,得到

$$(AP + PK) \cdot AG = AP \cdot AG + BP \cdot BG + CP \cdot CG$$

因为 $AK \leqslant AP + AK$,由三角形不等式,我们有

$$AK \cdot AG \leqslant AP \cdot AG + BP \cdot BG + CP \cdot CG$$

当且仅当点 P 在线段 AK 上,也在圆 k 上时,等式成立.因此,当且仅当 $P=G$ 时,等式成立.

注 本题可以用提高题 13 的情况 2 中的同样的论断解决.这里,$\triangle A_0B_0C_0$ 是边为 AG,BG,CG 的三角形,细节情况留给读者考虑.

设 $n \geqslant 2, A_1, A_2, \cdots, A_n$ 是平面内任意 n 个点,$m_1, m_2, \cdots, m_n$ 是和为正数的实数,那么众所周知,存在唯一的点 G,使

$$m_1 \overrightarrow{GA_1} + m_2 \overrightarrow{GA_2} + \cdots + m_n \overrightarrow{GA_n} = \mathbf{0}$$

这一点称为质点系 $A_1(m_1), A_2(m_2), \cdots, A_n(m_n)$ 的质心.如果 $m_1 = m_2 = \cdots = m_n$,那么 G 是多边形 $A_1A_2\cdots A_n$ 的重心.

例 2.16 设 G 是质点系 $A_1(m_1), A_2(m_2), \cdots, A_n(m_n)$ 的质心.证明

$$I(X) = m_1XA_1^2 + m_2XA_2^2 + \cdots + m_nXA_n^2$$

的最大值在点 G 处达到.

证明 设 $m = m_1 + m_2 + \cdots + m_n > 0$,那么

$$I(X) = \sum_{i=1}^{n} m_iXA_i^2 = \sum_{i=1}^{n} m_i (\overrightarrow{XG} + \overrightarrow{GA_i})^2$$

$$= mXG^2 + 2\overrightarrow{XG} \cdot \sum_{i=1}^{n} m_i \overrightarrow{GA_i} + I(G)$$

$$=I(G)+mXG^2$$

当 $XG=0$，即 $X=G$ 时，$I(X)$ 达到最小值.

例 2.17　设 G 是圆内接 n 边形 $A_1A_2\cdots A_n$ 的质心，$m_1,m_2,\cdots,m_n>0$. 直线 GA_1，$GA_2,\cdots,GA_n$ 与该圆第二次相交于点 $B_1,B_2,\cdots,B_n$. 证明：

(a) $m_1GB_1+m_2GB_2+\cdots+m_nGB_n\geqslant m_1GA_1+m_2GA_2+\cdots+m_nGA_n$；

(b) $m_1GB_1^2+m_2GB_2^2+\cdots+m_nGB_n^2\geqslant m_1GA_1^2+m_2GA_2^2+\cdots+m_nGA_n^2$.

证明　设 O 是外接圆的圆心，R 是半径. 当 $X=O$ 时，例 2.16 的解中的恒等式表明

$$\sum_{i=1}^{n}m_iGA_i^2=m(R^2-OG^2)$$

因此点 G 在圆内，且

$$GA_i\cdot GB_i=R^2-OG^2,1\leqslant i\leqslant n$$

(a) 由柯西－许瓦兹不等式推得

$$\begin{aligned}\sum_{i=1}^{n}m_iGB_i\cdot\sum_{i=1}^{n}m_iGA_i&=\sum_{i=1}^{n}(\sqrt{m_iGB_i})^2\cdot\sum_{i=1}^{n}(\sqrt{m_iGA_i})^2\\&\geqslant\Big(\sum_{i=1}^{n}m_i\sqrt{GA_i\cdot GB_i}\Big)^2\\&=m^2(R^2-OG^2)=m\sum_{i=1}^{n}m_iGA_i^2\\&=\sum_{i=1}^{n}\sqrt{m_i^2}\cdot\sum_{i=1}^{n}(\sqrt{m_i}GA_i)^2\\&\geqslant\Big(\sum_{i=1}^{n}m_iGA_i\Big)^2\end{aligned}$$

这等价于所需要的不等式.

(b) 利用柯西－许瓦兹不等式，我们得到

$$\begin{aligned}\sum_{i=1}^{n}m_iGB_i^2\cdot\sum_{i=1}^{n}m_iGA_i^2&\geqslant\Big(\sum_{i=1}^{n}m_iGA_i\cdot GB_i\Big)^2\\&=\Big[\sum_{i=1}^{n}m_i(R^2-OG^2)\Big]^2\\&=[m(R^2-OG^2)]^2\\&=\Big(\sum_{i=1}^{n}m_iGA_i^2\Big)^2\end{aligned}$$

这等价于所需要的不等式.

注　如在文[17]中所指出的，对于任何 $0\leqslant\alpha\leqslant 2$，不等式

$$\sum_{i=1}^{n}m_iGB_i^{\alpha}\geqslant\sum_{i=1}^{n}m_iGA_i^{\alpha}$$

成立. 柯西－许瓦兹不等式表明

$$\sum_{i=1}^{n} m_i GB_i^\alpha \cdot \sum_{i=1}^{n} m_i GA_i^\alpha \geqslant \left[\sum_{i=1}^{n} m_i \left(\sqrt{GB_i \cdot GA_i}\right)^\alpha\right]^2$$
$$= \left[m\left(\sqrt{R^2 - OG^2}\right)^\alpha\right]^2$$
$$= m^2 \left(\sum_{i=1}^{n} \frac{m_i}{m} GA_i^2\right)^\alpha$$

现在注意到函数 $f(x) = x^{\frac{\alpha}{2}}$ $(0 \leqslant \alpha \leqslant 2)$ 在区间$[0, \infty)$上是凹函数，琴生(Jensen)不等式表明

$$\left(\sum_{i=1}^{n} \frac{m_i}{m} GA_i^2\right)^{\frac{\alpha}{2}} \geqslant \sum_{i=1}^{n} \frac{m_i}{m} GA_i^\alpha$$

因此

$$\sum_{i=1}^{n} m_i GB_i^\alpha \cdot \sum_{i=1}^{n} m_i GA_i^\alpha \geqslant m^2 \left(\sum_{i=1}^{n} \frac{m_i}{m} GA_i^2\right)^\alpha$$
$$\geqslant \left(\sum_{i=1}^{n} m_i GA_i^\alpha\right)^2$$

这就是所需要的不等式.

例 2.18 设四面体 $ABCD$ 内接于半径为 R 的球. 证明：

(a) $DA^2 + DB^2 + DC^2 + 4R^2 \geqslant AB^2 + BC^2 + CA^2$；

(b) $DA^2 + DB^2 + DC^2 + AB^2 + BC^2 + CA^2 \leqslant 16R^2$.

证明 设 x, y, z, t 是任意实数. 我们将证明

$$xyAB^2 + yzBC^2 + zxCA^2 + xtDA^2 + ytDB^2 + ztDC^2 \leqslant (x+y+z+t)^2R^2 \quad (*)$$

事实上，设 O 是四面体 $ABCD$ 的外接球的球心，那么

$$xyAB^2 + yzBC^2 + zxCA^2 + xtDA^2 + ytDB^2 + ztDC^2$$
$$= xy(\overrightarrow{OB} - \overrightarrow{OA})^2 + yz(\overrightarrow{OC} - \overrightarrow{OB})^2 + zx(\overrightarrow{OC} - \overrightarrow{OA})^2 +$$
$$xt(\overrightarrow{OA} - \overrightarrow{OD})^2 + yt(\overrightarrow{OB} - \overrightarrow{OD})^2 + zt(\overrightarrow{OC} - \overrightarrow{OD})^2$$
$$= (x+y+z+t)^2R^2 - (x\,\overrightarrow{OA} + y\,\overrightarrow{OB} + z\,\overrightarrow{OC} + t\,\overrightarrow{OD})^2$$
$$\leqslant (x+y+z+t)^2R^2$$

分别设 $x = y = z = 1, t = -1$ 和 $x = y = z = t = 1$，则由式$(*)$可推出(a)和(b).

最后，我们将用平面向量和点积的方法证明例 2.7.

例 2.19 设 $ABCD - D_1C_1B_1A_1$ 是单位立方体，K, L, M 分别是异面直线 AB, CC_1, D_1A_1 上的点. 证明

$$KL + LM + MN \geqslant 3\sqrt{\frac{3}{2}}$$

等式何时成立？

证明 设 K_0, L_0, M_0 分别是棱 AB, CC_1, D_1A_1 的中点. 用 $\boldsymbol{e}_1, \boldsymbol{e}_2, \boldsymbol{e}_3$ 分别表示共线向量 $\overrightarrow{K_0M_0}, \overrightarrow{M_0L_0}, \overrightarrow{L_0K_0}$ 的单位向量. 那么

$$\overrightarrow{BK}\cdot(\boldsymbol{e}_3-\boldsymbol{e}_1)=\overrightarrow{A_1M}\cdot(\boldsymbol{e}_1-\boldsymbol{e}_2)=\overrightarrow{C_1L}\cdot(\boldsymbol{e}_2-\boldsymbol{e}_3)=0$$

容易检验

$$\begin{aligned}&\overrightarrow{KM}\cdot\boldsymbol{e}_1+\overrightarrow{ML}\cdot\boldsymbol{e}_2+\overrightarrow{LK}\cdot\boldsymbol{e}_3\\=&(\overrightarrow{KA}+\overrightarrow{AA_1}+\overrightarrow{A_1M})\cdot\boldsymbol{e}_1+(\overrightarrow{MD_1}+\overrightarrow{D_1C_1}+\overrightarrow{C_1L})\cdot\boldsymbol{e}_2+(\overrightarrow{LC}+\overrightarrow{CB}+\overrightarrow{BK})\cdot\boldsymbol{e}_3\\=&\overrightarrow{BA_1}\cdot\boldsymbol{e}_1+\overrightarrow{A_1C_1}\cdot\boldsymbol{e}_2+\overrightarrow{C_1B}\cdot\boldsymbol{e}_3\end{aligned}$$

因此和

$$\overrightarrow{KM}\cdot\boldsymbol{e}_1+\overrightarrow{ML}\cdot\boldsymbol{e}_2+\overrightarrow{LK}\cdot\boldsymbol{e}_3$$

是常数，且

$$\begin{aligned}KM+ML+LK&\geqslant\overrightarrow{KM}\cdot\boldsymbol{e}_1+\overrightarrow{ML}\cdot\boldsymbol{e}_2+\overrightarrow{LK}\cdot\boldsymbol{e}_3\\&=\overrightarrow{K_0M_0}\cdot\boldsymbol{e}_1+\overrightarrow{M_0L_0}\cdot\boldsymbol{e}_2+\overrightarrow{L_0K_0}\cdot\boldsymbol{e}_3\\&=K_0M_0+M_0L_0+L_0K_0=3\sqrt{\frac{3}{2}}\end{aligned}$$

当且仅当 $K=K_0,L=L_0,M=M_0$ 时，等式成立.

2.3　复　　数

在本节中，我们将展示如何使用复数证明几何不等式. 为此，我们将始终假定在平面内给出一个直角坐标系，并认为坐标为(x,y)的点 Z 和复数 $z=x+\mathrm{i}y,\mathrm{i}^2=-1$ 是一致的. 这个复数称为 Z 的复坐标.

给出一个复数 $z=x+\mathrm{i}y$，我们用 $\bar{z}=x-\mathrm{i}y$ 表示其共轭复数，用 $|z|$ 表示它的模(长度)，定义为

$$|z|=\sqrt{z\bar{z}}=\sqrt{x^2+y^2}$$

推广的三角形不等式可写成

$$|z_1+z_2+\cdots+z_n|\leqslant|z_1|+|z_2|+\cdots+|z_n|$$

我们将向读者提供关于复数的代数性质及其在几何中应用的文献[1]作为参考.

例 2.20　(推广的托勒密不等式) 如果 $\triangle ABC$ 和 $\triangle A'B'C'$ 同向相似，那么

$$AA'\cdot BC\leqslant BB'\cdot CA+CC'\cdot AB$$

证明　设 a,b,c 分别是顶点 A,B,C 的复坐标，a',b',c' 分别是顶点 A',B',C' 的复坐标. 因为 $\triangle ABC\backsim\triangle A'B'C'$，我们有(见文[1])

$$a'(b-c)+b'(c-a)+c'(a-b)=0$$

另外

$$a(b-c)+b(c-a)+c(a-b)=0$$

将这两个恒等式相减，得到

$$(a'-a)(b-c)+(b'-b)(c-a)+(c'-c)(a-b)=0$$

取模后,得到

$$|a'-a||b-c|\leqslant|b'-b||c-a|+|c'-c||a-b|$$

这就是所需要的不等式.

注 (1) 当$\triangle A'B'C'$退化为一点时,就得到托勒密不等式.

(2) 例2.20表明对于任何同向相似的$\triangle ABC$和$\triangle A'B'C'$,可以作一个边长分别为$AA'\cdot BC, BB'\cdot CA, C'C\cdot AB$的三角形.

例2.21 设P是$\triangle ABC$所在平面内不同于顶点的任意一点.证明:

(a) $\dfrac{AB}{PC}+\dfrac{BC}{PA}+\dfrac{CA}{PB}\geqslant\dfrac{AB\cdot BC\cdot CA}{PA\cdot PB\cdot PC}$;

(b) $\dfrac{PA^2}{AB\cdot AC}+\dfrac{PB^2}{BA\cdot BC}+\dfrac{PC^2}{CA\cdot CB}\geqslant 1$.

证明 设复平面的原点在点P,设a,b,c分别是$\triangle ABC$的顶点的复坐标.

(a) 由代数恒等式

$$ab(a-b)+bc(b-c)+ca(c-a)=-(a-b)(b-c)(c-a)$$

得到

$$|ab(a-b)|+|bc(b-c)|+|ca(c-a)|\geqslant|(a-b)(b-c)(c-a)|$$

两边同时除以$|abc|$,得到所需要的不等式.为分析等式成立的情况,我们设

$$z_1=ab(a-c)(b-c), z_2=bc(b-a)(c-a), z_3=ca(c-b)(a-b)$$

如果z_1,z_2,z_3是正实数,且

$$z_1+z_2+z_3=1$$

那么

$$-\frac{z_1z_2}{z_3}=\left(\frac{b}{c-a}\right)^2$$

$$-\frac{z_2z_3}{z_1}=\left(\frac{c}{a-b}\right)^2$$

$$-\frac{z_3z_1}{z_2}=\left(\frac{a}{b-c}\right)^2$$

于是

$$\frac{b}{c-a},\frac{c}{a-b},\frac{a}{b-c}$$

是纯虚数.因此,$AP\perp BC, BP\perp CA$,这证明了P是$\triangle ABC$的垂心.

(b) 我们利用恒等式

$$a^2(b-c)+b^2(c-a)+c^2(a-b)=-(a-b)(b-c)(c-a)$$

取模后,得到

$$|a|^2|b-c|+|b|^2|c-a|+|c|^2|a-b|\geqslant|a-b||b-c||c-a|$$

两边同时除以 $|a-b||b-c||c-a|$,就得到所需要的不等式.

注　如果 P 是 $\triangle ABC$ 的外心,那么上面的不等式等价于欧拉(Euler) 不等式:$R\geqslant 2r$. 在两种情况下都有

$$R^2\geqslant\frac{AB\cdot BC\cdot CA}{AB+BC+CA}=\frac{4R[ABC]}{2s}$$

$$=\frac{4R\cdot s\cdot r}{2s}=2Rr$$

于是 $R\geqslant 2r$.

例 2.22　设 G 是 $\triangle ABC$ 的重心,设 R,R_1,R_2,R_3 分别是 $\triangle ABC,\triangle GBC,\triangle GCA$,$\triangle GAB$ 外接圆的半径. 证明

$$R_1+R_2+R_3\geqslant 3R$$

证明　由例 2.21(a) 推出

$$BC\cdot GB\cdot GC+CA\cdot GC\cdot GA+AB\cdot GA\cdot GB\geqslant AB\cdot BC\cdot CA$$

另外

$$BC\cdot GB\cdot GC=4R_1[GBC]=4R_1\cdot\frac{1}{3}[ABC]$$

类似地

$$CA\cdot GC\cdot GA=4R_2\cdot\frac{1}{3}[ABC]$$

$$AB\cdot GA\cdot GB=4R_3\cdot\frac{1}{3}[ABC]$$

我们还有 $AB\cdot BC\cdot CA=4R[ABC]$. 将此式代入上面的不等式,得到

$$R_1+R_2+R_3\geqslant 3R$$

例 2.23　对于 $\triangle ABC$ 所在的平面内的任意一点 M,证明不等式

$$AM^3\sin A+BM^3\sin B+CM^3\sin C\geqslant 6GM\cdot[ABC]$$

这里点 G 是 $\triangle ABC$ 的重心.

证明　对于任何复数 x,y,z,恒等式

$$x^3(y-z)+y^3(z-x)+z^3(x-y)=(x-y)(y-z)(z-x)(x+y+z)$$

成立. 利用三角形不等式,我们得到

$$|x|^3|(y-z)|+|y|^3|(z-x)|+|z|^3|(x-y)|$$

$$\geqslant|x-y||y-z||z-x||x+y+z|$$

设 a,b,c,m 分别是点 A,B,C,M 的复坐标. 在上面的不等式中,我们用替换 $x=m-a$,$y=m-b$,$z=m-c$,得到

$$AM^3\cdot BC+BM^3\cdot CA+CM^3\cdot AB\geqslant 3AB\cdot BC\cdot CA\cdot GM$$

利用公式

$$[ABC]=\frac{AB\cdot BC\cdot CA}{4R}$$

和正弦定理，就得到所需要的不等式.

例 2.24 设 $ABCD$ 是半径为 R 的圆内接四边形. 证明

$$[ABCD]\geqslant\frac{AB\cdot BC\cdot CD\cdot DA\cdot AC\cdot BD}{8R^4}$$

证明 取外接圆的圆心为复平面的原点，设 a,b,c,d 分别是顶点 A,B,C,D 的复坐标. 由著名的欧拉恒等式(也可见提高题 20 的解答)，我们有

$$\sum_{\mathrm{cyc}}\frac{a^3}{(a-b)(a-c)(a-d)}=1$$

由三角形不等式，得到

$$\sum_{\mathrm{cyc}}\frac{|a|^3}{|a-b||a-c||a-d|}\geqslant 1$$

因此

$$\sum_{\mathrm{cyc}}R^3\cdot BD\cdot CD\cdot BC\geqslant AB\cdot BC\cdot CD\cdot DA\cdot AC\cdot BD$$

利用恒等式 $BD\cdot CD\cdot BC=4R\cdot[BCD]$ 和类似的其他乘积关系，得到

$$4R^4([ABC]+[BCD]+[CDA]+[DAB])\geqslant AB\cdot BC\cdot CD\cdot DA\cdot AC\cdot BD$$

或，等价于

$$[ABCD]\geqslant\frac{AB\cdot BC\cdot CD\cdot DA\cdot AC\cdot BD}{8R^4}$$

例 2.25 设 M 是正方形所在平面内的一点，$MA=x,MB=y,MC=z,MD=t$. 证明：数 xy,yz,zt,tx 是一个四边形的边长.

证明 设我们可以假定 $1,\mathrm{i},-1,-\mathrm{i}$ 分别是正方形的顶点 A,B,C,D 的复坐标. 设 w 是 M 的复坐标. 那么我们有

$$1(w-\mathrm{i})(w+1)+\mathrm{i}(w+1)(w+\mathrm{i})-1(w+\mathrm{i})(w-1)-\mathrm{i}(w-1)(w-\mathrm{i})=0$$

利用三角形不等式，得到

$$|w-\mathrm{i}||w+1|+|w+1||w+\mathrm{i}|+|w+\mathrm{i}||w-1|\geqslant|w-1||w-\mathrm{i}|$$

或

$$yz+zt+tx\geqslant yx$$

同理，可以证明

$$xy+zt+tx\geqslant yz$$

$$xy+yz+tx\geqslant zt$$

$$xy+yz+zt\geqslant tx$$

这就是所需要的不等式.

例 2.26　证明：在任何 $\triangle ABC$ 中，推广的欧拉不等式

$$\frac{R}{2r} \geqslant \frac{m_a}{h_a} \geqslant 1$$

成立.

证明　考虑以 $\triangle ABC$ 的外心为复平面的原点. 设 z_1, z_2, z_3 分别是顶点 A, B, C 的复坐标，a, b, c 是 $\triangle ABC$ 的边长. 给定的不等式等价于 $2rm_a \leqslant Rh_a$，即

$$\frac{2[ABC]}{s} m_a \leqslant R \frac{2[ABC]}{a}$$

因此，我们必须证明 $am_a \leqslant Rs$. 利用复数，我们有

$$\begin{aligned} 2am_a &= 2 \mid z_2 - z_3 \| z_1 - \frac{z_2 + z_3}{2} \mid \\ &= \mid (z_2 - z_3)(2z_1 - z_2 - z_3) \mid \\ &= \mid z_2(z_1 - z_2) + z_1(z_2 - z_3) + z_3(z_3 - z_1) \mid \\ &\leqslant \mid z_2 \| z_1 - z_2 \mid + \mid z_1 \| z_2 - z_3 \mid + \mid z_3 \| z_3 - z_1 \mid \\ &= R(a + b + c) = 2Rs \end{aligned}$$

于是 $am_a \leqslant Rs$，这就是所需要的. 对于等边三角形，等式成立的证明留给读者.

例 2.27　(IMO Shortlist 2002) 在 $\triangle ABC$ 的内部存在一点 F，使 $\angle AFB = \angle BFC = \angle CFA$. 设 BF 和 CF 分别交 AC 和 AB 于点 D 和 E. 证明：$AB + AC \geqslant 4DE$.

证明　设 $AF = x, BF = y, CF = z$，设 $\omega = \cos\frac{2}{3}\pi + i\sin\frac{2}{3}\pi$. 用 $0, x, y\omega, z\omega^2, d, e$ 分别表示 F, A, B, C, D, E 的复坐标. 经过简单的运算得到

$$DF = \frac{xz}{x+z}, EF = \frac{xy}{x+y}$$

这意味着

$$d = -\frac{xz}{x+z}\omega, e = -\frac{xy}{x+y}\omega$$

因此，我们必须证明不等式

$$\mid x - y\omega \mid + \mid z\omega^2 - x \mid \geqslant 4\left| -\frac{xz}{x+z}\omega + \frac{xy}{x+y}\omega^2 \right|$$

由 $|\omega| = 1$ 和 $\omega^3 = 1$，我们有 $|z\omega^2 - x| = |\omega(z\omega^2 - x)| = |z - x\omega|$. 因此，我们必须证明不等式

$$\mid x - y\omega \mid + \mid z - x\omega \mid \geqslant 4\left| \frac{xz}{x+z} - \frac{xy}{x+y}\omega \right|$$

此外，我们还将确立

$$\mid (x - y\omega) + (z - x\omega) \mid \geqslant 4\left| \frac{xz}{x+z} - \frac{xy}{x+y}\omega \right|$$

或 $|p-q\omega|\geqslant|r-s\omega|$，这里

$$p=z+x,q=y+x,r=\frac{4zx}{z+x},s=\frac{4xy}{x+y}$$

显然 $p\geqslant r>0,q\geqslant s>0$. 推得

$$\begin{aligned}|p-q\omega|^2-|r-s\omega|^2&=(p-q\omega)(\overline{p-q\omega})-(r-s\omega)(\overline{r-s\omega})\\&=(p^2-r^2)+(pq-rs)+(q^2-s^2)\geqslant 0\end{aligned}$$

不难验证，当且仅当$\triangle ABC$是等边三角形时，等式成立. 事实上，在等式成立的情况下，我们有 $p=r,q=s$，这意味着 $x=y=z$，于是 $AB=BC=CA$.

例 2.28 设 $A_1A_2\cdots A_n$ 是内接于一个单位圆的正多边形. 当 P 跑遍整个单位圆时，求乘积

$$PA_1\cdot PA_2\cdot\cdots\cdot PA_n$$

的最大值.

解 设单位圆的圆心是复平面的原点. 将多边形旋转，使各个顶点的坐标是1的 n 次复数根：$\varepsilon_1,\varepsilon_2,\cdots,\varepsilon_n$. 用 z 表示单位圆上的一点 P 的复坐标. 那么 $|z|=1$，且等式

$$z^n-1=\prod_{j=1}^{n}(z-\varepsilon_j)$$

推出

$$|z^n-1|=\prod_{j=1}^{n}|z-\varepsilon_j|=\prod_{j=1}^{n}PA_j$$

因为 $|z^n-1|\leqslant|z^n|+1=2$，推出 $\prod\limits_{j=1}^{n}PA_j$ 的最大值是 2，且当 $z^n=-1$ 时，即当 P 是 $\overset{\frown}{A_jA_{j+1}}(j=1,2,\cdots,n)$ 的中点时取到最大值，这里 $A_{n+1}=A_1$.

例 2.29 设 $A_1A_2\cdots A_n(n\geqslant 5)$ 是凸多边形，B_k 是边 $A_kA_{k+1}(k=1,2,\cdots,n)$ 的中点，这里 $A_{n+1}=A_1$. 证明

$$[B_1B_2\cdots B_n]\geqslant\frac{1}{2}[A_1A_2\cdots A_n]$$

证明 设点 A_k 和 B_k 的复坐标分别是 a_k 和 $b_k(k=1,2,\cdots,n)$. 显然多边形 $B_1B_2\cdots B_n$ 是凸多边形，如果我们假定多边形 $A_1A_2\cdots A_n$ 是正向的，那么 $B_1B_2\cdots B_n$ 也是正向的. 在多边形 $A_1A_2\cdots A_n$ 的内部选取一点作为复平面的原点 O. 我们有

$$b_k=\frac{1}{2}(a_k+a_{k+1}),k=1,2,\cdots,n$$

且

$$\begin{aligned}[B_1B_2\cdots B_n]&=\frac{1}{2}\mathrm{Im}(\sum_{k=1}^{n}\overline{b_k}b_{k+1})\\&=\frac{1}{8}\mathrm{Im}\sum_{k=1}^{n}(\overline{a_k}+\overline{a_{k+1}})(a_{k+1}+a_{k+2})\end{aligned}$$

$$=\frac{1}{8}\operatorname{Im}\left(\sum_{k=1}^{n}\overline{a_k}a_{k+1}\right)+\frac{1}{8}\operatorname{Im}\left(\sum_{k=1}^{n}\overline{a_{k+1}}a_{k+2}\right)+\frac{1}{8}\operatorname{Im}\left(\sum_{k=1}^{n}\overline{a_k}a_{k+2}\right)$$

$$=\frac{1}{2}[A_1A_2\cdots A_n]+\frac{1}{8}\operatorname{Im}\left(\sum_{k=1}^{n}\overline{a_k}a_{k+2}\right)$$

$$=\frac{1}{2}[A_1A_2\cdots A_n]+\frac{1}{8}\sum_{k=1}^{n}\operatorname{Im}(\overline{a_k}a_{k+2})$$

$$=\frac{1}{2}[A_1A_2\cdots A_n]+\frac{1}{8}\sum_{k=1}^{n}OA_k\cdot OA_{k+2}\sin\angle A_kOA_{k+2}$$

$$\geqslant\frac{1}{2}[A_1A_2\cdots A_n]$$

最后一个不等式由 $\sin A_kOA_{k+2}\geqslant 0, k=1,2,\cdots,n$ 这一事实推出，这里 $A_{n+2}=A_2$.

第 3 章　三角形中的不等式

在本章中,我们将证明一些关于三角形中角的三角函数的基本不等式和三角形中各个元素的基本不等式,这些元素有边、面积、内切圆半径、外接圆半径、中线、高、角平分线、旁切圆半径,等等.我们也将考虑著名的布伦顿(Blundon)不等式和厄多斯(Erdös)—莫德尔(Mordell)不等式及其一些应用.

3.1　三角不等式

在下面的所有问题中,α,β,γ 均是三角形的内角,即这些角都是正的,并且 $\alpha+\beta+\gamma=\pi$.

例 3.1　证明不等式:

(a) $\sin\alpha+\sin\beta+\sin\gamma\leqslant\frac{3\sqrt{3}}{2}$;

(b) $\sin^2\alpha+\sin^2\beta+\sin^2\gamma\leqslant\frac{9}{4}$;

(c) $\sin\alpha\sin\beta\sin\gamma\leqslant\frac{3\sqrt{3}}{8}$.

证明　(a) 如果 $x,y\in[0,\pi]$,那么

$$\sin x+\sin y=2\sin\frac{x+y}{2}\cos\frac{x-y}{2}$$
$$\leqslant 2\sin\frac{x+y}{2}$$

于是

$$\sin\alpha+\sin\beta+\sin\gamma+\sin\frac{\pi}{3}\leqslant 2\sin\frac{\alpha+\beta}{2}+2\sin\frac{\gamma+\frac{\pi}{3}}{2}$$
$$\leqslant 4\sin\frac{\frac{\alpha+\beta}{2}+\frac{\gamma+\frac{\pi}{3}}{2}}{2}$$
$$=4\sin\frac{\pi}{3}$$

所以

$$\sin\alpha+\sin\beta+\sin\gamma\leqslant 3\sin\frac{\pi}{3}=\frac{3\sqrt{3}}{2}$$

(b) 我们有

$$\begin{aligned}\sin^2\alpha+\sin^2\beta+\sin^2\gamma&=\frac{1-\cos 2\alpha}{2}+\frac{1-\cos 2\beta}{2}+\sin^2\gamma\\&=1-\cos(\alpha+\beta)\cos(\alpha-\beta)+\sin^2\gamma\\&=2+\cos\gamma\cos(\alpha-\beta)-\cos^2\gamma\\&=\frac{9}{4}-\left(\cos\gamma-\frac{\cos(\alpha-\beta)}{2}\right)^2-\frac{\sin^2(\alpha-\beta)}{4}\\&\leqslant\frac{9}{4}\end{aligned}$$

(c) 注意到

$$\begin{aligned}\sin x\sin y&=\frac{1}{2}[\cos(x-y)-\cos(x+y)]\\&\leqslant\frac{1-\cos(x+y)}{2}\\&=\sin^2\frac{x+y}{2}\end{aligned}$$

推出

$$\begin{aligned}\sin\alpha\sin\beta\sin\gamma\sin\frac{\pi}{3}&\leqslant\sin^2\frac{\alpha+\beta}{2}\sin^2\frac{\gamma+\frac{\pi}{3}}{2}\\&\leqslant\sin^4\frac{\frac{\alpha+\beta}{2}+\frac{\gamma+\frac{\pi}{3}}{2}}{2}\\&=\sin^4\frac{\pi}{3}\end{aligned}$$

所以

$$\sin\alpha\sin\beta\sin\gamma\leqslant\sin^3\frac{\pi}{3}=\frac{3\sqrt{3}}{8}$$

例 3.22　证明不等式：

(a) $1<\cos\alpha+\cos\beta+\cos\gamma\leqslant\frac{3}{2}$；

(b) $\cos^2\alpha+\cos^2\beta+\cos^2\gamma\geqslant\frac{3}{4}$；

(c) $\cos\alpha\cos\beta\cos\gamma\leqslant\frac{1}{8}$.

证明 (a) 我们有

$$\cos\alpha+\cos\beta+\cos\gamma=2\sin\frac{\gamma}{2}\cos\frac{\alpha-\beta}{2}+1-2\sin^2\frac{\gamma}{2}$$

$$=1+4\sin\frac{\alpha}{2}\sin\frac{\beta}{2}\sin\frac{\gamma}{2}$$

$$>1$$

另外

$$2\sin\frac{\gamma}{2}\cos\frac{\alpha-\beta}{2}+1-2\sin^2\frac{\gamma}{2}\leqslant 2\sin\frac{\gamma}{2}+1-2\sin^2\frac{\gamma}{2}$$

$$=\frac{3}{2}-2\left(\sin\frac{\gamma}{2}-\frac{1}{2}\right)^2$$

$$\leqslant\frac{3}{2}$$

(b) 利用恒等式

$$\cos^2 x=1-\sin^2 x$$

由例 3.1(b) 推出所要证明的不等式.

(c) **第一种证法** 注意到

$$\cos x\cos y=\frac{1}{2}[\cos(x-y)+\cos(x+y)]$$

$$\leqslant\frac{1+\cos(x+y)}{2}$$

$$=\cos^2\frac{x+y}{2}$$

因此

$$\cos\alpha\cos\beta\cos\gamma\cos\frac{\pi}{3}\leqslant\cos^2\frac{\alpha+\beta}{2}\cos^2\frac{\gamma+\frac{\pi}{3}}{2}$$

$$\leqslant\cos^4\frac{\frac{\alpha+\beta}{2}+\frac{\gamma+\frac{\pi}{3}}{2}}{2}$$

$$=\cos^4\frac{\pi}{3}$$

所以

$$\cos\alpha\cos\beta\cos\gamma\leqslant\cos^3\frac{\pi}{3}=\frac{1}{8}$$

第二种证法 我们有

$$\cos^2\alpha+\cos^2\beta+\cos^2\gamma=\frac{1+\cos 2\alpha}{2}+\frac{1+\cos 2\beta}{2}+\cos^2\gamma$$

$$=1+\cos(\alpha+\beta)\cos(\alpha-\beta)+\cos^2\gamma$$
$$=1-\cos\gamma[\cos(\alpha-\beta)-\cos\gamma]$$
$$=1-2\cos\alpha\cos\beta\cos\gamma$$

由(b)推得所需证明的不等式.

例 3.3　证明不等式：

(a) $\cot\alpha+\cot\beta+\cot\gamma\geqslant\sqrt{3}$；

(b) $\cot\alpha\cot\beta\cot\gamma\leqslant\frac{\sqrt{3}}{9}$；

(c) 如果 $\alpha,\beta,\gamma<90^\circ$，那么 $\tan\alpha\tan\beta\tan\gamma\geqslant3\sqrt{3}$；

(d) 如果 $\alpha,\beta,\gamma<90^\circ$，那么 $\tan\alpha+\tan\beta+\tan\gamma\geqslant3\sqrt{3}$.

证明　我们有

$$\begin{aligned}\cot\alpha+\cot\beta+\cot\gamma&=\frac{\sin\gamma}{\sin\alpha\sin\beta}+\frac{\cos\gamma}{\sin\gamma}\\&=\frac{2\sin\gamma}{\cos(\alpha-\beta)+\cos\gamma}+\frac{\cos\gamma}{\sin\gamma}\\&\geqslant\frac{2\sin\gamma}{1+\cos\gamma}+\frac{\cos\gamma}{\sin\gamma}\\&=2\tan\frac{\gamma}{2}+\frac{1-\tan^2\frac{\gamma}{2}}{2\tan\frac{\gamma}{2}}\\&=\frac{1+3\tan^2\frac{\gamma}{2}}{2\tan\frac{\gamma}{2}}\\&\geqslant\frac{2\sqrt{3}\tan\frac{\gamma}{2}}{2\tan\frac{\gamma}{2}}\\&=\sqrt{3}\end{aligned}$$

(b) 如果 α,β,γ 中有一个不是锐角，那么

$$\cot\alpha\cot\beta\cot\gamma\leqslant0<\frac{\sqrt{3}}{9}$$

于是我们可以假定 $0^\circ<\alpha,\beta,\gamma<90^\circ$. 还注意到

$$\cot\gamma-\cot(\alpha+\beta)=\frac{\cot\alpha\cot\beta-1}{\cot\alpha+\cot\beta}$$

可写成

$$\cot\alpha\cot\beta+\cot\beta\cot\gamma+\cot\gamma\cot\alpha=1$$

AM－GM不等式表明

$$1=\cot\alpha\cot\beta+\cot\beta\cot\gamma+\cot\gamma\cot\alpha$$
$$\geqslant 3\sqrt[3]{\cot^2\alpha\cot^2\beta\cot^2\gamma}$$

这等价于要求证明的不等式.

(c) 因为 $\tan x=\dfrac{1}{\cot x}$,所以由(b) 推出所给的不等式.

(d) 我们有

$$-\tan\gamma=\tan(\alpha+\beta)=\frac{\tan\alpha+\tan\beta}{1-\tan\alpha\tan\beta}$$

这表明

$$\tan\alpha+\tan\beta+\tan\gamma=\tan\alpha\tan\beta\tan\gamma$$

由(c) 推出(d).

例 3.4 证明不等式:

(a)$1<\sin\dfrac{\alpha}{2}+\sin\dfrac{\beta}{2}+\sin\dfrac{\gamma}{2}\leqslant\dfrac{3}{2}$;

(b)$\sin^2\dfrac{\alpha}{2}+\sin^2\dfrac{\beta}{2}+\sin^2\dfrac{\gamma}{2}\geqslant\dfrac{3}{4}$;

(c)$\sin\dfrac{\alpha}{2}\sin\dfrac{\beta}{2}\sin\dfrac{\gamma}{2}\leqslant\dfrac{1}{8}$;

(d)$\cos\dfrac{\alpha}{2}+\cos\dfrac{\beta}{2}+\cos\dfrac{\gamma}{2}\leqslant\dfrac{3\sqrt{3}}{2}$;

(e)$\cos^2\dfrac{\alpha}{2}+\cos^2\dfrac{\beta}{2}+\cos^2\dfrac{\gamma}{2}\leqslant\dfrac{9}{4}$;

(f)$\cos\dfrac{\alpha}{2}\cos\dfrac{\beta}{2}\cos\dfrac{\gamma}{2}\leqslant\dfrac{3\sqrt{3}}{8}$;

(g)$\tan\dfrac{\alpha}{2}+\tan\dfrac{\beta}{2}+\tan\dfrac{\gamma}{2}\geqslant\sqrt{3}$;

(h)$\tan\dfrac{\alpha}{2}\tan\dfrac{\beta}{2}\tan\dfrac{\gamma}{2}\leqslant\dfrac{\sqrt{3}}{9}$;

(i)$\cot\dfrac{\alpha}{2}+\cot\dfrac{\beta}{2}+\cot\dfrac{\gamma}{2}\geqslant 3\sqrt{3}$;

(j)$\cot\dfrac{\alpha}{2}\cot\dfrac{\beta}{2}\cot\dfrac{\gamma}{2}\geqslant 3\sqrt{3}$.

证明 利用$90^\circ-\dfrac{\alpha}{2},90^\circ-\dfrac{\beta}{2},90^\circ-\dfrac{\gamma}{2}$都是锐角这一事实可由前面三个例题推出所有不等式.

例 3.5　证明：

(a) $\sin 2\alpha+\sin 2\beta+\sin 2\gamma\leqslant\sin\alpha+\sin\beta+\sin\gamma$；

(b) $\sin\alpha+\sin\beta+\sin\gamma\leqslant\cos\frac{\alpha}{2}+\cos\frac{\beta}{2}+\cos\frac{\gamma}{2}$；

(c) $\cos\alpha+\cos\beta+\cos\gamma\leqslant\sin\frac{\alpha}{2}+\sin\frac{\beta}{2}+\sin\frac{\gamma}{2}$；

(d) $\sin\alpha\sin\beta\sin\gamma\leqslant\cos\frac{\alpha}{2}\cos\frac{\beta}{2}\cos\frac{\gamma}{2}$；

(e) $\cos\alpha\cos\beta\cos\gamma\leqslant\sin\frac{\alpha}{2}\sin\frac{\beta}{2}\sin\frac{\gamma}{2}$；

(f) $\cot\alpha+\cot\beta+\cot\gamma\geqslant\tan\frac{\alpha}{2}+\tan\frac{\beta}{2}+\tan\frac{\gamma}{2}$；

(g) $\cot^2\alpha+\cot^2\beta+\cot^2\gamma\geqslant\tan^2\frac{\alpha}{2}+\tan^2\frac{\beta}{2}+\tan^2\frac{\gamma}{2}$.

证明　(a) 我们有

$$\begin{aligned}\sin 2\alpha+\sin 2\beta&=2\sin(\alpha+\beta)\cos(\alpha-\beta)\\&=2\sin\gamma\cos(\alpha-\beta)\\&\leqslant 2\sin\gamma\end{aligned}$$

同理，有

$$\sin 2\beta+\sin 2\gamma\leqslant 2\sin\alpha$$
$$\sin 2\gamma+\sin 2\alpha\leqslant 2\sin\beta$$

相加后，得到(a).

(b) 对 $90°-\frac{\alpha}{2},90°-\frac{\beta}{2},90°-\frac{\gamma}{2}$ 用(a) 即可推出不等式.

(c) 我们有

$$\cos\alpha+\cos\beta=2\sin\frac{\gamma}{2}\cos\frac{\alpha-\beta}{2}\leqslant 2\sin\frac{\gamma}{2}$$

同理，有

$$\cos\beta+\cos\gamma\leqslant 2\sin\frac{\alpha}{2}$$
$$\cos\gamma+\cos\alpha\leqslant 2\sin\frac{\beta}{2}$$

相加后，得到(c).

(d) 我们有

$$\begin{aligned}\sin x\sin y&=\frac{1}{2}[\cos(x-y)-\cos(x+y)]\\&\leqslant\frac{1-\cos(x+y)}{2}\end{aligned}$$

$$=\sin^2\frac{x+y}{2}$$

于是

$$\sin\alpha\sin\beta\sin\gamma\leqslant\sqrt{\sin\alpha\sin\beta}\sqrt{\sin\beta\sin\gamma}\sqrt{\sin\gamma\sin\alpha}$$

$$\leqslant\cos\frac{\alpha}{2}\cos\frac{\beta}{2}\cos\frac{\gamma}{2}$$

(e) 如果角 α,β,γ 中有一个不是锐角，那么

$$\cos\alpha\cos\beta\cos\gamma\leqslant 0<\sin\frac{\alpha}{2}\sin\frac{\beta}{2}\sin\frac{\gamma}{2}$$

所以我们可以假定 $\alpha,\beta,\gamma\in(0^\circ,90^\circ)$. 注意到如果 $x,y\in(0^\circ,90^\circ)$，那么

$$\cos x\cos y=\frac{1}{2}[\cos(x-y)+\cos(x+y)]$$

$$\leqslant\frac{1+\cos(x+y)}{2}=\cos^2\frac{x+y}{2}$$

于是

$$\cos\alpha\cos\beta\cos\gamma=\sqrt{\cos\alpha\cos\beta}\sqrt{\cos\beta\cos\gamma}\sqrt{\cos\gamma\cos\alpha}$$

$$\leqslant\sin\frac{\alpha}{2}\sin\frac{\beta}{2}\sin\frac{\gamma}{2}$$

(f) 我们有

$$\cot\alpha+\cot\beta=\frac{\sin\gamma}{\sin\alpha\sin\beta}$$

$$=\frac{2\sin\gamma}{\cos(\alpha-\beta)+\cos\gamma}$$

$$\geqslant\frac{2\sin\gamma}{1+\cos\gamma}$$

$$=2\tan\frac{\gamma}{2}$$

同理

$$\cot\beta+\cot\gamma\geqslant 2\tan\frac{\alpha}{2}$$

$$\cot\gamma+\cot\alpha\geqslant 2\tan\frac{\beta}{2}$$

将这些不等式相加，得到(f).

(g) 由(f) 的解答，推出

$$\cot\alpha+\cot\beta\geqslant 2\tan\frac{\gamma}{2}$$

于是

$$\cot^2\alpha+\cot^2\beta\geqslant\frac{1}{2}(\cot\alpha+\cot\beta)^2\geqslant 2\tan^2\frac{\gamma}{2}$$

同理

$$\cot^2\beta+\cot^2\gamma\geqslant 2\tan^2\frac{\alpha}{2}$$

$$\cot^2\gamma+\cot^2\alpha\geqslant 2\tan^2\frac{\beta}{2}$$

将这些不等式相加，得到(g).

例 3.6　证明不等式：

(a) $3(\cos\alpha+\cos\beta+\cos\gamma)\geqslant 2(\sin\alpha\sin\beta+\sin\beta\sin\gamma+\sin\gamma\sin\alpha)$；

(b) $\cos(\alpha-\beta)\cos(\beta-\gamma)\cos(\gamma-\alpha)\geqslant 8\cos\alpha\cos\beta\cos\gamma$.

证明　(a) 我们可以假定 $\alpha\leqslant\beta\leqslant\gamma$，那么

$$\begin{aligned}&2(\sin\alpha\sin\beta+\sin\beta\sin\gamma+\sin\gamma\sin\alpha)-3(\cos\alpha+\cos\beta+\cos\gamma)\\=&4\sin\alpha\sin\frac{\beta+\gamma}{2}\cos\frac{\gamma-\beta}{2}+\cos(\gamma-\beta)-\cos(\gamma+\beta)-\\&3\cos\alpha-6\cos\frac{\gamma-\beta}{2}\cos\frac{\gamma+\beta}{2}\\=&2\cos^2\frac{\gamma-\beta}{2}+2\cos\frac{\gamma-\beta}{2}\left(2\sin\alpha\cos\frac{\alpha}{2}-3\sin\frac{\alpha}{2}\right)-2\cos\alpha-1\end{aligned}$$

注意到

$$0^\circ\leqslant\frac{\gamma-\beta}{2}<\frac{\gamma}{2}<90^\circ$$

这表明 $0<\cos\frac{\gamma-\beta}{2}\leqslant 1$. 考虑到二次函数

$$f(x)=2x^2+2x\left(2\sin\alpha\cos\frac{\alpha}{2}-3\sin\frac{\alpha}{2}\right)-2\cos\alpha-1, x\in[0,1]$$

它的最大值等于 $\max\{f(0),f(1)\}$. 因此只要证明 $f(0)\leqslant 0$ 和 $f(1)\leqslant 0$，这表明

$$f\left(\cos\frac{\gamma-\beta}{2}\right)\leqslant 0$$

这就是所要证明的.

实际上，因为 $0^\circ<\alpha<60^\circ$，所以有 $f(0)=-2\cos\alpha-1<0$ 以及

$$\begin{aligned}f(1)&=1-2\cos\alpha+2\left(\sin\frac{\alpha}{2}+\sin\frac{3\alpha}{2}-3\sin\frac{\alpha}{2}\right)\\&=-\left(2\sin\frac{\alpha}{2}-1\right)^2\left(2\sin\frac{\alpha}{2}+1\right)\\&\leqslant 0\end{aligned}$$

(b) 我们可以设 $\alpha\leqslant\beta\leqslant\gamma$. 假定 $\gamma<90^\circ$，那么

$$\sin\alpha\cos(\beta-\gamma)=\frac{\sin 2\gamma+\sin 2\beta}{2}\geqslant\sqrt{\sin 2\gamma\sin 2\beta}$$

因此

$$\cos(\beta-\gamma)\geqslant\frac{\sqrt{\sin 2\gamma\sin 2\beta}}{\sin\alpha}$$

同理

$$\cos(\alpha-\beta)\geqslant\frac{\sqrt{\sin 2\alpha\sin 2\beta}}{\sin\gamma}$$

$$\cos(\gamma-\alpha)\geqslant\frac{\sqrt{\sin 2\gamma\sin 2\alpha}}{\sin\beta}$$

将这些不等式相乘就得出(b).

现在假定 $\gamma\geqslant 90°$. 如果 $\gamma\leqslant 90°+\alpha$ 或 $\gamma\leqslant 90°+\beta$,那么

$$\cos(\alpha-\beta)\cos(\beta-\gamma)\cos(\gamma-\alpha)\geqslant 0\geqslant 8\cos\alpha\cos\beta\cos\gamma$$

因此我们可以假定 $90°+\alpha<\gamma<90°+\beta$. 那么

$$0<-\cos(\gamma-\alpha)=-\cos\gamma$$

以及

$$\begin{aligned}0&<\cos(\alpha-\beta)\cos(\beta-\gamma)\\&<\cos(\alpha-\beta)\\&<4\cos(\alpha-\beta)+4\cos(\alpha+\beta)\\&=8\cos\alpha\cos\beta\end{aligned}$$

将上面两个不等式相乘,得到

$$-\cos(\alpha-\beta)\cos(\beta-\gamma)\cos(\gamma-\alpha)<-8\cos\alpha\cos\beta\cos\gamma$$

这等价于所要证明的不等式.

3.2 三角形各元素之间的不等式

在下面的所有问题中,我们将用三角形的元素的标准记号.

例 3.7 设 a,b,c 是一个三角形的边长. 证明:

(a)$(a+b-c)(b+c-a)(c+a-b)\leqslant abc$;

(b)(IMO 1964)$a^2(b+c-a)+b^2(c+a-b)+c^2(a+b-c)\leqslant 3abc$;

(c)(IMO 1983)$a^2b(a-b)+b^2c(b-c)+c^2a(c-a)\geqslant 0$;

(d)$0\leqslant\frac{a-b}{b+c}+\frac{b-c}{c+a}+\frac{c-a}{a+b}<1$.

证明 (a) 我们用替换

$$a=x+y,b=y+z,c=z+x,x,y,z>0$$

那么给定的不等式变为

$$8xyz \leqslant (x+y)(y+z)(z+x)$$

这可由 AM－GM 不等式

$$x+y \geqslant 2\sqrt{xy},\ y+z \geqslant 2\sqrt{yz},\ z+x \geqslant 2\sqrt{zx}$$

相乘推得.

注　设 K 是边长为 a,b,c 的三角形的面积. 由海伦公式

$$\begin{aligned}(a+b-c)(b+c-a)(c+a-b) &= 8(s-a)(s-b)(s-c)\\ &= \frac{8K^2}{s} = 8sr^2\end{aligned}$$

因为 $abc = 4RK = 4srR$，我们看到给定的不等式等价于欧拉不等式 $R \geqslant 2r$.

(b) 观察到

$$\begin{aligned}&a^2(b+c-a)+b^2(c+a-b)+c^2(a+b-c)-2abc\\ =&(b+c-a)(c+a-b)(a+b-c)\end{aligned}$$

再用(a).

(c) 我们利用(a) 的第一个解中的同一替换. 那么

$$\begin{aligned}&a^2b(a-b)+b^2c(b-c)+c^2a(c-a)\\ =&2[x^3z+y^3x+z^3y-xyz(x+y+z)]\\ =&2xyz\left(\frac{x^2}{y}+\frac{y^2}{z}+\frac{z^2}{x}\right)\end{aligned}$$

因为 $2 \leqslant \frac{x}{y}+\frac{y}{x}$，所以推出

$$2x \leqslant x\left(\frac{x}{y}+\frac{y}{x}\right) = \frac{x^2}{y}+y$$

同理

$$2y \leqslant \frac{y^2}{z}+z$$

$$2z \leqslant \frac{z^2}{x}+x$$

将这些不等式相加，得到

$$\frac{x^2}{y}+\frac{y^2}{z}+\frac{z^2}{x} \geqslant x+y+z$$

(d) 用 A 表示给定的表达式，并设

$$B = \frac{a+c}{b+c}+\frac{b+a}{c+a}+\frac{c+b}{a+b}$$

那么 $A = B-3$，我们必须证明 $3 \leqslant B < 4$. 对于不等式的右边，观察到

$$b+c > \frac{1}{2}(a+b+c)$$

$$c+a>\frac{1}{2}(a+b+c)$$

$$a+b>\frac{1}{2}(a+b+c)$$

于是

$$B<\frac{2(a+c+b+a+c+b)}{a+b+c}=4$$

对于左边,我们用柯西 — 许瓦兹不等式,得到

$$B=\sum_{\text{cyc}}\frac{(a+c)^2}{(a+c)(b+c)}$$

$$\geqslant\frac{\left(\sum_{\text{cyc}}(a+c)\right)^2}{\sum_{\text{cyc}}(a+c)(b+c)}$$

$$=\frac{4\,(a+b+c)^2}{a^2+b^2+c^2+3(ab+bc+ca)}$$

因为

$$a^2+b^2+c^2\geqslant ab+bc+ca$$

所以最后一个分式大于或等于 3.

例 3.8 设 a,b,c 是三角形的边长.求以下表达式的一切可能的值:

(a) $\dfrac{a}{b+c}+\dfrac{b}{c+a}+\dfrac{c}{a+b}$;

(b) $\dfrac{a^2+b^2+c^2}{ab+bc+ca}$.

解 (a) 首先,我们注意到

$$A=\frac{a}{b+c}+\frac{b}{c+a}+\frac{c}{a+b}\geqslant\frac{3}{2}$$

在利用熟知的不等式

$$(x+y+z)\left(\frac{1}{x}+\frac{1}{y}+\frac{1}{z}\right)\geqslant 9$$

后,有

$$A=(a+b+c)\left(\frac{1}{b+c}+\frac{1}{c+a}+\frac{1}{a+b}\right)-3$$

$$=\frac{1}{2}[(b+c)+(c+a)+(a+b)]\left(\frac{1}{b+c}+\frac{1}{c+a}+\frac{1}{a+b}\right)-3$$

$$\geqslant\frac{9}{2}-3=\frac{3}{2}$$

另外,由三角形不等式给出

$$A<\frac{2a}{a+b+c}+\frac{2b}{a+b+c}+\frac{2c}{a+b+c}=2$$

现在我们将证明 A 取半闭区间 $\left[\frac{3}{2},2\right)$ 中的一切值. 为此,考虑边长为 $a=x,b=x,c=2$ 的三角形,这里 $x>1$ 是任意正实数. 那么

$$A=A(x)=\frac{2x}{x+2}+\frac{1}{x}$$
$$=\frac{2x^2+x+2}{x^2+2x}$$

这一函数在区间 $(1,\infty)$ 上的最小值在点 $x=2$ 处取到,于是等于 $\frac{3}{2}$.

因为

$$\lim_{x\to\infty}A(x)=2$$

我们可以下结论说函数的取值范围是 $\left[\frac{3}{2},2\right)$.

(b) 注意到

$$A=\frac{a^2+b^2+c^2}{ab+bc+ca}\geqslant 1$$

因为

$$a^2+b^2+c^2-ab+bc+ca=\frac{1}{2}[(a-b)^2+(b-c)^2+(c-a)^2]\geqslant 0$$

另外,三角形不等式表明

$$a^2<a(b+c),b^2<b(c+a),c^2<c(a+b)$$

将这三个不等式相加,得到

$$a^2+b^2+c^2<2(ab+bc+ca)$$

这证明了 $A<2$. 为了证明 A 取半闭区间 $[1,2)$ 中的一切值,我们考虑边长为 $a=x,b=x,c=2$ 的三角形,这里 $x>1$ 是任意正实数. 在这种情况下

$$A=A(x)=\frac{2x^2+4}{x^2+4x}$$

我们在(a) 中证明了函数 $A(x)$ 在区间 $(1,\infty)$ 上的取值范围是半闭区间 $[1,2)$.

例 3.9　三角形的边长 a,b,c,满足

$$\frac{\max\{a,b,c\}}{\sqrt[3]{a^3+b^3+c^3+3abc}}<r$$

求最小的数 r.

解　如果我们设 $a=b=n,c=1$,那么

$$r>\frac{n}{\sqrt[3]{2n^3+3n^2+1}}$$

但是

$$\lim_{n\to\infty}\frac{n}{\sqrt[3]{2n^3+3n^2+1}}=\frac{1}{\sqrt[3]{2}}$$

于是 $r\geqslant\frac{1}{\sqrt[3]{2}}$.

我们将证明

$$\frac{\max\{a,b,c\}}{\sqrt[3]{a^3+b^3+c^3+3abc}}<\frac{1}{\sqrt[3]{2}}$$

不失一般性,假定 $a=\max\{a,b,c\}$,那么该不等式等价于

$$b^3+c^3-a^3+3abc>0$$

$$\Leftrightarrow(b+c-a)[(b+a)^2+(b-c)^2+(c+a)^2]>0$$

因为 $b+c-a>0$,所以上式成立.于是满足条件的最小数 r 是 $\frac{1}{\sqrt[3]{2}}$.

例 3.10 设三角形的边长是 a,b,c,内切圆的半径是 r,外接圆的半径是 R.证明不等式:

(a) $a^2+b^2+c^2\geqslant(a-b)^2+(b-c)^2+(c-a)^2+4\sqrt{3}K$;

(b) $(a+b)(b+c)(c+a)\geqslant 4K(9R-2r)$.

证明 (a) **第一种证法** 由余弦定理,我们有

$$a^2=(b-c)^2+2bc(1-\cos A)$$

面积公式 $2K=bc\sin A$ 意味着

$$a^2=(b-c)^2+4K\tan\frac{A}{2}$$

将这三个不等式相加,我们得到

$$a^2+b^2+c^2=(a-b)^2+(b-c)^2+(c-a)^2+4K\left(\tan\frac{A}{2}+\tan\frac{B}{2}+\tan\frac{C}{2}\right)$$

因此由例 3.4 的(g)推出所要证明的不等式.

第二种证法 设 $x=s-a,y=s-b,z=s-c$,那么

$$a^2+b^2+c^2-(a-b)^2-(b-c)^2-(c-a)^2=4(xy+yz+zx)$$

另外,海伦公式可写成

$$4\sqrt{3}K=4\sqrt{3(x+y+z)xyz}$$

所要证明的不等式等价于

$$(xy+yz+zx)^2\geqslant 3(x+y+z)xyz$$

这一不等式显然成立,因为它可写成

$$(xy-yz)^2+(yz-zx)^2+(zx-xy)^2\geqslant 0$$

第三种证法 利用熟知的恒等式

$$ab+bc+ca=s^2+r^2+4Rr$$

(见例 3.12 的解答) 得到

$$\begin{aligned}&a^2+b^2+c^2-(a-b)^2-(b-c)^2-(c-a)^2\\=&4(ab+bc+ca)-(a+b+c)^2\\=&4r(4R+r)\end{aligned}$$

现在,将例 3.13(c) 中右边的不等式和欧拉不等式结合,意味着 $4R+r\geqslant\sqrt{3}s$,推出所要证明的不等式.

(b) 利用恒等式 $4KR=abc$,以及

$$\begin{aligned}8Kr=\frac{8K^2}{s}&=8(s-a)(s-b)(s-c)\\&=(b+c-a)(c+a-b)(a+b-c)\end{aligned}$$

我们可以将给出的不等式写成

$$(a+b)(b+c)(c+a)\geqslant 9abc-(b+c-a)(c+a-b)(a+b-c)$$

设 $a=y+z,b=x+z,c=x+y$,这里 $x,y,z>0$.那么上面的不等式等价于

$$(2x+y+z)(x+2y+z)(x+y+2z)+8xyz\geqslant 9(x+y)(y+z)(z+x)$$

化简后,得到

$$x^3+y^3+z^3+3xyz\geqslant x^2y+y^2x+y^2z+z^2y+x^2z+z^2x$$

这就是著名的舒尔(Schur) 不等式.

例 3.10 中的每一个不等式只有当三角形是等边三角形时,等式成立的证明留给读者完成.

例 3.11　证明:对于边长是 a,b,c,外接圆的半径是 R,面积是 K 的任意三角形,对于使 $xy+yz+zx\geqslant 0$ 的一切实数 x,y,z,我们有:

(a) $yza^2+zxb^2+xyc^2\leqslant(x+y+z)^2R^2$;

(b) $xa^2+yb^2+zc^2\geqslant 4K\sqrt{xy+yz+zx}$.

证明　(a) 设 O 是 $\triangle ABC$ 的外心.对于任意实数 x,y,z,我们有

$$(x\overrightarrow{OA}+y\overrightarrow{OB}+z\overrightarrow{OC})^2\geqslant 0$$

展开后,得到

$$x^2+q^2+r^2+2xy\cos 2C+2yz\cos 2A+2zx\cos 2B\geqslant 0$$

这一不等式可写成以下形式

$$4(yz\sin^2A+zx\sin^2B+xy\sin^2C)\leqslant(x+y+z)^2$$

或者,由正弦定理

$$yza^2+zxb^2+xyc^2\leqslant(x+y+z)^2R^2$$

(b) **第一种证法**　设 $k=4\sqrt{xy+yz+zx}$,那么我们必须证明

$$xa^2+yb^2+zc^2\geqslant kK$$

考虑到余弦定理,我们可以将该不等式写成

$$xa^2+yb^2+(a^2+b^2-2ab\cos C)z\geqslant \frac{1}{2}kab\sin C$$

或等价于

$$\frac{2a}{b}(x+z)+\frac{2b}{a}(y+z)-(4z\cos C+k\sin C)\geqslant 0$$

现在,利用 AM－GM 不等式和柯西－许瓦兹不等式,我们得到

$$\begin{aligned}&\frac{2a}{b}(x+z)+\frac{2b}{a}(y+z)-(4z\cos C+k\sin C)\\ \geqslant\ &4\sqrt{(x+z)(y+z)}-(4z\cos C+k\sin C)\\ \geqslant\ &4\sqrt{(x+z)(y+z)}-\sqrt{16z^2+k^2}=0\end{aligned}$$

要求证明的不等式得证.

第二种证法 用(xa^2,yb^2,zc^2)代替(a)中的(x,y,z),得到

$$(xy+yz+zx)a^2b^2c^2\leqslant (xa^2+yb^2+zc^2)^2R^2$$

(利用条件 $xy+yz+zx\geqslant 0$)这一不等式等价于

$$xa^2+yb^2+zc^2\geqslant 4K\sqrt{xy+yz+zx}$$

例 3.12 (布伦顿不等式)设 s,R,r 分别是边长为 a,b,c 的三角形的半周长,外接圆的半径和内切圆的半径.证明

$$|s^2-2R^2-10Rr+r^2|\leqslant 2(R-2r)\sqrt{R(R-2r)}$$

并证明只有对等腰三角形等式成立.

证明 我们利用海伦公式

$$K^2=s(s-a)(s-b)(s-c)$$

以及 $K=sr$ 得到

$$\begin{aligned}r^2&=\frac{(s-a)(s-b)(s-c)}{s}\\&=\frac{s^3-s^2(a+b+c)+s(ab+bc+ca)-abc}{s}\\&=-s^2+ab+bc+ca-4Rr\end{aligned}$$

因此

$$\sigma_2=ab+bc+ca=s^2+r^2+4Rr$$

以及

$$\sigma_1=a+b+c=2s,\sigma_3=abc=4srR$$

经过一些计算,得到

$$(a-b)^2(b-c)^2(c-a)^2=\sigma_1^2\sigma_2^2-4\sigma_2^3-\sigma_1^3\sigma_3+18\sigma_1\sigma_2\sigma_3-27\sigma_3^2$$
$$=-4r^2[(s^2-2R^2-10Rr+r^2)^2-4R(R-2r)^3]$$

于是

$$(s^2-2R^2-10Rr+r^2)^2-4R(R-2r)^3\leqslant 0$$

这表明

$$|s^2-2R^2-10Rr+r^2|\leqslant 2(R-2r)\sqrt{R(R-2r)}$$

当且仅当$(a-b)(b-c)(c-a)=0$,即当三角形为等腰三角形时等式成立.

注　布伦顿不等式和欧拉不等式对确定半周长为s,外接圆的半径为R,内切圆的半径为r的三角形的存在也是足够的.此外,布伦顿[4]证明了上述不等式(在文献中也称为基本不等式)是形如$f(R,r)\leqslant s^2\leqslant F(R,r)$的不等式中最强的不等式,这里$f(R,r)$和$F(R,r)$是齐次的实函数,并且只有当三角形为等边三角形时等式成立.我们将关于该基本不等式的历史的文[14]介绍给读者.

例 3.13　证明不等式:

(a)$16Rr-5r^2\leqslant s^2\leqslant 4R^2+4Rr+3r^2$;

(b)$24Rr-12r^2\leqslant a^2+b^2+c^2\leqslant 8R^2+4r^2$;

(c)$6\sqrt{3}r\leqslant a+b+c\leqslant 4R+(6\sqrt{3}-8)r$.

证明　(a) 由布伦顿不等式,只要证明

$$16Rr-5r^2\leqslant 2R^2+10Rr-r^2-2(R-2r)\sqrt{R(R-2r)}$$

以及

$$4R^2+4Rr+3r^2\geqslant 2R^2+10Rr-r^2+2(R-2r)\sqrt{R(R-2r)}$$

这两个不等式都是不等式

$$\sqrt{R(R-2r)}<R-r$$

的结果.

(b) 该不等式由(a) 和恒等式

$$a^2+b^2+c^2=2(s^2-r^2-4Rr)$$

推出(见例 3.12 的证明).

(c) 由(a) 和欧拉不等式,推出左边的不等式

$$\begin{aligned}(a+b+c)^2=4s^2&\geqslant 64Rr-20r^2\\&\geqslant 128r^2-20r^2\\&=108r^2\end{aligned}$$

右边的不等式由(a) 推出,这是因为欧拉不等式表明

$$[2R+(3\sqrt{3}-4)r]^2\geqslant 4R^2+4Rr+3r^2$$

例 3.13 中的每一个不等式只有当三角形是等边三角形时等式成立,证明留给读者完

成.

例 3.14 证明边长为 a,b,c，半周长为 s，外接圆的半径为 R，内切圆的半径为 r 的三角形的改进的欧拉不等式：

(a) $\frac{R}{2r} \geqslant \frac{a^2+b^2+c^2}{ab+bc+ca}$；

(b) $\frac{R}{2r} \geqslant \frac{1}{6}\left(\frac{a+b}{c}+\frac{b+c}{a}+\frac{c+a}{b}\right)$；

(c) $\frac{R}{2r} \geqslant \frac{abc+a^3+b^3+c^3}{abc}$.

证明 (a) **第一种证法** 利用例 3.12 的证明中的公式和例 3.13(a) 中右边的不等式，我们得到

$$\frac{a^2+b^2+c^2}{ab+bc+ca}=\frac{2(s^2-r^2-4Rr)}{s^2+r^2+4Rr} \leqslant \frac{s^2+4R^2-4Rr+r^2}{s^2+r^2+4Rr}$$

那么注意到不等式

$$\frac{s^2+4R^2-4Rr+r^2}{s^2+r^2+4Rr} \leqslant \frac{R}{2r}$$

等价于

$$(R-2r)(s^2-4Rr+r^2) \geqslant 0$$

这是由欧拉不等式和例 3.13(a) 中左边的不等式推出的.

第二种证法 我们用替换

$$a=x+y,b=y+z,c=z+x,x,y,z>0$$

那么给出的不等式变为

$$\frac{(x+y)(y+z)(z+x)}{8xyz} \geqslant \frac{2(x^2+y^2+z^2+xy+yz+zx)}{x^2+y^2+z^2+3(xy+yz+zx)}$$

设 $x+y+z=u,xy+yz+zx=v,xyz=w$，将该不等式改写为

$$\frac{uv-w}{8w} \geqslant \frac{2(u^2-v)}{u^2+v}$$

上式等价于

$$w \leqslant \frac{uv(u^2+v)}{17u^2-15v}$$

因为 $v^2 \geqslant 3uw$，所以只要证明

$$\frac{v^2}{3u} \leqslant \frac{uv(u^2+v)}{17u^2-15v}$$

这等价于

$$(u^2-3v)(3u^2-5v) \geqslant 0$$

因为 $u^2 \geqslant 3v$，所以上式成立.

(b) 我们有

$$\frac{a+b}{c}+\frac{b+c}{a}+\frac{c+a}{b}=\frac{(a+b+c)(ab+bc+ca)-3abc}{abc}$$
$$=\frac{s^2+r^2-2Rr}{2Rr}$$

因此，要证明的不等式等价于

$$s^2 \leqslant 6R^2+2Rr-r^2$$

这由例 3.13(a) 和欧拉不等式推出.

(c) 我们有

$$\frac{abc+a^3+b^3+c^3}{4abc}=\frac{(a+b+c)(a^2+b^2+c^2-ab-bc-ca)+4abc}{4abc}$$

利用例 3.12 的证明中的公式，得到

$$\frac{abc+a^3+b^3+c^3}{4abc}=\frac{s^2-4Rr-3r^2}{8Rr}$$

现在容易验证要证明的不等式等价于例 3.13(a) 中右边的不等式.

例 3.15　证明：在边长为 a,b,c，高为 h_a,h_b,h_c 的每个三角形中，我们有

(a) $\max\{h_a,h_b,h_c\}-\min\{h_a,h_b,h_c\} \geqslant \max\{a,b,c\}-\min\{a,b,c\}$；

(b) $9r \leqslant h_a+h_b+h_c \leqslant \frac{\sqrt{3}}{2}(a+b+c)$；

(c) $\frac{h_a^2}{b^2+c^2}+\frac{h_b^2}{c^2+a^2}+\frac{h_c^2}{a^2+b^2} \leqslant \frac{8}{9}$.

证明　(a) 我们可以假定 $a \geqslant b \geqslant c$，那么公式

$$h_a=\frac{2K}{a},h_b=\frac{2K}{b},h_c=\frac{2K}{c}$$

表明 $h_a \leqslant h_b \leqslant h_c$，给出的不等式等价于

$$h_c-h_a \geqslant a-c$$

证明如下

$$h_c-h_a=\frac{2K}{c}-\frac{2K}{a}$$
$$=\frac{2K(a-c)}{ac}$$
$$\geqslant a-c$$

这是因为 $ac \geqslant 2K$.

(b) 我们有

$$h_a+h_b+h_c=2K\left(\frac{1}{a}+\frac{1}{b}+\frac{1}{c}\right)$$

$$\geqslant \frac{18K}{a+b+c}$$
$$=9r$$

为了证明右边的不等式,注意到

$$h_a+h_b+h_c=2K\left(\frac{1}{a}+\frac{1}{b}+\frac{1}{c}\right)$$
$$=\frac{ab+bc+ca}{2R}$$
$$\leqslant \frac{(a+b+c)^2}{6R}$$

所以只要证明不等式

$$a+b+c\leqslant 3\sqrt{3}R$$

利用欧拉不等式 $R\geqslant 2r$ 和例 3.13(c) 就可推出这一不等式.

(c) 利用公式

$$h_a=\frac{2K}{a}=\frac{bc}{2R}$$

和 AM－GM 不等式,我们得到

$$\frac{h_a^2}{b^2+c^2}=\frac{b^2c^2}{4R^2(b^2+c^2)}\leqslant \frac{b^2+c^2}{16R^2}$$

同理

$$\frac{h_b^2}{c^2+a^2}\leqslant \frac{c^2+a^2}{16R^2}$$
$$\frac{h_c^2}{a^2+b^2}\leqslant \frac{a^2+b^2}{16R^2}$$

将上面三个不等式相加,利用例 3.13(a) 和欧拉不等式,我们得到

$$\frac{h_a^2}{b^2+c^2}+\frac{h_b^2}{c^2+a^2}+\frac{h_c^2}{a^2+b^2}\leqslant \frac{a^2+b^2+c^2}{8R^2}$$
$$\leqslant \frac{8R^2+4r^2}{8R^2}$$
$$\leqslant \frac{9}{8}$$

这就是要证明的.

例 3.16 证明:在边长为 a,b,c,中线为 m_a,m_b,m_c,外接圆的半径为 R 的任意三角形中,都有:

(a) $m_a\geqslant \sqrt{s(s-a)}$;

(b) $m_a\geqslant \frac{b^2+c^2}{4R}$;

(c) $m_a m_b \leqslant \frac{ab}{4}+\frac{c^2}{2}$;

(d) $cm_c \geqslant \frac{am_b+bm_a}{4}$.

证明　(a) 由中线公式和 AM－GM 不等式推得

$$m_a^2=\frac{b^2+c^2}{2}-\frac{a^2}{4}$$

$$\geqslant \frac{(b+c)^2-a^2}{4}$$

$$=\sqrt{s(s-a)}$$

(b) **第一种证法**　设 O 是 $\triangle ABC$ 的外心. 由三角形不等式 $OM \geqslant |AM-AO|$,我们得到

$$R^2-\frac{a^2}{4}=OB^2-MB^2$$

$$=OM^2\geqslant (AM-AO)^2$$

$$=(m_a-R)^2=m_a^2-2Rm_a+R^2$$

利用中线公式

$$m_a^2=\frac{b^2+c^2}{2}-\frac{a^2}{4}$$

我们得到要证明的不等式.

第二种证法　设 $\triangle ABC$ 的中线 AM 交外接圆于点 M'. 那么由相交弦定理

$$AM\cdot MM'=\frac{BC^2}{4}=\frac{a^2}{4}$$

因此

$$2R\geqslant AM+MM'=m_a+\frac{a^2}{4m_a}$$

$$=\frac{4m_a^2+a^2}{4m_a}=\frac{b^2+c^2}{2m_a}$$

这就是要证明的不等式.

第三种证法　恒等式 $abc=4RK$ 表明不等式

$$4Rm_a\geqslant b^2+c^2$$

等价于

$$abcm_a\geqslant K(b^2+c^2)$$

平方后,利用公式

$$16K^2=2a^2b^2+2b^2c^2+2c^2a^2-a^4-b^4-c^4$$

我们看出上面的不等式可归结为

$$16a^2b^2c^2m_a^2 \geqslant \{a^2[2(b^2+c^2)-a^2]-(b^2-c^2)^2\}(b^2+c^2)^2$$

上式等价于

$$16a^2b^2c^2m_a^2 \geqslant [4a^2m_a^2-(b^2-c^2)^2](b^2+c^2)^2$$

可改写为

$$4a^2m_a^2[4b^2c^2-(b^2+c^2)^2]+(b^2-c^2)^2(b^2+c^2)^2 \geqslant 0$$

最后一个不等式归结为

$$(b^2-c^2)^2[-4a^2m_a^2+(b^2+c^2)^2] \geqslant 0$$

再利用中线公式,变为

$$(b^2-c^2)^2(b^2+c^2-a^2)^2 \geqslant 0$$

第四种证法 设 B' 和 C' 分别在射线 $\overrightarrow{AC}$ 和 $\overrightarrow{AB}$ 上,且 $AB'=AB$,$AC'=AC$(图 3.1). 用 φ 表示直线 AG 和 $C'B'$ 之间的角.

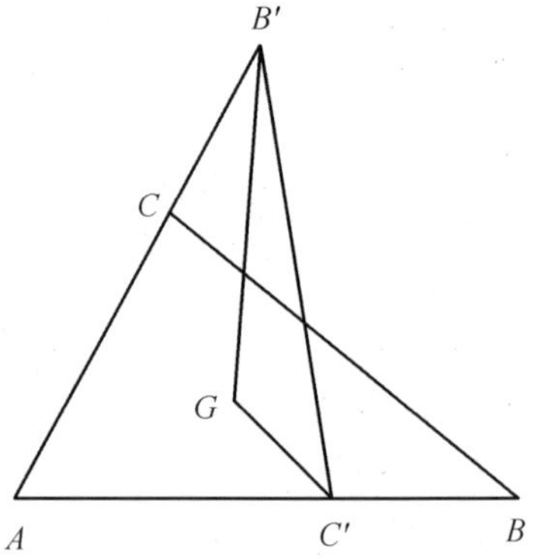

图 3.1

那么

$$\begin{aligned} AG \cdot BC &= AG \cdot B'C' \geqslant AG \cdot C'B' \cdot \sin\varphi \\ &= 2[AC'GB'] \\ &= 2[AC'G]+2[AB'G] \\ &= \frac{b \cdot h_c}{3}+\frac{c \cdot h_b}{3} \end{aligned}$$

现在利用公式

$$GA=\frac{2m_a}{3}, h_c=\frac{ab}{2R}, h_b=\frac{ac}{2R}$$

得到

$$m_a \geqslant \frac{b^2+c^2}{4R}$$

(c) **第一种证法** 考虑 $\triangle ABC$,用 M,N 分别表示 BC 和 AC 的中点(图 3.2). 对四边形 $ABMN$ 用托勒密不等式,给出

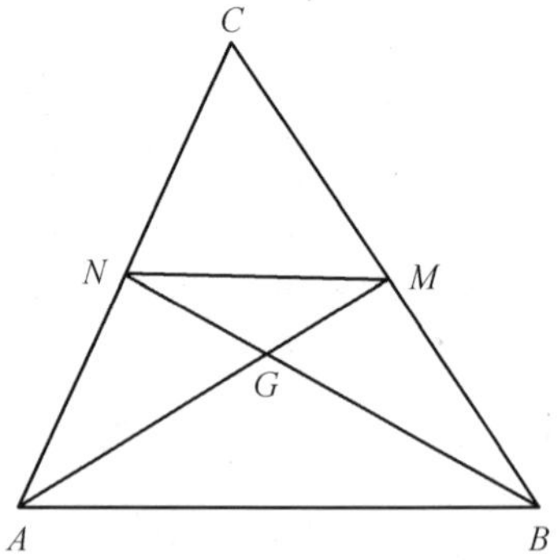

图 3.2

$$m_a m_b \leqslant c \cdot \frac{c}{2}+\frac{a}{2} \cdot \frac{b}{2}$$

这就是要证明的不等式.

第二种证法 该不等式等价于

$$(2c^2+ab)^2-16m_a^2m_b^2 \geqslant 0$$

利用中线公式,可以检验原不等式右边能写成

$$(a-b)^2[(a+b)^2-c^2]$$

这就是要证明的不等式.

(d) 设 G 是 $\triangle ABC$ 的重心(图 3.2). 那么对四边形 $GMCN$ 用托勒密不等式,得到

$$\frac{2}{3}m_c \cdot \frac{c}{2} \leqslant \frac{1}{3}m_a \cdot \frac{b}{2} + \frac{1}{3}m_b \cdot \frac{a}{2}$$

这就是要证明的不等式.

例 3.17　证明:在边长为 a,b,c,中线为 m_a,m_b,m_c,外接圆的半径是 R,内切圆的半径是 r,面积是 K 的任何三角形中,我们有:

(a) $\max\{m_a,m_b,m_c\} - \min\{m_a,m_b,m_c\} \geqslant \frac{1}{2}[\max\{a,b,c\} - \min\{a,b,c\}]$;

(b) $ab(ab + 4m_am_b) + bc(bc + 4m_bm_c) + ca(ca + 4m_cm_a) \geqslant 64K^2$;

(c) $\frac{a^2 + b^2 + c^2}{2R} \leqslant m_a + m_b + m_c \leqslant 4R + r$.

证明　(a) 我们可以假定 $a \geqslant b \geqslant c$,那么中线公式表明 $m_a \leqslant m_b \leqslant m_c$,我们必须证明

$$m_c - m_a \geqslant \frac{1}{2}(a - c)$$

利用中线公式和例 3.16(c),我们得到

$$(m_c - m_a)^2 \geqslant m_c^2 - 2\left(\frac{ac}{4} + \frac{b^2}{2}\right) + m_a^2 = \frac{(a-c)^2}{4}$$

即

$$m_c - m_a \geqslant \frac{1}{2}(a - c)$$

(b) 由例 3.16(d),我们有 $2am_a \leqslant cm_b + bm_c$. 两边平方后得到

$$4bcm_bm_c \geqslant 8a^2m_a^2 - 2(c^2m_b^2 + b^2m_c^2)$$

同理

$$4abm_am_b \geqslant 8c^2m_c^2 - 2(a^2m_b^2 + b^2m_a^2)$$

$$4cam_cm_a \geqslant 8b^2m_b^2 - 2(c^2m_a^2 + a^2m_c^2)$$

将这三个不等式相加,再利用中线公式和恒等式

$$16K^2 = 2(a^2b^2 + b^2c^2 + c^2a^2) - a^4 - b^4 - c^4$$

我们就得到所要证明的不等式.

(c) 将例 3.16(b) 中的三个不等式相加推出左边的不等式.

我们将给出证明(c) 中右边的不等式的两种不同的证法.

第一种证法　由中线公式推出

$$m_a^2 + m_b^2 + m_c^2 = \frac{3}{4}(a^2 + b^2 + c^2)$$

另外,将例 3.16(c) 中的不等式相加,得到

$$m_am_b+m_bm_c+m_cm_a\leqslant\frac{1}{2}(a^2+b^2+c^2)+\frac{1}{4}(ab+bc+ca)$$

于是例 3.12 的解答中的公式表明

$$\begin{aligned}(m_a+m_b+m_c)^2&=m_a^2+m_b^2+m_c^2+2(m_am_b+m_bm_c+m_cm_a)\\&\leqslant\frac{3}{4}(a^2+b^2+c^2)+a^2+b^2+c^2+\frac{1}{2}(ab+bc+ca)\\&=\frac{7}{2}(s^2-4Rr-r^2)+\frac{1}{2}(s^2+4Rr+r^2)\\&=4s^2-12Rr-3r^2\end{aligned}$$

最后，利用例 3.13(a) 中右边的不等式和欧拉不等式 $R\geqslant 2r$，得到

$$\begin{aligned}(m_a+m_b+m_c)^2&\leqslant 4s^2-12Rr-3r^2\\&\leqslant 4(4R^2+4Rr+3r^2)-12Rr-3r^2\\&=16R^2+4Rr+9r^2\\&\leqslant(4R+r)^2\end{aligned}$$

这就是要证明的不等式.

第二种证法 给出的不等式可以用以下的几何方法证明. 首先假定 $\triangle ABC$ 不是钝角三角形. 设 O 是它的外心，M,N,K 分别是边 AB,BC,CA 的中点. 那么由三角形不等式，我们有 $CM\leqslant CO+OM$，即 $m_c\leqslant R+OM$. 同理，$m_a\leqslant R+ON$，$m_b\leqslant R+OK$. 将这三个不等式相加，再用卡诺(Carnot) 恒等式

$$OM+ON+OK=R+r$$

我们得到

$$m_a+m_b+m_c\leqslant 4R+r$$

现在假定 $\triangle ABC$ 是钝角三角形，设 $\gamma>90^\circ$. 那么 $90^\circ>\frac{\gamma}{2}>45^\circ$，所以

$$r=(s-c)\tan\frac{\gamma}{2}>s-c$$

与显然的不等式 $c<2R$ 结合，得到

$$s<r+c<2R+r \qquad (*)$$

另外，因为 $\gamma>90^\circ$，我们假定 AB 的中点 M 在 $\triangle BOC$ 的内部. 因此，由例 1.1(a)，推出

$$m_c+\frac{c}{2}=CC_1+C_1B<CO+BO=2R$$

我们还有(例 1.4(a))

$$m_a<\frac{b+c}{2},m_b<\frac{a+c}{2}$$

将这些不等式相加，再利用式($*$)，得到

$$m_a+m_b+m_c<s+2R<4R+r$$

这就是要证明的不等式.

例 3.18　证明:在中线为 m_a,m_b,m_c,面积为 K 的任意三角形中,以下不等式成立:

(a) $\frac{1}{m_am_b}+\frac{1}{m_bm_c}+\frac{1}{m_cm_a}\leqslant\frac{\sqrt{3}}{K}$;

(b) $m_am_b+m_bm_c+m_cm_a\geqslant\frac{3}{8}(a^2+b^2+c^2)+\frac{3\sqrt{3}}{2}K$.

证明　我们将以 m_a,m_b,m_c 为边作出一个三角形 $\triangle'$,且 $[\triangle']=\frac{3}{4}K$.

(a) **第一种证法**　设 R' 是 $\triangle'$ 的外接圆半径.那么不等式(a) 可写成

$$m_a+m_b+m_c\leqslant 3\sqrt{3}R'$$

将例 3.13(c) 中右边的不等式和欧拉不等式应用于三角形 $\triangle'$,即可得证.

第二种证法　由例 3.16(a) 可得

$$\frac{1}{m_am_b}+\frac{1}{m_bm_c}+\frac{1}{m_cm_a}\leqslant\frac{1}{s\sqrt{(s-a)(s-b)}}+\frac{1}{s\sqrt{(s-b)(s-c)}}+\frac{1}{s\sqrt{(s-c)(s-a)}}$$
$$=\frac{\sqrt{s-a}+\sqrt{s-b}+\sqrt{s-c}}{K\sqrt{s}}$$

现在

$$\sqrt{s-a}+\sqrt{s-b}+\sqrt{s-c}\leqslant\sqrt{3(s-a+s-b+s-c)}=\sqrt{3s}$$

结合上面的不等式给出

$$\frac{1}{m_am_b}+\frac{1}{m_bm_c}+\frac{1}{m_cm_a}\leqslant\frac{\sqrt{3}}{K}$$

这就是要证明的不等式.

(b) 该不等式是例 3.10(a) 应用于三角形 $\triangle'$ 和恒等式

$$m_a^2+m_b^2+m_c^2=\frac{3}{4}(a^2+b^2+c^2)$$

的一个结论.

例 3.19　设 $\triangle ABC$ 的半周长为 s,内切圆的半径为 r,内角平分线分别为 l_a,l_b,l_c.证明:

(a) $l_al_bl_c\leqslant rs^2$;

(b) $l_a^2+l_b^2+l_c^2\leqslant s^2$;

(c) $\frac{9}{s^2}\leqslant\frac{1}{l_a^2}+\frac{1}{l_b^2}+\frac{1}{l_c^2}\leqslant\frac{1}{3r^2}$.

再证明:只对等边三角形等式成立.

证明　众所周知

$$l_a^2=bc\left[1-\left(\frac{a}{b+c}\right)^2\right]=\frac{4bc}{(b+c)^2}s(s-a)$$

于是由 AM－GM 不等式 $4bc\leqslant(b+c)^2$ 推得 $l_a^2\leqslant s(s-a)$. 利用类似的对 l_b^2 和 l_c^2 的不等式,我们得到:

(a)$l_al_bl_c\leqslant s\sqrt{s(s-a)(s-b)(s-c)}=s^2r$;

(b)$l_a^2+l_b^2+l_c^2\leqslant s(s-a)+s(s-b)+s(s-c)=s^2$;

(c) 我们假定 $a\leqslant b\leqslant c$. 利用上面对 l_a,l_b,l_c 的公式和

$$r^2=\frac{(s-a)(s-b)(s-c)}{s}$$

将给出的不等式改写为

$$\begin{aligned}&4abc(a+b+c)^2-3a(b+c)^2(a+b-c)(a-b+c)-\\&3b(c+a)^2(b+c-a)(b-c+a)-\\&3c(a+b)^2(c+a-b)(c-a+b)\geqslant 0\end{aligned}$$

上式的左边等于

$$\begin{aligned}&\frac{1}{4}\{(b-c)^2[11ab(b-a)+11ac(c-a)+12bc(b+c)+10abc-4a^3]+\\&a(b+c)(3a+b+c)(2a-b-c)^2\}\end{aligned}$$

显然它是非负的.

在所有情况下,当且仅当 $a=b=c$ 时,等式成立.

例 3.20 在 $\triangle ABC$ 中,设 m_a,m_b,m_c 是中线,l_a,l_b,l_c 是角平分线. 证明:

(a)$m_a-l_a\geqslant\dfrac{(b-c)^2}{2(b+c)}$;

(b) $\dfrac{l_a^2}{bc}+\dfrac{l_b^2}{ac}+\dfrac{l_c^2}{ab}\leqslant\dfrac{9}{4}\leqslant\dfrac{m_a^2}{a^2}+\dfrac{m_b^2}{b^2}+\dfrac{m_c^2}{c^2}$.

证明 (a) 将不等式改写为

$$2m_a-\frac{(b-c)^2}{b+c}\geqslant 2l_a$$

两边平方,再利用熟知的公式

$$4l_a^2=\frac{4bc(a+b+c)(b+c-a)}{(b+c)^2}$$

$$4m_a^2=2b^2+2c^2-a^2$$

我们看到上面的不等式等价于

$$(2m_a-b-c)^2\geqslant 0$$

(b) 我们有

$$\begin{aligned}\frac{l_a^2}{bc}+\frac{l_b^2}{ac}+\frac{l_c^2}{ab}&=1-\left(\frac{a}{b+c}\right)^2+1-\left(\frac{b}{a+c}\right)^2+1-\left(\frac{c}{a+b}\right)^2\\&\leqslant 3-\frac{1}{3}\left(\frac{a}{b+c}+\frac{b}{c+a}+\frac{c}{a+b}\right)^2\end{aligned}$$

$$\leqslant 3-\frac{3}{4}=\frac{9}{4}$$

这里我们用到了熟知的不等式

$$\frac{x}{y+z}+\frac{y}{z+x}+\frac{z}{x+y}\geqslant\frac{3}{2},x,y,z>0$$

由中线公式可知

$$\frac{m_a^2}{a^2}+\frac{m_b^2}{b^2}+\frac{m_c^2}{c^2}=\frac{2b^2+2c^2-a^2}{4a^2}+\frac{2a^2+2c^2-b^2}{4b^2}+\frac{2a^2+2b^2-c^2}{4c^2}$$

$$=\frac{1}{2}\left(\frac{b^2}{a^2}+\frac{a^2}{b^2}\right)+\frac{1}{2}\left(\frac{c^2}{a^2}+\frac{a^2}{c^2}\right)+\frac{1}{2}\left(\frac{c^2}{b^2}+\frac{b^2}{c^2}\right)-\frac{3}{4}$$

$$\geqslant 3-\frac{3}{4}=\frac{9}{4}$$

这里我们用到了 AM－GM 不等式

$$\frac{x}{y}+\frac{y}{x}\geqslant 2,x,y>0$$

例 3.21　对任何高为 h_a,h_b,h_c，角平分线为 l_a,l_b,l_c，内切圆的半径为 r，外接圆的半径为 R 的三角形，证明以下不等式

$$\frac{h_a^2}{l_a^2}+\frac{h_b^2}{l_b^2}+\frac{h_c^2}{l_c^2}\geqslant 1+\frac{4r}{R}$$

证明　注意到如果 AH 是高，AL 是 $\angle CAB$ 的内角平分线，那么

$$\angle HAL=\frac{1}{2}\mid\angle B-\angle C\mid$$

于是

$$\frac{h_a}{l_a}=\cos\frac{B-C}{2}$$

同理

$$\frac{h_b}{l_b}=\cos\frac{C-A}{2}$$

$$\frac{h_c}{l_c}=\cos\frac{A-B}{2}$$

于是

$$\frac{h_a^2}{l_a^2}+\frac{h_b^2}{l_b^2}+\frac{h_c^2}{l_c^2}=\cos^2\frac{B-C}{2}+\cos^2\frac{C-A}{2}+\cos^2\frac{A-B}{2}$$

$$=\frac{3}{2}+\frac{1}{2}[\cos(B-C)+\cos(C-A)+\cos(A-B)]$$

另外，利用恒等式

$$\cos A+\cos B+\cos C=1+4\sin\frac{A}{2}\sin\frac{B}{2}\sin\frac{C}{2}=1+\frac{r}{R}$$

以及

$$\cos(A-B)+\cos(B-C)+\cos(C-A)$$
$$=4\cos\frac{A-B}{2}\cos\frac{B-C}{2}\cos\frac{C-A}{2}-1$$

我们发现,所要证的不等式等价于

$$8\sin\frac{A}{2}\sin\frac{B}{2}\sin\frac{C}{2}\leqslant\cos\frac{A-B}{2}\cos\frac{B-C}{2}\cos\frac{C-A}{2}$$

设 $\alpha=90°-\frac{A}{2}$,$\beta=90°-\frac{B}{2}$,$\gamma=90°-\frac{C}{2}$,这一不等式可由例 3.6(b) 推得.

例 3.22 设三角形的边长为 a,b,c,内切圆的半径为 r,外接圆的半径为 R,旁切圆的半径是 r_a,r_b,r_c.证明:

(a) $\frac{a^3}{r_a}+\frac{b^3}{r_b}+\frac{c^3}{r_c}\leqslant\frac{abc}{r}$;

(b) $\frac{ab}{r_ar_b}+\frac{bc}{r_br_c}+\frac{ca}{r_cr_a}\geqslant\frac{4(5R-r)}{4R+r}$;

(c) $\frac{m_am_b}{r_ar_b}+\frac{m_bm_c}{r_br_c}+\frac{m_cm_a}{r_cr_a}\geqslant 3$.

证明 (a) 利用公式 $K=r_a(s-a)=r_b(s-b)=r_c(s-c)=r_as$,将要证明的不等式改写为

$$a^3(s-a)+b^3(s-b)+c^3(s-c)\leqslant s\,abc$$

我们利用在例 3.12 的解中证明过的恒等式

$$ab+bc+ca=s^2+r^2+4Rr,a^2+b^2+c^2=2(s^2-r^2-4Rr),abc=4srR$$

将这一不等式改为用 s,r,R 表示.我们有

$$a^3+b^3+c^3=(a+b+c)(a^2+b^2+c^2-ab-bc-ca)+3abc$$
$$=2s(s^2-6Rr-3r^2)$$
$$a^4+b^4+c^4=(a^2+b^2+c^2)^2-2(ab+bc+ca)^2+4abc(a+b+c)$$
$$=4(s^2-4Rr-r^2)^2-2(s^2+4Rr+r^2)^2+32s^2Rr$$

经过简单但冗长的计算后,得到上面的不等式等价于 $3s^2\leqslant(4R+r)^2$,这容易从例 3.13(a) 中右边的不等式和欧拉不等式 $R\geqslant 2r$ 推出.

(b) 设 x,y,z 是正实数,且 $a=y+z,b=z+x,c=x+y$.注意到

$$r_ar_b=\frac{K^2}{(s-a)(s-b)}=s(s-a)=z(x+y+z)$$

和

$$\frac{R}{r}=\frac{abc}{4(s-a)(s-b)(s-c)}=\frac{(x+y)(y+z)(z+x)}{4xyz}$$

现在不难证明,要证明的不等式也可以写成

$$2\sum_{\text{cyc}}\frac{1}{xy}-\sum_{\text{cyc}}\frac{1}{x^2}\leqslant\frac{9}{xy+yz+zx}$$

设 $u=\frac{1}{x}, v=\frac{1}{y}, w=\frac{1}{z}$,这就是用于 u,v,w 的舒尔不等式,可写成

$$2(uv+vw+wu)-(u^2+v^2+w^2)\leqslant\frac{9uvw}{u+v+w}$$

(c) 注意到

$$r_br_c=4s(s-a)=(b+c)^2-a^2\geqslant 4bc-a^2$$

于是由例 3.16(c) 推出,只要证明不等式

$$\sum_{\text{cyc}}\frac{4bc-a^2}{bc+2a^2}\geqslant 3$$

它等价于

$$\sum_{\text{cyc}}\frac{a^2}{bc+2a^2}\leqslant 1$$

我们设

$$x=\frac{bc}{a^2}, y=\frac{ca}{b^2}, z=\frac{ab}{c^2}$$

那么上面的不等式变为以下形式

$$\sum_{\text{cyc}}\frac{1}{2+x}\leqslant 1$$

去分母后,利用 $xyz=1$,我们看到它就等价于

$$xy+yz+zx\geqslant 3$$

这是由 AM－GM 不等式得到的.

在下面的问题中,对于 $\triangle ABC$ 的内点 M,我们设 $R_a=MA, R_b=MB, R_c=MC$,用 d_a, d_b, d_c 分别表示 M 到 BC, CA, AB 三边的距离.

例 3.23　证明:

(a) $aR_a+bR_b+cR_c\geqslant 2(ad_a+bd_b+cd_c)$;

(b) $R_aR_bR_c\geqslant 8d_ad_bd_c$.

证明　注意到

$$ad_a+bd_b+cd_c=2[ABC]=ah_a$$

这表明

$$aR_a\geqslant a(h_a-d_a)=bd_b+cd_c$$

同理

$$bR_b\geqslant ad_a+cd_c$$

$$cR_c\geqslant ad_a+bd_b$$

将以上不等式相加,得到(a).

为了证明(b),我们将这三个不等式相乘,得到

$$abcR_aR_bR_c \geqslant (cd_c+bd_b)(ad_a+cd_c)(ad_a+bd_b)$$

现在应用 AM－GM 不等式,我们有

$$\begin{aligned}(cd_c+bd_b)(ad_a+cd_c)(ad_a+bd_b) &\geqslant 2\sqrt{cd_cbd_b}\cdot 2\sqrt{ad_acd_c}\cdot 2\sqrt{ad_abd_b}\\ &=8abcd_ad_bd_c\end{aligned}$$

这与上面的不等式一起得到(b).

例 3.24 证明

$$\frac{4R_aR_bR_c}{(d_a+d_b)(d_b+d_c)(d_c+d_a)} \geqslant \frac{R_a}{d_b+d_c}+\frac{R_b}{d_a+d_c}+\frac{R_c}{d_a+d_b}+1$$

证明 首先我们证明:如果 M,N 分别是 $\triangle ABC$ 的边 AB,AC 上的点,那么

$$R_a\cdot MN \geqslant d_cAM+d_bAN.$$

事实上,我们有

$$[AMPN]=\frac{1}{2}AP\cdot MN\cdot \sin\varphi \leqslant \frac{1}{2}R_a\cdot MN$$

这里 φ 是 AP 和 MN 之间的夹角.但是

$$[AMPN]=[AMP]+[ANP]=\frac{1}{2}d_cAM+\frac{1}{2}d_bAN$$

证毕.

现在考虑使 $AM=AN=k$ 的点 M,N.经过简单的计算,得到 $MN=2k\sin\frac{A}{2}$,上面的不等式变为

$$d_b+d_c \leqslant 2R_a\sin\frac{A}{2}$$

用同样的方法,我们有

$$d_c+d_a \leqslant 2R_b\sin\frac{B}{2}$$

$$d_a+d_b \leqslant 2R_c\sin\frac{C}{2}$$

现在我们可以证明原不等式了.将原不等式改写为

$$\begin{aligned}4R_aR_bR_c \geqslant\ & R_a(d_a+d_b)(d_a+d_c)+R_b(d_b+d_c)(d_b+d_a)+\\ & R_c(d_c+d_b)(d_c+d_a)+(d_a+d_b)(d_b+d_c)(d_c+d_a)\end{aligned}$$

利用上面的不等式,只要证明

$$4R_aR_bR_c \geqslant 4R_aR_bR_c\sum_{\text{cyc}}\sin\frac{B}{2}\sin\frac{C}{2}+8R_aR_bR_c\prod_{\text{cyc}}\sin\frac{A}{2}$$

或

$$1 \geqslant \sum_{\text{cyc}}\sin\frac{B}{2}\sin\frac{C}{2}+2\prod_{\text{cyc}}\sin\frac{A}{2}$$

利用熟知的恒等式

$$\sum_{\text{cyc}} \sin^2 \frac{A}{2} + 2\prod_{\text{cyc}} \sin \frac{A}{2} = 1$$

上述不等式就归结为

$$\sum_{\text{cyc}} \sin^2 \frac{A}{2} \geqslant \sum_{\text{cyc}} \sin \frac{B}{2} \sin \frac{C}{2}$$

这显然成立.

下一个不等式是厄多斯于 1935 年在文[6]中的猜想，同一年莫德尔在文[15]中证明了这一猜想.

例 3.25　（厄多斯－莫德尔）对于三角形内任意一点，有

$$R_a + R_b + R_c \geqslant 2(d_a + d_b + d_c)$$

当且仅当三角形是等边三角形，且 M 是其中心时，等式成立.

证明　下面的厄多斯－莫德尔不等式的简单证明属于 N. D. Kazarinoff[11,12].

设 U,V,W 分别是由 M 向直线 BC,CA,AB 所做垂线的垂足（图 3.3）. 那么 $VAWM$ 是直径为 MA 的圆的内接四边形，由正弦定理，$VW = R_a \sin A$. 注意到 VW 在直线 BC 上的射影等于 MV 和 MW 在直线 BC 上的射影的和. 于是这个射影等于

$$MV\cos(90° - C) + MW\cos(90° - B) = d_b \sin C + d_c \sin B$$

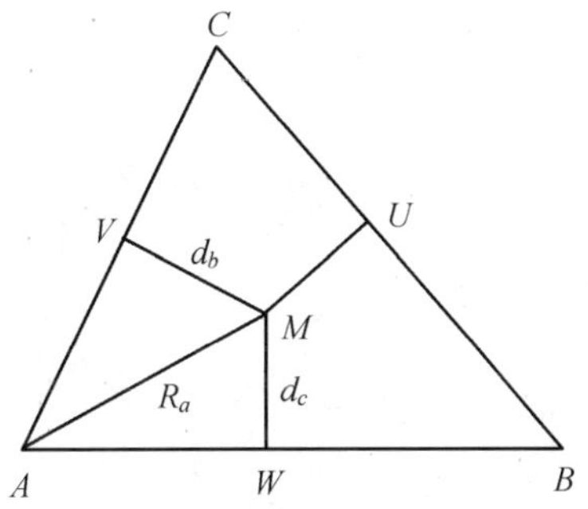

图 3.3

所以

$$R_a \sin A = VW \geqslant d_b \sin C + d_c \sin B$$

这一不等式可写成

$$R_a \geqslant d_b \frac{\sin C}{\sin A} + d_c \frac{\sin B}{\sin A}$$

同理

$$R_b \geqslant d_a \frac{\sin C}{\sin B} + d_c \frac{\sin A}{\sin B}$$

$$R_c \geqslant d_a \frac{\sin B}{\sin C} + d_b \frac{\sin A}{\sin C}$$

将以上不等式相加，我们得到

$$R_a+R_b+R_c\geqslant d_a\left(\frac{\sin B}{\sin C}+\frac{\sin C}{\sin B}\right)+d_b\left(\frac{\sin A}{\sin C}+\frac{\sin C}{\sin A}\right)+d_c\left(\frac{\sin A}{\sin B}+\frac{\sin B}{\sin A}\right)$$

因为利用 AM－GM 不等式，我们有

$$\frac{\sin B}{\sin C}+\frac{\sin C}{\sin B}\geqslant 2$$

$$\frac{\sin A}{\sin C}+\frac{\sin C}{\sin A}\geqslant 2$$

$$\frac{\sin A}{\sin B}+\frac{\sin B}{\sin A}\geqslant 2$$

就得到厄多斯－莫德尔不等式.

例 3.26 证明不等式

$$\frac{1}{R_a}+\frac{1}{R_b}+\frac{1}{R_c}\leqslant\frac{1}{2}\left(\frac{1}{d_a}+\frac{1}{d_b}+\frac{1}{d_c}\right)$$

证明 设 M 是 $\triangle ABC$ 的内点，考虑分别在射线 $\overrightarrow{MU}$，$\overrightarrow{MV}$，$\overrightarrow{MW}$ 上的点 A'，B'，C' 和 $\overrightarrow{MA}$，$\overrightarrow{MB}$，$\overrightarrow{MC}$ 上的点 U'，V'，W'（图 3.4），这些点定义为

$$R'_a=MA'=\frac{1}{MU}=\frac{1}{d_a}$$

$$R'_b=MB'=\frac{1}{MV}=\frac{1}{d_b}$$

$$R'_c=MC'=\frac{1}{MW}=\frac{1}{d_c}$$

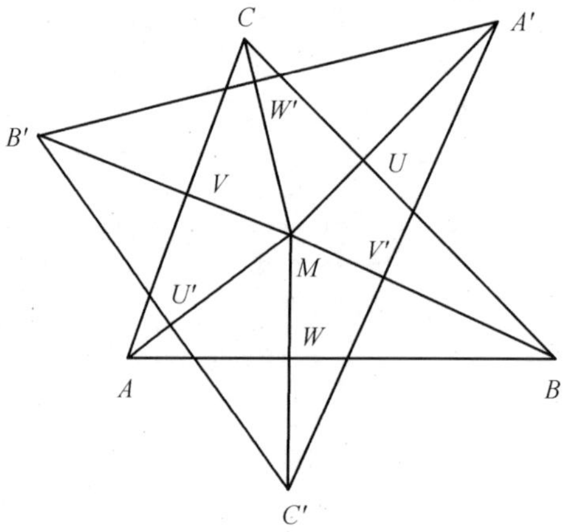

图 3.4

和

$$d'_a=MU'=\frac{1}{MA}=\frac{1}{R_a}$$

$$d'_b = MV' = \frac{1}{MB} = \frac{1}{R_b}$$

$$d'_c = MW' = \frac{1}{MC} = \frac{1}{R_c}$$

注意到 $MU' \perp B'C'$. 事实上,$\triangle MVA \backsim \triangle MB'U'$,这是因为这两个三角形有公共顶点 M,且

$$\frac{MV}{MA} = \frac{d_b}{R_a} = \frac{MU'}{MB'}.$$

于是 $\angle MU'B' = \angle MVA = 90°$. 同理 $MV' \perp A'C'$,$MW' \perp A'B'$.

现在对 $\triangle A'B'C'$ 和点 M 用厄多斯－莫德尔不等式就推得要证明的不等式.

注　例 3.26 的证明用到了以 M 为中心和比为 1 的极变换,将 $\triangle ABC$ 变换为 $\triangle A'B'C'$[18]. 因为距离 $R_a, R_b, R_c, d_a, d_b, d_c$ 和 $R'_a, R'_b, R'_c, d'_a, d'_b, d'_c$ 由

$$R'_a = \frac{1}{d_a}, R'_b = \frac{1}{d_b}, R'_c = \frac{1}{d_c}, d'_a = \frac{1}{R_a}, d'_b = \frac{1}{R_b}, d'_c = \frac{1}{R_c}$$

相联系,对于每一个关于 $R_a, R_b, R_c, d_a, d_b, d_c$ 的不等式(等式)都可通过变换

$$(R_a, R_b, R_c, d_a, d_b, d_c) \mapsto \left(\frac{1}{d_a}, \frac{1}{d_b}, \frac{1}{d_c}, \frac{1}{R_a}, \frac{1}{R_b}, \frac{1}{R_c}\right)$$

转化为新的不等式(等式). 我们推荐这一变换的有趣的应用[16].

3.3　三角形中的极值点

在三角形中存在许多由特殊的几何性质定义的点. 其实有许多点的确也可以用一些几何特征表示,使在平面内自然定义的某些函数达到最大值或最小值. 例如,假定三角形的所有的角都小于 120°,那么根据例 1.14,对于平面内的点 X,$AX + BX + CX$ 在 $\triangle ABC$ 的费马点达到最小值,这一几何特征是平面内使 $\angle ATB = \angle BTC = \angle CTA = 120°$ 的唯一的点.

下面是另一些例子.

例 3.27　证明:对于任意 $\triangle ABC$,当平面内的点 X 是 $\triangle ABC$ 的重心时,和 $AX^2 + BX^2 + CX^2$ 达到最小值.

证明　设 G 是 $\triangle ABC$ 的重心. 那么由莱布尼茨(Leibniz)公式

$$\begin{aligned} XA^2 + XB^2 + XC^2 &= 3XG^2 + GA^2 + GB^2 + GC^2 \\ &\geqslant GA^2 + GB^2 + GC^2 \end{aligned}$$

当 $X = G$ 时,等式成立.

例 3.28　在一锐角 $\triangle ABC$ 的内部求点 M 的位置,使 $AM \cdot BC + BM \cdot AC + CM \cdot AB$ 最小.

解 设 AA_1, MM_1 分别是 $\triangle ABC$ 和 $\triangle MBC$ 的高，那么

$$\begin{aligned}[AMB]+[AMC]&=[ABC]-[BMC]\\&=\frac{(AA_1-MM_1)BC}{2}\\&\leqslant\frac{AM\cdot BC}{2}\end{aligned}$$

当且仅当 $AM\perp BC$ 时，等式成立. 同理

$$[AMB]+[BMC]\leqslant\frac{BM\cdot AC}{2}$$

$$[BMC]+[AMC]\leqslant\frac{CM\cdot AB}{2}$$

将以上不等式相加，给出

$$AM\cdot BC+BM\cdot AC+CM\cdot AB\geqslant 4[ABC]$$

于是，这个和的最小值是 $4[ABC]$，当且仅当 M 是 $\triangle ABC$ 的垂心时，这个和达到最小值.

下一个例子给出 Lemoine 点的另一个极值性质(见例 2.8).

例 3.29 在给定的三角形中内接一个三角形，使这个内接的三角形的各边的平方和最小.

解 用 L 表示 $\triangle ABC$ 的 Lemoine 点，设 M,N,P 分别是 L 在 BC,CA,AB 上的射影(图 3.5). 我们将证明 $\triangle MNP$ 是唯一所求的三角形. 我们首先证明 L 是 $\triangle MNP$ 的重心. 分别用 x_1, y_1, z_1 表示 G 到边 BC,CA,AB 的距离.

于是，根据例 2.8，对于 $x=LM, y=LN, z=LP$，我们有

$$x^2+y^2+z^2\leqslant x_1^2+y_1^2+z_1^2$$

当且仅当 $G=L$ 时，等式成立. 另外，由莱布尼茨关于 $\triangle MNP$ 的公式给出

$$\begin{aligned}x^2+y^2+z^2&=3LG^2+GM^2+GN^2+GP^2\\&\geqslant 3LG^2+x_1^2+y_1^2+z_1^2\\&\geqslant x^2+y^2+z^2\end{aligned}$$

这证明了 $L=G$，即 L 是 $\triangle MNP$ 的重心.

下面，考虑内接于 $\triangle ABC$ 的任意 $\triangle M_1N_1P_1$，设 G 是 $\triangle ABC$ 的重心. 用 M_2,N_2,P_2 分别表示 G 在边 BC,CA,AB 上的射影，那么由中线公式给出

$$\begin{aligned}M_1N_1^2+N_1P_1^2+P_1M_1^2&=3(GM_1^2+GN_1^2+GP_1^2)\\&\geqslant 3(GM_2^2+GN_2^2+GP_2^2)\\&\geqslant 3(x^2+y^2+z^2)\\&=MN^2+NP^2+PM^2\end{aligned}$$

只有当 $M_1=M_2, N_1=N_2, P_1=P_2$ 和 $G=L$，即 $M_1=M, N_1=N, P_1=P$ 时，等式成立.

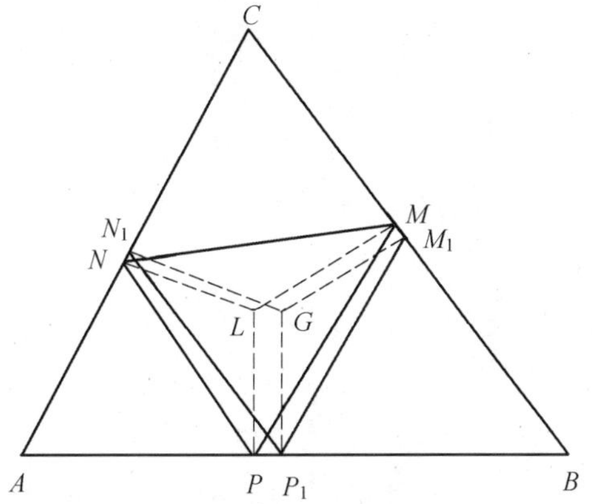

图 3.5

例 3.30　在锐角 $\triangle ABC$ 内求一点 X，以 X 分别在 BC，CA，AB 上的射影为顶点的内接三角形的面积最小.

解　设 X 是 $\triangle ABC$ 内的任意一点，M，N，P 分别是 X 在 BC，CA，AB 上的射影. R，O 分别表示 $\triangle ABC$ 的外接圆的半径和圆心. 那么由著名的欧拉公式(参见文[10])

$$[MNP]=\left(1-\frac{d^2}{R^2}\right)\frac{[ABC]}{4}$$

这里 $d=OX$. 显然当 $d=0$ 即 $X=O$ 时，$\triangle MNP$ 的面积最大.

例 3.31　(IMO Shortlist 2001) 设 M 是 $\triangle ABC$ 内的一点，A'，B'，C' 分别是点 M 在 BC，CA，AB 上的射影. 求使 $\dfrac{MA'\cdot MB'\cdot MC'}{MA\cdot MB\cdot MC}$ 最大的点 M 的位置.

解　设 α，β，γ 分别是 $\triangle ABC$ 的内角. 设 $\alpha_1=\angle MAB$，$\alpha_2=\angle MAC$. 我们有

$$\frac{MB'\cdot MC'}{MA^2}=\sin\alpha_1\sin\alpha_2$$

观察到

$$\sin\alpha_1\sin\alpha_2=\frac{1}{2}[\cos(\alpha_1-\alpha_2)-\cos(\alpha_1+\alpha_2)]$$

$$\leqslant\frac{1}{2}(1-\cos\alpha)=\sin^2\frac{\alpha}{2}$$

当且仅当 $\alpha_1=\alpha_2$ 时，等式成立.

因此

$$\frac{MB'\cdot MC'}{MA^2}\leqslant\sin^2\frac{\alpha}{2}$$

同理

$$\frac{MA'\cdot MC'}{MB^2}\leqslant\sin^2\frac{\beta}{2}$$

$$\frac{MB' \cdot MA'}{MC^2} \leqslant \sin^2 \frac{\gamma}{2}$$

于是

$$\frac{MA' \cdot MB' \cdot MC'}{MA \cdot MB \cdot MC} \leqslant \sin \frac{\alpha}{2} \sin \frac{\beta}{2} \sin \frac{\gamma}{2}$$

当且仅当 M 是 $\triangle ABC$ 的内心时,等式成立.

例 3.32 设 $\triangle ABC$ 是给定的三角形,P 是 $\triangle ABC$ 所在平面内不与 A,B,C 重合的点.设 L 和 M 分别是点 A 向直线 PB 和 PC 所作垂线的垂足,求使 LM 的长度最大的点 P 的位置.

解 我们将证明当点 P 与 $\triangle ABC$ 的顶点 A 侧的旁切圆的圆心重合时,LM 的长度最大.

首先,注意到对于点 P 的任何选择,点 M 位于直径为 AC 的圆 k_1 上,点 L 位于直径为 AB 的圆 k_2 上(图 3.6).那么当线段 LM 包含 k_1 和 k_2 的圆心 E,F 时,LM 最大(见入门题 18).在这种情况下

$$LM = AF + FE + EA = \frac{a+b+c}{2}$$

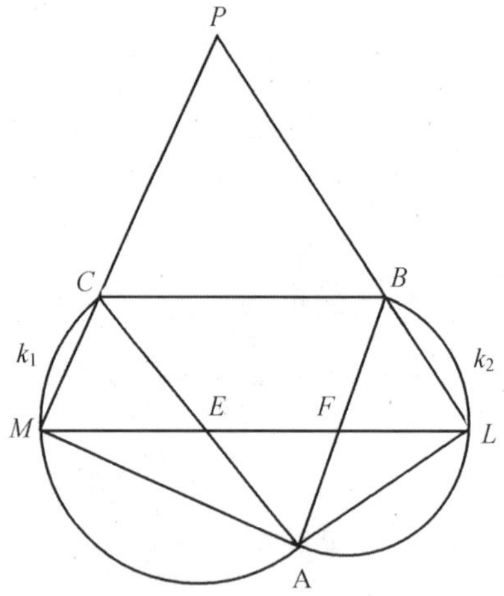

图 3.6

此外,由 $\angle MEC = \angle AEF = \angle ACB$,推出

$$\angle MCE = \angle CME = 90^\circ - \frac{\angle ACB}{2}$$

然而,这表明 MC 是 $\angle ACB$ 的补角的平分线.直线 LB 也有类似的性质.于是,P 是 $\triangle ABC$ 的顶点 A 侧的旁切圆的圆心.

例 3.33 对于给定的 $\triangle ABC$ 所在平面内不与顶点 A,B,C 重合的点 P,设 $x = AP$,$y = BP$,$z = CP$,$\alpha_1 = \angle BPC$,$\beta_1 = \angle APC$,$\gamma_1 = \angle APB$.求使和

$$q(P)=x\sin\alpha_1+y\sin\beta_1+z\sin\gamma_1$$

最大的点 P 的位置.

解　设 k 是 $\triangle BPC$ 的外接圆，A' 是圆 k 与直线 AP 的交点，且使 A' 和 P 在直线 BC 的两侧(图 3.7).

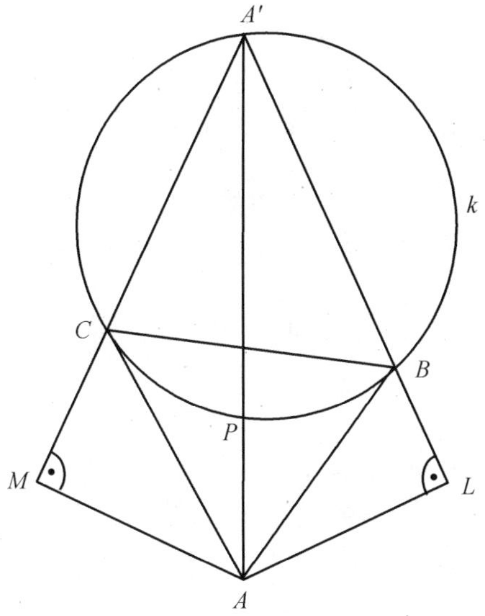

图 3.7

设 L 和 M 分别是 A 向直线 $A'B$ 和 $A'C$ 所作的垂线的垂足. 我们将证明 $q(P)=LM$. 注意到 $\angle PCB=\angle PA'B=\angle AML$ 和 $\angle PBC=\angle PA'C=\angle ALM$. 于是 $\triangle PBC\backsim\triangle ALM$，所以 $\frac{a}{z}=\frac{LM}{AM}$. 另外

$$\angle BCA'=\angle BPA'=180^\circ-\angle APB=180^\circ-\gamma_1$$

于是

$$\angle ACM=180^\circ-\gamma-(180^\circ-\gamma_1)=\gamma_1-\gamma$$

所以 $AM=b\sin(\gamma_1-\gamma)$. 这表明

$$z=\frac{aAM}{LM}=\frac{ab\sin(\gamma_1-\gamma)}{LM}$$

同理

$$x=\frac{bc\sin(\alpha_1-\alpha)}{LM}$$

$$y=\frac{ca\sin(\beta_1-\beta)}{LM}$$

下面，由对四边形 $ALA'M$ 的托勒密定理给出

$$AA'\cdot LM=AM\cdot A'L+A'M\cdot AL$$

而由对 $\triangle A'BC$ 的正弦定理得到

$$A'B=\frac{a\sin\gamma_1}{\sin\alpha_1}$$

$$A'C=\frac{a\sin\beta_1}{\sin\alpha_1}$$

因为 AA' 是圆 $ALA'M$ 的直径，我们有

$$\frac{LM}{\sin\alpha_1}=\frac{LM}{\sin\angle MAL}=AA'$$

还有

$$A'L=A'B+BL=\frac{a\sin\gamma_1}{\sin\alpha_1}+c\cos(\beta_1-\beta)$$

$$A'M=A'C+CM=\frac{a\sin\beta_1}{\sin\alpha_1}+c\cos(\gamma_1-\gamma)$$

现在上面的等式表明

$$\frac{LM^2}{\sin\alpha_1}=AA'\cdot LM=b\sin(\gamma_1-\gamma)\left[c\cos(\beta_1-\beta)+\frac{a\sin\gamma_1}{\sin\alpha_1}\right]+$$
$$c\cos\beta_1\left[b\cos(\gamma_1-\gamma)+\frac{a\sin\beta_1}{\sin\alpha_1}\right]$$

于是

$$\begin{aligned}LM^2&=bc[\sin(\gamma_1-\gamma)\cos(\beta_1-\beta)+\sin(\beta_1-\beta)\cos(\gamma_1-\gamma)]+\\&\quad ac\sin\beta_1\sin(\beta_1-\beta)+ab\sin\gamma_1\sin(\gamma_1-\gamma)\\&=bc\sin\alpha\sin(\alpha_1-\alpha)+ac\sin\beta_1\sin(\beta_1-\beta)+\\&\quad ab\sin\gamma_1\sin(\gamma_1-\gamma)\end{aligned}$$

另外

$$bc\sin(\alpha_1-\alpha)=xLM,ac\sin(\beta_1-\beta)=yLM,ab\sin(\gamma_1-\gamma)=zLM$$

利用上面关于 LM^2 的等式，我们得到

$$LM=x\sin\alpha_1+y\sin\beta_1+z\sin\gamma_1=q(P)$$

现在从例 3.32 推出当 A' 是相应的旁心时，和 $q(P)$ 取最大值. 在这种情况下

$$\gamma_1=90^\circ+\frac{\gamma}{2},\angle BAP=\frac{\alpha}{2}$$

所以 $\angle ABP=\frac{\beta}{2}$. 因此 P 是 $\triangle ABC$ 的内心.

第4章　入　门　题

1. 设 $ABCD$ 是凸四边形，$AC > CB$，E 是边 AB 上的点，且 $AD < DE$. 证明：$BE < 2CD$.

2. 求边长 a,b,c 是整数，且 $a^2-3a+b+c$，$b^2-3b+c+a$，$c^2-3c+a+b$ 都是完全平方数的所有三角形.

3. 设 G 是 $\triangle ABC$ 的重心，$\angle AGB \leqslant 90^\circ$. 证明：$AC+BC>3AB$.

4. 设 D 是 $\triangle ABC$ 的一个内点，且

$$AC-AD\geqslant 1, BC-BD\geqslant 1$$

证明：对于边 AB 上的任一点 E，有 $EC-ED\geqslant 1$.

5. 设 $ABCD$ 是凸四边形，且 $AB+BD\leqslant AC+CD$.

证明：$AB<AC$.

6. 在四边形 $ABCD$ 中，$\angle BAD=\angle BCD=90^\circ$. 一个四边形内接于四边形 $ABCD$ 中. 证明：这个四边形的周长不小于 $2AC$.

7. 证明：一个凸四边形的对角线的交点到各边的距离的和不大于其周长的一半.

8. 设 $ABCDEF$ 是凸六边形，且存在内点 P，使 $\triangle PAB$，$\triangle PCD$ 和 $\triangle PEF$ 都是等腰直角三角形，且直角顶点都在 P. 证明

$$BC+CD+EF\geqslant \max\{AB,CD,EF\}$$

9. 点 A,B,C 在圆外，该圆与线段 AC 和 BC 相交，但不与线段 AB 相交. 设 AM，BN，CK 是该圆的切线. 证明

$$AM\cdot BC+BN\cdot AC>CK\cdot AB$$

10. 考虑内接于单位球的一个正方体，$A_1,A_2,\cdots,A_n$ 是空间中的 n 个点. 证明：正方体至少有四个顶点 M，使

$$MA_1+MA_2+\cdots+MA_n>n$$

11. 在平面内求一点，使该点满足：

(a) 到凸四边形的顶点的距离的和最小；

(b) 到某个对称 n 边形的顶点的距离的和最小.

12. 设 x,y 是实数，求函数

$$f(x,y)=\sqrt{(x-4)^2+1}+\sqrt{(x-2)^2+(y-2)^2}+\sqrt{y^2+4}$$

的最小值.

13. 对于 $\triangle ABC$ 内的每一点 X，设 $m(X)$ 是线段 XA，XB，XC 中长度最小的. 那么对于哪一点 X，$m(X)$ 最大？

14. 凸六边形 $ABCDEF$ 的每一条边都小于 1. 证明：对角线 AD，BE，CF 中有一条小于 2.

15. 设四边形 $ABCD$ 是矩形，点 X 是该平面内任意一点. 求

$$\frac{XA+XC}{XB+XD}$$

的最小值和最大值.

16. 在正方形的边界上求点 X，使 X 到正方形的各个顶点的距离的和最小.

17. 设 A，B 两点在给定直线 l 的两侧，在 l 上求使 $|AX-BX|$ 取最大值的所有点 X.

18. 求端点在两个不相交的圆上的最短的线段和最长的线段.

19. 两个"圆形的"湖 L_1 和 L_2 在高速公路 l 的同一侧. 一个公司要在 l 上建立一个加气站 G，并从 L_1 的岸边经过 G 到 L_2 的岸边造一条路. 规划一下长度最短的这样的路.

20. 正方形 $ABCD$ 内接于一个圆内，M 是劣弧 $\overparen{AB}$ 上的点. 证明

$$MC\cdot MD\geqslant(3+2\sqrt{2})MA\cdot MB$$

21. 一条直线将一个等边三角形分成周长相等的两个区域，面积分别为 K_1 和 K_2. 证明：$\frac{7}{9}\leqslant\frac{K_1}{K_2}\leqslant\frac{9}{7}$.

22. $\triangle ABC$ 的内切圆的半径是 r，D 和 E 分别是 BC 和 CA 上的点，且 DE 经过 $\triangle ABC$ 的内心. 证明：$[CDE]\geqslant 2r^2$.

23. 给定一个凸四边形 $ABCD$，过对角线 AC 和 BD 的交点 O 作一直线，与边 AD 和 BC 分别交于点 K 和 L，使和

$$\frac{1}{[AOK]}+\frac{1}{[BOL]}$$

最小.

24. 设 $ABCD$ 是凸多边形，证明

$$[ABCD]\leqslant\frac{1}{2}(AB\cdot CD+BC\cdot AD)$$

等式何时成立？

25. 设 P 是 $\triangle ABC$ 内一点. AP，BP，CP 分别交 BC，CA，AB 于点 A'，B'，C'. 证明

$$\frac{PA}{PA'}+\frac{PB}{PB'}+\frac{PC}{PC'}\geqslant 4\left(\frac{PA'}{PA}+\frac{PB'}{PB}+\frac{PC'}{PC}\right)$$

26. 对于 $\triangle ABC$ 内任意一点 X，用 x，y，z 分别表示 X 到 BC，CA，AB 的距离. 确定 X 在什么位置时，和最小.

(a) $\frac{a}{x}+\frac{b}{y}+\frac{c}{z}$;

(b) $\frac{1}{ax}+\frac{1}{by}+\frac{1}{cz}$.

(这里 $a=BC,b=CA,c=AB$.)

27. 在$\triangle ABC$的内部给出一点X,过X作三条直线分别平行于三角形的三边.这三条直线将三角形分割成六个区域,其中三个三角形区域的面积分别是S_1,S_2和S_3.求使和$S_1+S_2+S_3$最小的点X的位置.

28. 设D和E分别在$\triangle ABC$的边AB和BC上.点K和M分别将线段DE三等分.直线BK和BM与边AC分别相交于点T和P.证明

$$PT\leqslant\frac{AC}{3}$$

29. 凸n边形$A_1A_2\cdots A_n$内接于半径为R的圆.对于该圆上的一点A,设$a_i=AA_i,b_i$是点A到直线$A_iA_{i+1}(1\leqslant i\leqslant n,A_{n+1}=A_1)$的距离.证明:

$$\frac{a_1^2}{b_1}+\frac{a_2^2}{b_2}+\cdots+\frac{a_n^2}{b_n}\geqslant 2nR$$

30. 证明:对于任意四点A,B,C,D,以下不等式成立:

(a)$AB^2+BC^2+CD^2+DA^2\geqslant AC^2+BD^2$;

(b)$(DA+DB+DC)(DA\cdot DB+DB\cdot DC+DC\cdot DA)\geqslant DA\cdot BC^2+DB\cdot CA^2+DC\cdot AB^2$.

31. 用向量证明例1.15中的不等式.

32. 在梯形$ABCD(AB\parallel CD)$中,我们有$(AD-BC)(AC-BD)>0$.

证明:$AB>CD$.

33. 四面体$XYZT$的中线m_X是连接X与对面YZT的重心的线段.证明:对于表面积为S的任何$ABCD$,以下不等式成立

$$m_A^2+m_B^2+m_C^2+m_D^2\geqslant\frac{3\sqrt{3}}{8}S$$

34. 证明:对于平行四边形$ABCD$内任意一点M,以下不等式成立

$$MA\cdot MC+MB\cdot MD\geqslant AB\cdot BC$$

35. 设P是$\triangle ABC$内的一点.用R,R_1,R_2和R_3分别表示$\triangle ABC,\triangle PBC,\triangle PCA$和$\triangle PAB$的外接圆的半径,直线$PA,PB,PC$分别与边$BC,CA,AB$相交于点$A_1,B_1,C_1$.设

$$k_1=\frac{PA_1}{AA_1},k_2=\frac{PB_1}{BB_1},k_3=\frac{PC_1}{CC_1}$$

证明

$$k_1R_1+k_2R_2+k_3R_3\geqslant R$$

36. 设 A_1，B_1，C_1 分别在 $\triangle ABC$ 的边 BC，CA，AB 上，且 $\triangle A_1B_1C_1 \backsim \triangle ABC$. 证明

$$\sum_{\text{cyc}} AA_1 \sin A \leqslant \sum_{\text{cyc}} BC \sin A$$

37. 多边形 $A_1A_2\cdots A_n$ 内接于圆心为 O，半径为 R 的圆内. M_{ij} 表示线段 A_iA_j $(1 \leqslant i < j \leqslant n)$ 的中点. 证明

$$\sum_{1 \leqslant i < j \leqslant n} OM_{ij}^2 \leqslant \frac{n(n-2)}{4} R^2$$

38. 在 $\triangle ABC$ 中，$\frac{\pi}{7} < A \leqslant B \leqslant C < \frac{5\pi}{7}$. 证明

$$\sin \frac{7A}{4} - \sin \frac{7B}{4} + \sin \frac{7C}{4} > \cos \frac{7A}{4} - \cos \frac{7B}{4} + \cos \frac{7C}{4}$$

39. 设 α，β，γ 是一个三角形的内角. 证明：

(a) $\cos^2 \frac{\alpha}{2} + \cos^2 \frac{\beta}{2} + \cos^2 \frac{\gamma}{2} \geqslant \left(\sin \frac{\alpha}{2} + \sin \frac{\beta}{2} + \sin \frac{\gamma}{2}\right)^2$；

(b) $\sin 2\alpha + \sin 2\beta + \sin 2\gamma \leqslant \cos \frac{\pi + \alpha}{8} + \cos \frac{\pi + \beta}{8} + \cos \frac{\pi + \gamma}{8}$.

40. 如果 α，β，γ 是一个三角形的内角. 证明

$$\sin \alpha + \sin \beta \sin \gamma \leqslant \frac{1 + \sqrt{5}}{2}$$

等式何时成立？

41. 设 $\triangle ABC$ 的面积为 1，$\angle A$ 的对边的长是 a. 证明

$$a^2 + \frac{1}{\sin A} \geqslant 3$$

等式何时成立？

42. 设 a，b，c 是一个三角形的边长. 证明：

(a) $\left|\frac{a-b}{a+b} + \frac{b-c}{b+c} + \frac{c-a}{c+a}\right| < \frac{1}{8}$；

(b) $a(b^2 + c^2 - a^2) + b(c^2 + a^2 - b^2) + c(a^2 + b^2 - c^2) \leqslant 3abc$.

43. 设 m_a，m_b，m_c 是边长为 a，b，c 的，外接圆的半径是 R 的 $\triangle ABC$ 的中线. 证明：

(a) $\frac{a^2 + b^2}{m_c} + \frac{b^2 + c^2}{m_a} + \frac{c^2 + a^2}{m_b} \leqslant 12R$；

(b) $m_a(bc - a^2) + m_b(ca - b^2) + m_c(ab - c^2) \geqslant 0$.

44. 设 G 是 $\triangle ABC$ 的重心. 证明

$$\sin \angle GBC + \sin \angle GCA + \sin \angle GAB \leqslant \frac{3}{2}$$

45. 对于内心为 I，边长为 a，b，c 的任意 $\triangle ABC$. 证明

$$IA + IB + IC \leqslant \sqrt{ab + bc + ca}$$

等式何时成立?

46. 设 I 是 $\triangle ABC$ 的内心. 证明:过内切圆与 IA, IB, IC 的交点的切线围成的三角形的周长不大于 $\triangle ABC$ 的周长.

47. 凸四边形内接于半径为 1 的圆,且其中一边是直径,另三边的长为 a, b, c. 证明: $abc \leqslant 1$.

48. 设 O 是凸四边形 $ABCD$ 的对角线的交点. 证明: $\triangle AOB$, $\triangle BOC$, $\triangle COD$, $\triangle DOA$ 的内切圆的直径的和不大于 $(2-\sqrt{2})(AC+BD)$.

49. 设 M 是 $\triangle ABC$ 的内点, A_1, B_1, C_1 分别是直线 MA, MB, MC 与 BC, CA, AB 的交点. 证明

$$MA \cdot MB \cdot MC \geqslant 8MA_1 \cdot MB_1 \cdot MC_1$$

50. 设 R_a, R_b, R_c 和 d_a, d_b, d_c 分别是 $\triangle ABC$ 内的点 M 到顶点 A, B, C 的距离和到直线 BC, CA, AB 的距离. 证明:

(a) $\sqrt{R_a}+\sqrt{R_b}+\sqrt{R_c} \geqslant \sqrt{2}(\sqrt{d_a}+\sqrt{d_b}+\sqrt{d_c})$;

(b) $R_aR_bR_c \geqslant (d_a+d_b)(d_b+d_c)(d_c+d_a)$.

51. (IMO 1991) 设 P 是 $\triangle A_1A_2A_3$ 的内点. 证明:在 $\angle PA_1A_2$, $\angle PA_2A_3$, $\angle PA_3A_1$ 中至少有一个角小于或等于 $30°$.

52. 设 x, y, z 是正实数. 证明:

(a) $\dfrac{x}{y+z}+\dfrac{y}{z+x}+\dfrac{z}{x+y} \geqslant \dfrac{3}{2}$;

(b) $\dfrac{x^2}{y+z}+\dfrac{y^2}{z+x}+\dfrac{z^2}{x+y} \geqslant \dfrac{x+y+z}{2}$;

(c) $xyz \geqslant (x+y-z)(y+z-x)(z+x-y)$;

(d) $3(x+y)(y+z)(z+x) \leqslant 8(x^3+y^3+z^3)$;

(e) $x^4+y^4+z^4-2(x^2y^2+y^2z^2+z^2x^2)+xyz(x+y+z) \geqslant 0$;

(f) $[xy(x+y-z)+yz(y+z-x)+zx(z+x-y)]^2 \geqslant xyz(x+y+z)(xy+yz+zx)$.

53. 设 x, y, z 是正实数, $x+y+z=1$. 证明:

(a) $\dfrac{1-3x}{1+x}+\dfrac{1-3y}{1+y}+\dfrac{1-3z}{1+z} \geqslant 0$;

(b) $\dfrac{xy}{1+z}+\dfrac{yz}{1+x}+\dfrac{zx}{1+y} \leqslant \dfrac{1}{4}$;

(c) $x^2+y^2+z^2+\sqrt{12xyz} \leqslant 1$.

54. (在证明几何不等式时常用的一些恒等式) 设三角形的内角是 α, β, γ, 半周长是 s, 内切圆的半径是 r, 外接圆的半径是 R. 证明:

(a) $\tan\frac{\alpha}{2}$，$\tan\frac{\beta}{2}$ 和 $\tan\frac{\gamma}{2}$ 是三次方程

$$sx^3-(4R+r)x^2+sx-r=0$$

的根；

(b) $\tan\frac{\alpha}{2}+\tan\frac{\beta}{2}+\tan\frac{\gamma}{2}=\frac{4R+r}{s}$；

(c) $\tan\frac{\alpha}{2}\tan\frac{\beta}{2}+\tan\frac{\beta}{2}\tan\frac{\gamma}{2}+\tan\frac{\gamma}{2}\tan\frac{\alpha}{2}=1$；

(d) $\tan\frac{\alpha}{2}\tan\frac{\beta}{2}\tan\frac{\gamma}{2}=\frac{r}{s}$；

(e) $\tan^2\frac{\alpha}{2}+\tan^2\frac{\beta}{2}+\tan^2\frac{\gamma}{2}=\frac{(4R+r)^2-2s^2}{s^2}$；

(f) $(\tan\frac{\alpha}{2}+\tan\frac{\beta}{2})(\tan\frac{\beta}{2}+\tan\frac{\gamma}{2})(\tan\frac{\gamma}{2}+\tan\frac{\alpha}{2})=\frac{4R}{s}$.

55. 设 s，r 和 R 分别表示 $\triangle ABC$ 的半周长，内切圆的半径和外接圆的半径. 证明

$$(s^2+r^2+4Rr)(s^2+r^2+2Rr)\geqslant 4Rr(5s^2+r^2+4Rr)$$

并确定等式何时成立.

56. 证明：在边长为 a，b，c，内切圆的半径为 r，外接圆的半径为 R 的任意三角形中，以下不等式成立

$$\frac{1}{a}+\frac{1}{b}+\frac{1}{c}\leqslant\frac{1}{\sqrt{3}}\left(\frac{1}{r}+\frac{1}{R}\right)$$

57. 设 α，β，γ 是三角形的内角，证明

$$\left(\cot\frac{\alpha}{2}-1\right)\left(\cot\frac{\beta}{2}-1\right)\left(\cot\frac{\gamma}{2}-1\right)\leqslant 6\sqrt{3}-10$$

第 5 章　提　高　题

1. 设四边形 $ABCD$ 内接于圆 O. P 是对角线的交点，R 是连接对边中点的线段的交点. 证明：$OP \geqslant OR$.

2. (IMO Shortlist 1999) 对于中线为 m_a, m_b, m_c 的 $\triangle ABC$ 的内点 M. 证明

$$\min\{MA, MB, MC\} + MA + MB + MC < m_a + m_b + m_c$$

3. 设 D 是 $\triangle ABC$ 的边 AB 上的点，且 $AD > BC$. 考虑 AC 上的点 E，使

$$\frac{AE}{EC} = \frac{BD}{AD - BC}$$

证明：$AD > BE$.

4. (IMO 2006) 设 $\triangle ABC$ 的内心为 I. 点 P 在 $\triangle ABC$ 的内部，且满足

$$\angle PBA + \angle PCA = \angle PBC + \angle PCB$$

证明：$AP \geqslant AI$，当且仅当 $P = I$ 时，等式成立.

5. 如果一个多边形的所有对角线都相等，这个多边形有多少条边？

6. 给定一个凸 n 边形，考虑由凸 n 边形的四个连续顶点组成的所有四边形. 证明：这样的四边形中不多于 $\frac{n}{2}$ 个是圆内接四边形.

7. A，B 两个城市被一条河岸平行的河隔开. 设计一条从 A 到 B 经过垂直跨越河流的桥的道路.

8. 给定凸多边形 P，考虑顶点是 P 的各边的中点的多边形 P'. 证明：P' 的周长不小于 P 的周长的一半.

9. 一个四边形的顶点是 $A = (0,0)$，$B = (2,0)$，$C = (2,2)$ 和 $D = (0,4)$. 求从点 $E = (0,1)$ 出发，到点 $F = (2,1)$ 终止，且依次与四边形的边 AD，DC，AB，BC 有公共点的最短的路径.

10. (IMO 1993) 对于平面内的三点 P，Q，R，我们定义 $m(PQR)$ 是 $\triangle PQR$ 的三条高中最短的高的长度(如果这三点共线，那么设 $m(PQR) = 0$). 证明：对于平面内的每四点 A，B，C，X，有

$$m(ABC) \leqslant m(ABX) + m(BCX) + m(CAX)$$

11. 给定顶点为 A 的角和角内的一点 P，过点 P 作一条直线与角的两边分别相交于点 B 和 C，使：

(a)$\triangle ABC$ 的周长最小；

(b) 和$\frac{1}{PC}+\frac{1}{PB}$ 最大.

12. 在 $\triangle ABC$ 中，$\angle A=60°$，设 P 是使 $PA=1$，$PB=2$，$PC=3$ 的点. 证明

$$[ABC]\leqslant\frac{\sqrt{3}}{8}(13+\sqrt{73})$$

13. 两个同心圆的半径分别为 r 和 R，$R>r$. 凸四边形 $ABCD$ 内接于小圆，AB，BC，CD 和 DA 的延长线分别交大圆于点 C_1，D_1，A_1 和 B_1. 证明：

(a) 四边形 $A_1B_1C_1D_1$ 的周长不小于四边形 $ABCD$ 的周长的$\frac{R}{r}$ 倍；

(b) 四边形 $A_1B_1C_1D_1$ 的面积不小于四边形 $ABCD$ 的面积的$\left(\frac{R}{r}\right)^2$ 倍.

14. (IMO 1995) 设 $ABCDEF$ 是凸六边形，且 $AB=BC=CD$，$DE=EF=FA$，以及 $\angle BCD=\angle EFA=60°$. 设 G 和 H 是该六边形的内点，且 $\angle AGB=\angle DHE=120°$. 证明

$$AG+GB+GH+DH+HE\geqslant CF$$

15. 假定 $\triangle ABC$ 不是钝角三角形，设 m，n 和 p 是给定的正数. 在该平面内求一点 X，使

$$s(X)=\max+nBX+pCX$$

最小.

16. 对一切实数 x，y，求表达式

$$\sqrt{(x-1)^2+(y+1)^2}+\sqrt{(x+1)^2+(y-1)^2}+\sqrt{(x+2)^2+(y+2)^2}$$

的最小值.

17. 设 a，b，c 是正实数，且

$$4abc\leqslant 1$$

$$\frac{1}{a^2}+\frac{1}{b^2}+\frac{1}{c^2}<9$$

证明：存在边长为 a，b，c 的三角形.

18. 设 $n>2$ 是正整数，假定 a_1，a_2，…，a_n 都是正实数，且满足不等式

$$(a_1^2+a_2^2+\cdots+a_n^2)^2>(n-1)(a_1^4+a_2^4+\cdots+a_n^4)$$

证明：对 $1\leqslant i<j<k\leqslant n$，数 a_i，a_j，a_k 是一个三角形的边长.

19. 设正整数 $n\geqslant 3$，$n\neq 4$. 证明：在平面内的 n 个不同的点中，存在 A，B，C 三点，使

$$1\leqslant\frac{AB}{AC}<1+\frac{2}{n}$$

20. 设 $ABCD$ 是凸四边形，K，L，M，N 分别是边 AB，BC，CD，DA 上的任意点. 用 O 表示 KM 和 LN 的交点. 证明

$$\frac{1}{[ANK]}+\frac{1}{[BKL]}+\frac{1}{[CLM]}+\frac{1}{[DMN]}$$

$$\geqslant \frac{1}{[ONK]} + \frac{1}{[OKL]} + \frac{1}{[OLM]} + \frac{1}{[OMN]}$$

21. 设 M 和 N 分别是 $\triangle ABC$ 的边 CA 和 BC 上的点，设 L 是线段 MN 上的点. 证明

$$\sqrt[3]{[ABC]} \geqslant \sqrt[3]{[AML]} + \sqrt[3]{[BNL]}$$

22. 设 K,L,M,N 分别在四边形 $ABCD$ 的边 AB,BC,CD,DA 上. 证明

$$\sqrt[3]{[AKN]} + \sqrt[3]{[BKL]} + \sqrt[3]{[CLM]} + \sqrt[3]{[DMN]} \leqslant 2\sqrt[3]{[ABCD]}$$

23. 设 $ABCDEF$ 是凸六边形，对角线 AD,BE,CF 相交于一点 O. 用 A_1 和 D_1 表示分别 AD 与 BF 和 CE 的交点，用 B_1 和 E_1 分别表示 BE 与 AC 和 DF 的交点，用 C_1 和 F_1 分别表示 CF 与 BD 和 AE 的交点. 证明

$$[A_1B_1C_1D_1E_1F_1] \leqslant \frac{1}{4}[ABCDEF]$$

24. 设 $ABCDEF$ 是凸六边形，且 $\triangle ACE \backsim \triangle BDF$. 证明

$$[ABCDEF] \leqslant \frac{R}{r}\sqrt{[ACE][BDF]}$$

这里 R 和 r 分别是 $\triangle ACE$ 的外接圆的半径和内切圆的半径.

25. 在所有内接于一个给定的圆，且 $AC \perp BD$ 的五边形 $ABCDE$ 中，求面积最小的五边形.

26. 设 $\triangle A_0B_0C_0$ 和 $\triangle A_1B_1C_1$ 是锐角三角形. 考虑与 $\triangle A_1B_1C_1$ 相似(使顶点 A_1,B_1,C_1 分别对应于顶点 A,B,C)，并外接 $\triangle A_0B_0C_0$(顶点 A_0 在 BC 上，顶点 B_0 在 CA 上，顶点 C_0 在 AB 上)的所有这样的 $\triangle ABC$ 中，确定面积最大的一个，并作出这个三角形.

27. 经过给定三面角的内部的一定点 M 的平面 α，分别交三面角的棱于点 A_0,B_0,C_0. 求使四面体 $OABC$ 的体积最小的平面 α 的位置.

28. 设 A,B,C,D,E,F 是平面内的六点，A_1,B_1,C_1,D_1,E_1,F_1 分别是线段 AB,BC,CD,DE,EF,AF 的中点. 证明

$$4(A_1D_1^2 + B_1E_1^2 + C_1F_1^2) \leqslant 3[(AB+DE)^2 + (BC+EF)^2 + (CD+AF)^2]$$

29. 设 $\triangle ABC$ 是三角形，A_1,B_1,C_1 分别是直线 BC,CA,AB 上的任意点. 证明：对于一切正实数 x,y,z，以下不等式成立

$$(xAB^2 + yBC^2 + zCA^2)(xA_1B_1^2 + yB_1C_1^2 + zC_1A_1^2) \geqslant 4(xy + yz + zx)[ABC]^2$$

30. 一个面积为 A 的 n 边形内接于一个半径为 R 的圆. 在每一条边上任意各取一点. 证明：第二个 n 边形的周长不小于 $\frac{2A}{R}$.

31. 设在四面体 $ABCD$ 中，$AC \perp BC$，$AD \perp BD$. 证明：直线 AC 和 BD 的夹角的余弦小于 $\frac{CD}{AB}$.

32. 单位球面上有 n 个点，其中两两之间的距离至多是 $\sqrt{2}$，求最小的正整数 n.

33. 证明：给定边长为 a,b,c 的 $\triangle ABC$ 和所在平面内的点 P，我们有

$$\frac{PA\cdot PB}{ab}+\frac{PB\cdot PC}{bc}+\frac{PC\cdot PA}{ca}\geqslant 1$$

34. 设 n 边形 $A_1A_2\cdots A_n$ 内接于半径为 R 的圆. 证明

$$\sum_{\text{cyc}}\frac{1}{A_1A_2\cdot A_1A_3\cdot\cdots\cdot A_1A_n}\geqslant\frac{1}{R^{n-1}}$$

35. 设 $A_1,A_2,\cdots,A_n$ 是单位圆上的点. 证明：在这个圆上存在一点 P，使

$$PA_1\cdot PA_2\cdot\cdots\cdot PA_n\geqslant 2$$

36. 设 r 和 R 分别是 $\triangle ABC$ 的内切圆的半径和外接圆的半径. 证明

$$\sin\frac{A}{2}\sin\frac{B}{2}+\sin\frac{B}{2}\sin\frac{C}{2}+\sin\frac{C}{2}\sin\frac{A}{2}\leqslant\frac{R+r}{2R}$$

37. 设 α,β,γ 是三角形的内角. 证明不等式：

(a) $\sin\frac{|\alpha-\beta|}{2}+\sin\frac{|\beta-\gamma|}{2}+\sin\frac{|\gamma-\alpha|}{2}\leqslant\sqrt{\frac{71+17\sqrt{17}}{32}}$；

(b) $\sin\frac{\alpha}{3}\sin\frac{\beta}{3}\sin\frac{\gamma}{3}\geqslant 8\sin^3\frac{\pi}{9}\sin\frac{\alpha}{2}\sin\frac{\beta}{2}\sin\frac{\gamma}{2}$.

38. 设 σ 是空间内的一个平面，P 是平面 σ 内一定点，Q 是不在平面 σ 内的空间中的任意一点. 在平面 σ 内求点 R，使 $\frac{QP+PR}{QR}$ 最小.

39. 设 $\triangle ABC$ 的边长是 a,b,c，半周长是 s，外接圆的半径是 R，中线是 m_a,m_b,m_c. 证明

$$\max\{am_a,bm_b,cm_c\}\leqslant sR$$

40. 设边长为 a,b,c 的 $\triangle ABC$ 的垂心是 H，内切圆的半径是 r，外接圆的半径是 R. 证明

$$\frac{HA}{\sqrt{bc}}+\frac{HB}{\sqrt{ca}}+\frac{HC}{\sqrt{ab}}\leqslant\sqrt{2\left(R+\frac{r}{R}\right)}$$

41. 设 $\triangle ABC$ 的内切圆的半径是 r，外接圆的半径是 R，内心是 I，旁心是 I_a,I_b,I_c. 证明

(a) $2BC\sqrt{2}\leqslant II_a+I_bI_c\leqslant 4R\sqrt{2}$；

(b) $\frac{1}{R\sqrt{2}}\leqslant\frac{1}{II_a}+\frac{1}{I_bI_c}\leqslant\frac{\sqrt{2}}{BC}$.

42. 设 $\triangle ABC$ 的重心为 G，内心为 I. 证明

$$AG+BG+CG\geqslant AI+BI+CI$$

43. 设等边 $\triangle ABC$ 内接于圆心为 O，半径为 R 的圆. 证明：对于任意一点 P，有

$$PA\cdot PB+PB\cdot PC+PC\cdot PA\geqslant 3\max\{PO^2,R^2\}$$

并确定点 P 的位置，使等式成立.

44. 设 R_a,R_b,R_c 分别是 $\triangle ABC$ 内一点 M 到顶点 A,B,C 的距离，d_a,d_b,d_c 分别是 M 到直线 BC,CA,AB 的距离. 证明不等式：

(a)$d_aR_a+d_bR_b+d_cR_c\geqslant 2(d_ad_b+d_bd_c+d_cd_a)$；

(b)$R_aR_b+R_bR_c+R_cR_a\geqslant 4(d_ad_b+d_bd_c+d_cd_a)$；

(c) $\dfrac{1}{d_aR_a}+\dfrac{1}{d_bR_b}+\dfrac{1}{d_cR_c}\geqslant 2\left(\dfrac{1}{R_aR_b}+\dfrac{1}{R_bR_c}+\dfrac{1}{R_cR_a}\right)$；

(d) $\dfrac{1}{d_ad_b}+\dfrac{1}{d_bd_c}+\dfrac{1}{d_cd_a}\geqslant 4\left(\dfrac{1}{R_aR_b}+\dfrac{1}{R_bR_c}+\dfrac{1}{R_cR_a}\right)$.

45.(USA TST 2001) 设 P 是给定的 $\triangle ABC$ 的内部一点.证明

$$\frac{PA}{BC^2}+\frac{PB}{CA^2}+\frac{PC}{AB^2}\geqslant\frac{1}{R}$$

这里 R 是 $\triangle ABC$ 的外接圆的半径.

46.(Korea,1995) 设 $\triangle ABC$ 中,L,M,N 分别是边 BC,CA,AB 的内点.设 P,Q 和 R 分别是直线 AL,BM 和 CN 分别与 $\triangle ABC$ 的外接圆的交点.证明

$$\frac{AL}{LP}+\frac{BM}{MQ}+\frac{CN}{NR}\geqslant 9$$

等式何时成立?

47.(IMO Shortlist 1996) 设 $\triangle ABC$ 的外心为 O,外接圆的半径为 R.设 AO 交 $\triangle BOC$ 的外接圆于点 A',BO 交 $\triangle COA$ 的外接圆于点 B',CO 交 $\triangle AOB$ 的外接圆于点 C',证明

$$OA'\cdot OB'\cdot OC'\geqslant 8R^3$$

等式何时成立?

48.证明:在任意 $\triangle ABC$ 中

$$\max\{|A-B|,|B-C|,|C-A|\}\leqslant\arccos\left(\frac{4r}{R}-1\right)$$

49.(一些常用的恒等式) 设三角形的内角分别是 α,β,γ,半周长是 s,内切圆的半径是 r,外接圆的半径是 R.证明:

(a)$\cos\alpha,\cos\beta,\cos\gamma$ 是三次方程

$$4R^2x^3-4R(R+r)x^2+(s^2+r^2-4R^2)x+(2R+r)^2-s^2=0$$

的根;

(b)$\cos\alpha+\cos\beta+\cos\gamma=1+\dfrac{r}{R}$；

(c)$\cos\alpha\cos\beta+\cos\beta\cos\gamma+\cos\gamma\cos\alpha=\dfrac{s^2+r^2-4R^2}{4R^2}$；

(d)$\cos\alpha\cos\beta\cos\gamma=\dfrac{s^2-(2R+r)^2}{4R^2}$；

(e)$\cos^2\alpha+\cos^2\beta+\cos^2\gamma=\dfrac{6R^2+4Rr+r^2-s^2}{2R^2}$.

50. 设三角形的内角是 α,β,γ. 证明：

(a) $\dfrac{1}{2-\cos\alpha}+\dfrac{1}{2-\cos\beta}+\dfrac{1}{2-\cos\gamma}\geqslant 2$；

(b) $\dfrac{1}{5-\cos\alpha}+\dfrac{1}{5-\cos\beta}+\dfrac{1}{5-\cos\gamma}\leqslant\dfrac{2}{3}$.

51. 证明以下的 Hadwiger－Finsler 不等式的改进型(例 3.10(a))

$$a^2+b^2+c^2\geqslant 4K\sqrt{3+\frac{4(R-2r)}{4R+r}}+(a-b)^2+(b-c)^2+(c-a)^2$$

52. 证明：在任意三角形中

$$s^2\leqslant\frac{27R^2(2R+r)^2}{27R^2-8r^2}\leqslant 4R^2+4Rr+3r^2$$

53. 证明：在任意三角形中，有

$$\tan^2\frac{\alpha}{2}+\tan^2\frac{\beta}{2}+\tan^2\frac{\gamma}{2}\geqslant 2-8\sin\frac{\alpha}{2}\sin\frac{\beta}{2}\sin\frac{\gamma}{2}$$

54. 在锐角 $\triangle ABC$ 内给出一定点 X，过 X 作平行于三角形三边的直线. 这三条直线分别交三角形的边于点 $M\in AC$，$N\in BC(MN\parallel AB)$，$P\in AB$，$Q\in AC(PQ\parallel BC)$，$R\in BC$，$S\in AB(RS\parallel AC)$. 求点 X 的位置，使和

$$MX\cdot NX+PX\cdot QX+RX\cdot SX$$

最大.

55. 设 P,Q,R 分别是 $\triangle ABC$ 的边 BC,CA,AB 上的点，且 $QA+AR=RB+BP=PC+CQ$. 证明

$$PQ+QR+RP\geqslant\frac{a+b+c}{3}\left(\frac{a}{b+c}+\frac{b}{c+a}+\frac{c}{a+b}\right)$$

56. (IMO Shortlist 1996) 在平面内，考虑点 O 以及多边形 F(不必是凸的). 设 P 是 F 的周长，D 是 O 到 F 的各个顶点的距离的和，H 是 O 到 F 的各边所在直线的距离的和. 证明

$$D^2-H^2\geqslant\frac{P^2}{4}$$

等式何时成立？

第 6 章　入门题的解答

1. 设 $ABCD$ 是凸四边形，$AC > CB$，E 是边 AB 上的点，且 $AD < DE$. 证明：$BE < 2CD$.

证明　设 K 和 L 分别是线段 EA 和 AB 的中点(图 6.1)，那么

$$\begin{aligned} KL &= AB - AK - LB \\ &= AB - \frac{AE}{2} - \frac{AB}{2} \\ &= \frac{BE}{2} \end{aligned}$$

另外，不等式 $AD < DE$ 和 $AC > CB$ 表明 D 在 AE 的垂直平分线的左侧，C 在 AB 的垂直平分线的右侧. 因此，边 CD 与这两条垂直平分线都相交，所以 CD 的长大于这两条垂直平分线之间的距离，于是

$$CD < KL = \frac{BE}{2}$$

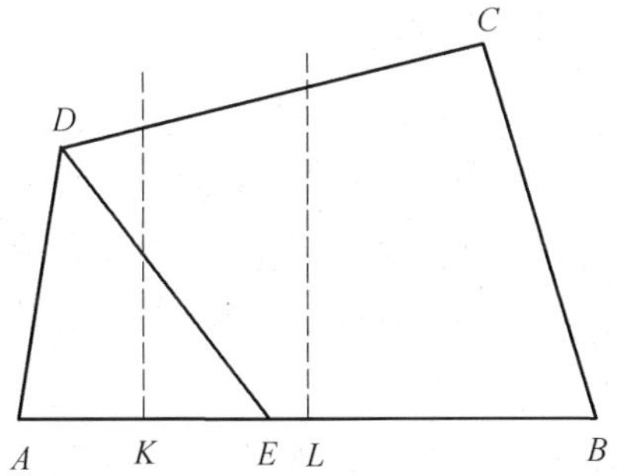

图 6.1

2. 求边长 a, b, c 是整数，且 $a^2 - 3a + b + c$，$b^2 - 3b + c + a$，$c^2 - 3c + a + b$ 都是完全平方数的所有三角形.

解　由三角形不等式

$$a^2 - 3a + b + c \geqslant (a-1)^2$$

$$b^2 - 3b + c + a \geqslant (b-1)^2$$

$$c^2 - 3c + a + b \geqslant (c-1)^2$$

我们不能有

$$a^2-3a+b+c\geqslant a^2$$

$$b^2-3b+c+a\geqslant b^2$$

因为相加后，得到 $c\geqslant a+b$，这是一个矛盾. 所以假定

$$a^2-3a+b+c<a^2$$

由上面的不等式，我们看到

$$a^2-3a+b+c=(a-1)^2$$

这表明 $b+c=a+1$. 同理，我们不能有

$$b^2-3b+c+a\geqslant b^2$$

$$c^2-3c+a+b\geqslant c^2$$

所以，我们可以假定

$$c^2-3c+a+b<c^2$$

那么

$$c^2-3c+a+b=(c-1)^2$$

这表明 $a+b=c+1$. 这与 $b+c=a+1$ 结合得到 $b=1, c=a$. 余下来要看到的是何时

$$b^2-3b+c+a=-2+2a$$

是完全平方数. 那么对于某个非负整数 k，有

$$-2+2a=(2k)^2$$

得到

$$(a,b,c)=(2k^2+1,1,2k^2+1)$$

及其排列.

3. 设 G 是 $\triangle ABC$ 的重心，$\angle AGB\leqslant 90^\circ$. 证明：$AC+BC>3AB$.

证明 设 M 是 AB 的中点，那么 G 在以 AB 为直径的圆外，且 $AB\leqslant 2GM$. 另外，$GM=\dfrac{1}{3}CM$ 和例 1.4(a) 表明

$$AB\leqslant 2GM=\frac{2}{3}CM<\frac{1}{3}(CA+CB)$$

4. 设 D 是 $\triangle ABC$ 的一个内点，且

$$AC-AD\geqslant 1, BC-BD\geqslant 1$$

证明：对于边 AB 上的任一点 E，有 $EC-ED\geqslant 1$.

证明 我们可以假定线段 CE 与 AD 交于点 F(图 6.2).

那么由三角形不等式，我们有

$$EF+FD\geqslant ED, AF+FC\geqslant AC$$

将这两个不等式相加，得出

$$EC+AD=EF+FD+AF+FC\geqslant ED+AC$$

两边减去 $ED+AD$，得到

$$EC-ED \geqslant AC-AD \geqslant 1$$

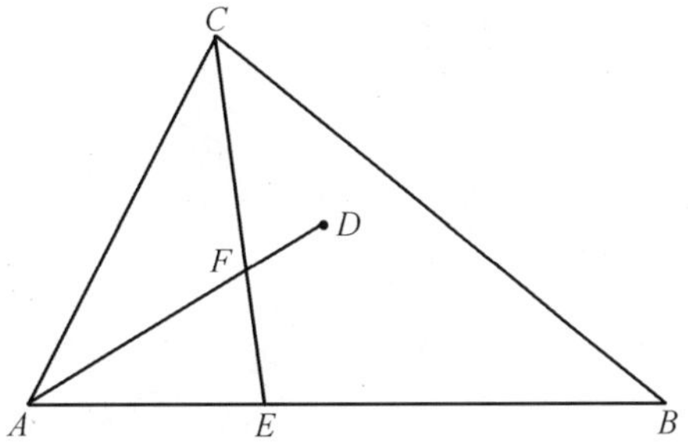

图 6.2

5. 设 $ABCD$ 是凸四边形，且 $AB+BD \leqslant AC+CD$.

证明：$AB<AC$.

证明　设 M 是四边形 $ABCD$ 的对角线 AC 和 BD 的交点，那么

$$AB+CD<AM+MB+CM+MD=AC+BD$$

将以上不等式加上给定的不等式，给出

$$2AB+CD+BD<2AC+CD+BD$$

即 $AB<AC$.

6. 在四边形 $ABCD$ 中，$\angle BAD=\angle BCD=90°$. 一个四边形内接于四边形 $ABCD$ 中. 证明：这个四边形的周长不小于 $2AC$.

证明　设 K,L,M,N 分别在四边形 $ABCD$ 的边 AB,BC,CD,DA 上(图 6.3). 设 E，F 分别是 NK 和 LM 的中点，那么

$$AE=\frac{NK}{2},CF=\frac{LM}{2},EF \leqslant \frac{KL+MN}{2}$$

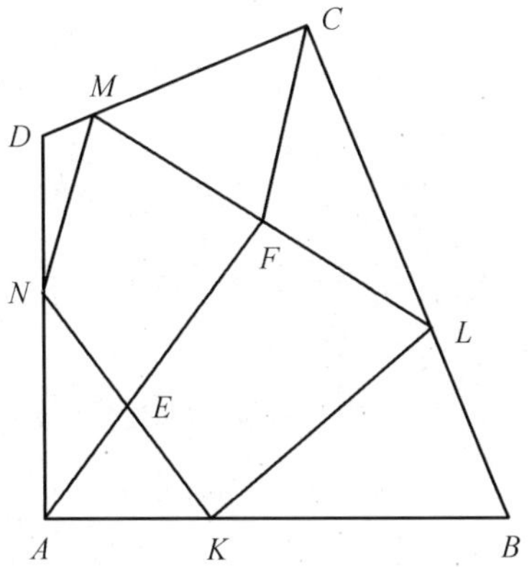

图 6.3

于是,利用三角形不等式,得到

$$\frac{NK+KL+LM+MN}{2} \geqslant AE+EF+CF$$
$$\geqslant AF+FC$$
$$\geqslant AC$$

7.证明:一个凸四边形的对角线的交点到各边的距离的和不大于其周长的一半.

证明 设 $ABCD$ 是凸四边形,P 是对角线的交点.用 A_1 和 C_1 分别表示 AB 和 CD 与 $\angle APB$ 的平分线的交点,用 A_2 和 C_2 分别表示边 AB 和 CD 的中点(图6.4).

假定 $\angle PC_1C \geqslant 90°$,那么因为 $\angle PDC \geqslant \angle PCD$,所以 $PC \geqslant PD$.于是

$$\frac{DC_1}{C_1C}=\frac{PD}{PC} \leqslant 1$$

这表明点 C_2 在线段 C_1C 上;即它在 A_1C_1 上的射影在线段 A_1C_1 外.这对 A_2 也成立,由例1.5推出

$$A_1C_1 \leqslant A_2C_2 \leqslant \frac{1}{2}(AD+BC)$$

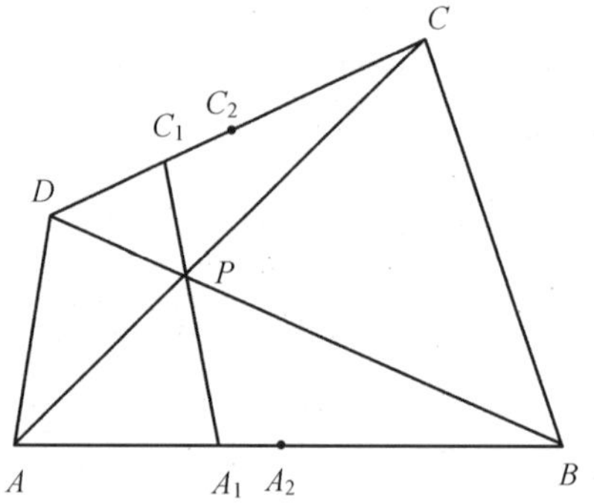

图6.4

因此点 P 到边 AB 和 CD 的距离的和不大于 $\frac{1}{2}(AD+BC)$.同理,点 P 到边 AD 和 BC 的距离的和不大于 $\frac{1}{2}(AB+CD)$,将这两个不等式相加得到这一证明.

8.设 $ABCDEF$ 是凸六边形,且存在内点 P,使 $\triangle PAB$,$\triangle PCD$ 和 $\triangle PEF$ 都是等腰直角三角形,且直角顶点都在 P.证明

$$BC+CD+EF \geqslant \max\{AB,CD,EF\}$$

证明 我们可以假定 $AB=\max\{AB,CD,EF\}$.设 C' 是 C 关于 BP 的对称点,F' 是 F 关于 PA 的对称点(图6.5).注意到

$$\angle BPC+\angle DPE+\angle FPA+270°=360°$$

于是

$$\begin{aligned}\angle DPE &= 90^\circ - \angle BPC - \angle FPA \\ &= \angle APB - \angle BPC' - \angle F'PA \\ &= \angle C'PF'\end{aligned}$$

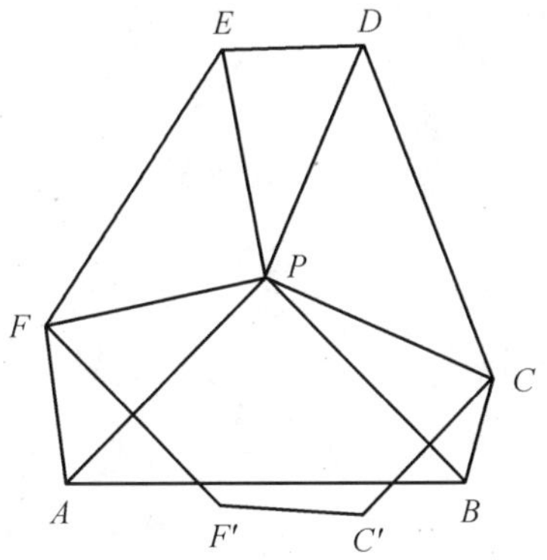

图 6.5

我们还知道 $PE = PF'$，$PD = PC'$，这表明 $\triangle DPE$ 和 $\triangle C'PF'$ 全等，即 $DE = C'F'$. 而折线不等式表明

$$BC + CD + EF = BC' + C'F' + F'A \geqslant AB$$

这就是要证明的不等式.

9. 点 A，B，C 在圆外，该圆与线段 AC 和 BC 相交，但不与线段 AB 相交. 设 AM，BN，CK 是该圆的切线. 证明

$$AM \cdot BC + BN \cdot AC > CK \cdot AB$$

证明 假定射线 $\overrightarrow{BA}$ 不与已知圆相交(图 6.6). 设 l 是平行于 AB 的已知切线，分别交线段 AM 和 BN 于点 E 和 D. 用 P 表示 l 与圆的切点. 那么 $AM = AE + EM = AE + EP$. 同理，$BN = BD + DP$. 于是

$$AM + BN = AE + ED + BD > AB$$

当射线 $\overrightarrow{BA}$ 与圆相交时，同样的不等式也成立. 事实上，设射线 $\overrightarrow{BA}$ 与圆交于点 F，那么 $BA < BF < BN < BN + AM$. 因为 AC 和 BC 与圆相交，所以同样的论断表明

$$AC > AM + CK$$

$$BC > BN + CK$$

于是

$$\begin{aligned}AM \cdot BC + BN \cdot AC &> AM(BN + CK) + BN(AM + CK) \\ &> CK(AM + BN) > CK \cdot AB\end{aligned}$$

10. 考虑内接于单位球的一个正方体，$A_1, A_2, \cdots, A_n$ 是空间中的 n 个点. 证明：正方体至少有四个顶点 M，使

$$MA_1 + MA_2 + \cdots + MA_n > n$$

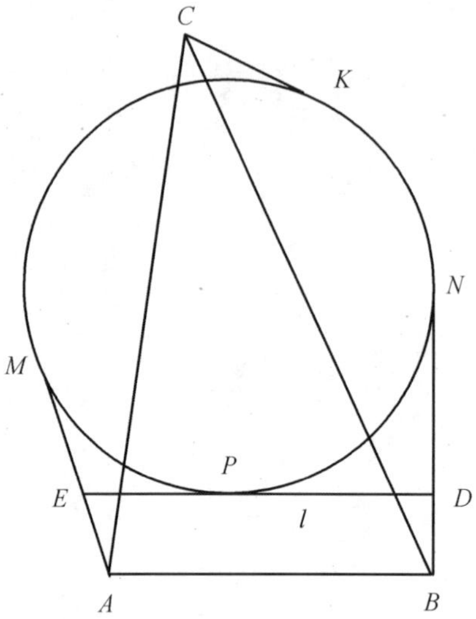

图 6.6

证明 设 M_1 和 M_2 是正方体的相对的两个顶点，那么由例 1.4(a)，我们有 $A_kM_1 + A_kM_2 \geqslant M_1M_2 = 2$. 取 $k = 1, 2, \cdots, n$，将这 n 个不等式相加，得到

$$(M_1A_1 + \cdots + M_1A_n) + (M_2A_1 + \cdots + M_2A_n) \geqslant 2n$$

因此，这些和中至少有一个大于或等于 n. 因为正方体有四对顶点，所以证明完毕.

11. 在平面内求一点，使该点满足：

(a) 到凸四边形的顶点的距离的和最小；

(b) 到某个对称 n 边形的顶点的距离的和最小.

解 (a) 设 $ABCD$ 是给定的四边形，那么对于平面内一点 X，由三角形不等式，我们有 $XA + XC \geqslant AC$ 和 $XB + XD \geqslant BD$，于是

$$XA + XB + XC + XD \geqslant AC + BD$$

当且仅当 X 是 AC 和 BD 的交点时，等式成立.

(b) 设 O 是给定的 n 边形的对称中心. 对于平面内任意一点 X，用 X' 表示 X 关于 O 的对称点. 因为 O 是线段 XX' 的中点，所以由例 1.4(a) 推出

$$\frac{1}{2}(XA_i + X'A_i) \geqslant OA_i, 1 \leqslant i \leqslant n$$

将这些不等式相加，得到

$$\sum_{i=1}^{n} XA_i = \sum_{i=1}^{n} \frac{1}{2}(XA_i + X'A_i) \geqslant \sum_{i=1}^{n} OA_i$$

因此，所求的点是 O.

12. 设 x, y 是实数，求函数

$$f(x, y) = \sqrt{(x-4)^2 + 1} + \sqrt{(x-2)^2 + (y-2)^2} + \sqrt{y^2 + 4}$$

的最小值.

解　对于任何实数 x,y，考虑平面内的点 $A(0,0)$，$B(2,y)$，$C(x,2)$ 和 $D(4,3)$ (图 6.7). 那么 $f(x,y)$ 是距离 $DC+CB+BA$ 的和，由推广的三角形不等式推得

$$\begin{aligned} f(x,y) &= DC+CB+BA \\ &\geqslant DA=\sqrt{4^2+3^2} \\ &=5 \end{aligned}$$

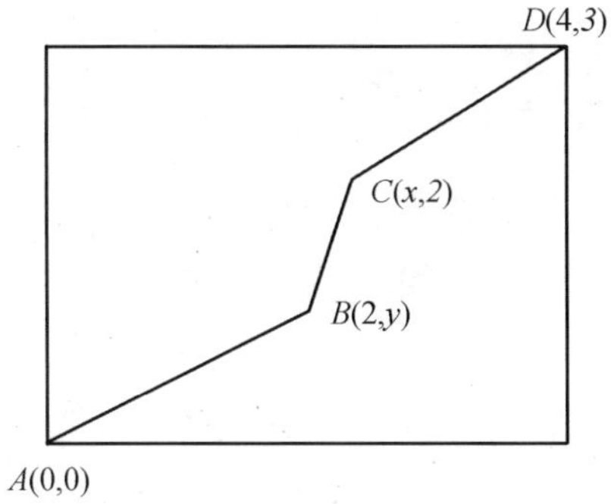

图 6.7

当且仅当 A,B,C,D 共线时，等式成立，此时，$x=\frac{8}{3}$，$y=\frac{3}{2}$. 因此函数 $f(x,y)$ 的最小值是 5.

13. 对于 $\triangle ABC$ 内的每一点 X，设 $m(X)$ 是线段 XA，XB，XC 中长度最小的. 那么对于哪一点 X，$m(X)$ 最大?

解　假定 $\angle A \geqslant \angle B \geqslant \angle C$. 如果 $\angle A \leqslant 90°$，那么所求的点就是三角形的外心 O. 事实上，设 $X \neq O$ 是 $\triangle ABC$ 内任意一点，那么它位于 $\triangle AOB$，$\triangle BOC$，$\triangle COA$ 中的一个内，譬如说，在 $\triangle AOB$ 内. 那么例 1.1(a) 表明

$$m(X) \leqslant \frac{XA+XB}{2} < \frac{OA+OB}{2} = m(O)$$

现在考虑当 $\angle A > 90°$ 时的情况. 用 M 和 N 表示 BC 边上使 $\angle BAM=\angle B$，$\angle CAN=\angle C$ 的点. 注意到

$$\angle BAM=\angle B<\angle BAN=\angle A-\angle C$$

如果 $X\in\triangle ABM$，那么

$$\begin{aligned} m(X) &\leqslant \frac{XA+XB}{2} \leqslant \frac{AM+BM}{2} \\ &= AM \leqslant AN = m(N) \end{aligned}$$

因为

$$\angle AMN = 2\angle B \geqslant 2\angle C$$

以及

$$BN = BM + MN = AM + MN > AN$$

如果 $X \in \triangle AMN$,那么用 A_1 表示直线 AX 和边 BC 的交点.

因为 $\max\{\angle MA_1A, \angle NA_1A\} \leqslant 90^\circ$,所以

$$m(X) \leqslant AX \leqslant AA_1 \leqslant \max\{AM, AN\}$$
$$= AN = m(N)$$

如果 $X \in \triangle ANC$,那么

$$m(X) \leqslant \frac{XA + XC}{2} \leqslant \frac{NA + NC}{2}$$
$$= AN = m(N)$$

因此,在这种情况下,如果 $\angle B = \angle C$,那么对于点 M 和 N,$m(X)$ 最大,如果 $\angle B > \angle C$,那么对于点 N,$m(X)$ 最大.

14. 凸六边形 $ABCDEF$ 的每一条边都小于1. 证明:对角线 AD,BE,CF 中有一条小于2.

证明 我们可以假定 $AE \leqslant AC \leqslant CE$. 由托勒密不等式

$$AD \cdot CE \leqslant AE \cdot CD + AC \cdot DE < AE + AC \leqslant 2CE$$

即 $AD < 2$.

15. 设四边形 $ABCD$ 是矩形,点 X 是该平面内任意一点. 求

$$\frac{XA + XC}{XB + XD}$$

的最小值和最大值.

解 对点 A,B,C,X 和 A,D,C,X 应用托勒密不等式(例1.6),得到

$$AC \cdot BX \leqslant AB \cdot CX + BC \cdot AX$$
$$AC \cdot DX \leqslant AD \cdot CX + DC \cdot AX$$

将这两个不等式相加,得到

$$\frac{XA + XC}{XB + XD} \geqslant \frac{AC}{AB + AD}$$

因为当 $X = A$ 且 $AD = BC$ 时,等式成立,所以我们推得所求的最小值是

$$\frac{AC}{AB + BC}$$

另外,对点 A,B,X,D 和 C,B,X,D 应用托勒密不等式,与上面一样,得到所给的比的最大值等于

$$\frac{AB + BC}{AC}$$

16. 在正方形的边界上求点 X,使 X 到正方形的各个顶点的距离的和最小.

解　设正方形 $ABCD$ 的边长是 a，X 是边界上任意一点，设 X 在 CD 边上(图 6.8)，那么

$$s(X)=XA+XB+XC+XD$$
$$=XA+XB+CD$$

海伦问题(例 1.2) 表明当 $\angle AXD=\angle BXC$，即当 X 是 CD 的中点时，和 $AX+BX$ 值最小. 在这种情况下

$$s(X)=(\sqrt{5}+1)a$$

$s(X)$ 的最小值也是在当 X 是 AB，BC 或 AD 的中点时达到.

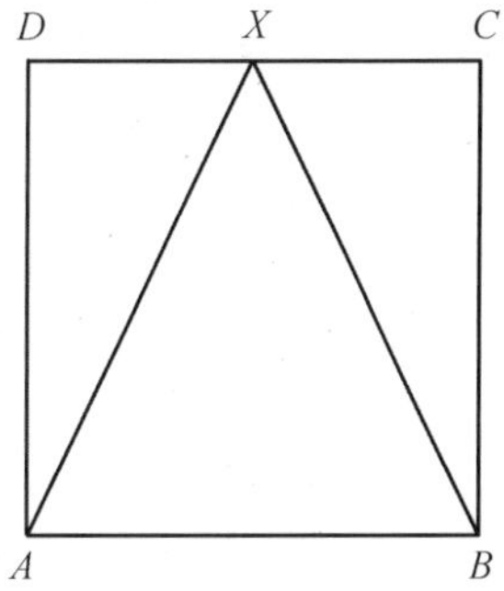

图 6.8

17. 设 A，B 两点在给定直线 l 的两侧，在 l 上求使 $|AX-BX|$ 取最大值的所有点 X.

解　设 B' 是 B 关于 l 的对称点. 如果 $B'=A$，那么对于 l 上的任意一点 X，有 $AX-BX=0$. 假定 $B'\neq A$，直线 AB' 交 l 于点 X_0(图 6.9)，那么对于 l 上的任意一点 X，三角形不等式表明

$$|AX-BX|=|AX-XB'|\leqslant AB'$$

当 $X=X_0$ 时，等式成立.

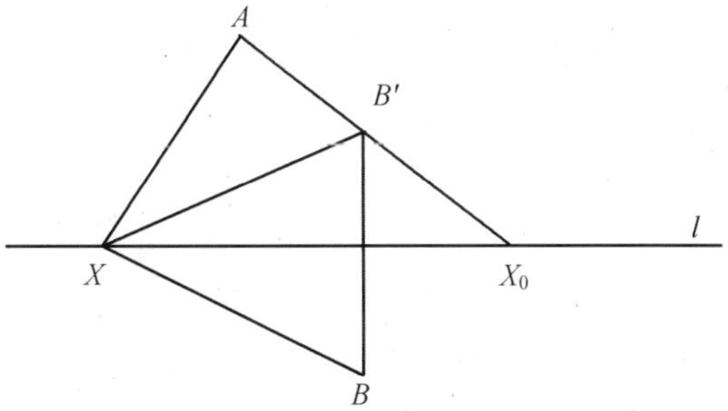

图 6.9

因此，在这种情况下，给出解 X_0. 留给读者证明的是：如果 $B'\neq A$，且 $AB'\parallel l$，那么 $|AX-BX|$ 没有最小值.

18. 求端点在两个不相交的圆上的最短的线段和最长的线段.

解　我们将只考虑在给定的圆中任何一圆都不在另一个圆内的情况(图 6.10). 用 O_1 和 O_2 表示圆心. 那么用推广的三角形不等式，得到

$$O_1O_2-O_1M-NO_2\leqslant MN\leqslant MO_1+O_1O_2+O_2N$$

因此端点在 C_1 和 C_2 上的最短(最长) 的线段是 $M_0N_0(M_1N_1)$，这里 M_0 和 $N_0(M_1$ 和 $N_1)$ 是线段 O_1O_2(线段 O_1O_2 的延长线) 与圆 C_1 和圆 C_2 的交点(图 6.10).

19. 两个"圆形的" 湖 L_1 和 L_2 在高速公路 l 的同一侧. 一个公司要在 l 上建立一个加气站 G，并从 L_1 的岸边经过 G 到 L_2 的岸边造一条路. 规划一下长度最短的这样的路.

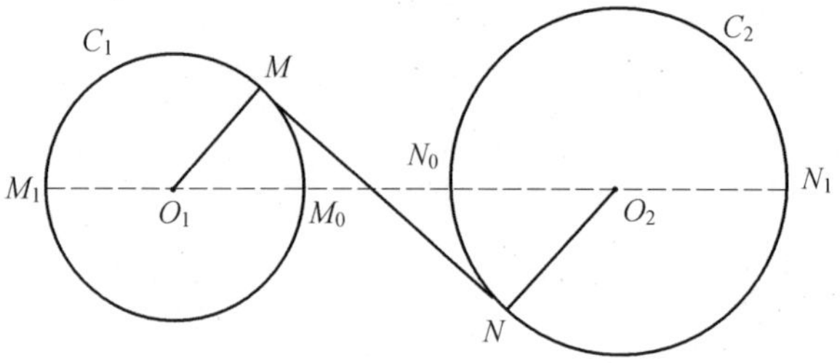

图 6.10

解 我们将高速公路看作是直线,L_1 和 L_2 的湖岸是用同样的符号表示的圆.我们的问题是寻找最短的折线 AGB,这里 A 和 B 分别是 L_1 和 L_2 上的点,G 是 l 上的点(图 6.11).

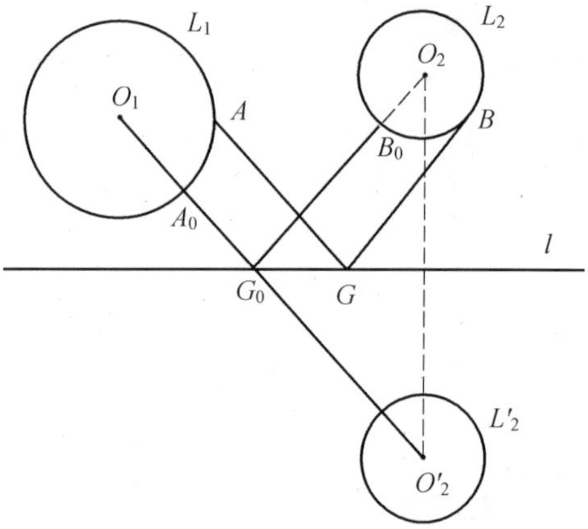

图 6.11

用 O_1 和 O_2 分别表示 L_1 和 L_2 的圆心,用 L'_2表示 L_2 关于 l 的对称图形.对圆 L_1 和 L_2 应用上一题结论,我们看到上一题的折线 AGB 的长度像上面那样恰恰是在以下情况达到最小值的:$G=G_0$ 是 l 与过 O_1 和 L'_2的圆心 O'_2的直线的交点,$A=A_0$ 是圆 L_1 与 G_0O_1 的交点,$B=B_0$ 是圆 L_2 与 G_0O_2 的交点.

20. 正方形 $ABCD$ 内接于一个圆内,M 是劣弧$\overset{\frown}{AB}$ 上的点.证明

$$MC \cdot MD \geqslant (3+2\sqrt{2})MA \cdot MB$$

解 用 $d(X,l)$ 表示点 X 到直线 l 的距离.因为 $\angle AMB=135°$,$\angle CMD=45°$,所以

$$\frac{MC \cdot MD}{MA \cdot MB}=\frac{[MCD]}{[MAB]}=\frac{d(M,CD)}{d(M,AB)}=\frac{AB}{d(M,AB)}+1$$

于是当 $d(M,AB)$ 最大,即当 M 是弧$\overset{\frown}{AB}$ 的中点时,比$\frac{MC \cdot MD}{MA \cdot MB}$ 最小.这推出

$$\frac{MC \cdot MD}{MA \cdot MB} \geqslant \cot^2 \frac{\pi}{8} = \frac{1+\cot\frac{\pi}{4}}{1-\cot\frac{\pi}{4}} = 3+2\sqrt{2}$$

21. 一条直线将一个等边三角形分成周长相等的两个区域，面积分别为 K_1 和 K_2. 证明：$\frac{7}{9} \leqslant \frac{K_1}{K_2} \leqslant \frac{9}{7}$.

解　假定等边三角形是 $\triangle ABC$，该直线交边 AB，AC 于点 X，Y，且

$$\frac{AX}{AB} = t, \frac{AY}{AC} = s$$

设 $T = AXY$ 是三角形区域，$Q = XYCB$ 是四边形区域. 因为 T 和 Q 的周长相等，所以我们有 $s + t = \frac{3}{2}$. 另外，$[T] = st[ABC] = st([T] + [Q])$，于是

$$\frac{[T]}{[Q]} = \frac{st}{1 - st}$$

因为 $s + t = \frac{3}{2}$，$0 < s, t < 1$，所以有 $\frac{1}{2} \leqslant st \leqslant \frac{9}{16}$. 上面的恒等式的右边是关于 st 的增函数，所以

$$1 \leqslant \frac{[T]}{[Q]} \leqslant \frac{9}{7}$$

因为 K_1 和 K_2 既可能是 T 和 Q，也可能是 Q 和 T，所以我们有

$$\frac{7}{9} \leqslant \frac{K_1}{K_2} \leqslant \frac{9}{7}$$

22. $\triangle ABC$ 的内切圆的半径是 r，D 和 E 分别是 BC 和 CA 上的点，且 DE 经过 $\triangle ABC$ 的内心. 证明：$[CDE] \geqslant 2r^2$.

证明　过 $\triangle ABC$ 的内心 I 作直线垂直于 CI. 设该直线分别与 BC 和 CA 相交于点 D' 和 E'（图 6.12）. 那么 I 是线段 $E'D'$ 的中点，由例 1.19 推出 $[CDE] \geqslant [CD'E']$. 所以，只要证明 $\triangle CD'E'$ 的面积至少是 $2r^2$（图 6.12）. 我们有

$$[CD'E'] = \frac{1}{2} CI \cdot D'E' = CI \cdot D'I$$

从 $\mathrm{Rt}\triangle D'IC$ 中，我们得到

$$CI = \frac{r}{\sin\frac{C}{2}}, D'I = \frac{r}{\cos\frac{C}{2}}$$

因此

$$[CD'E'] = \frac{r^2}{\sin\frac{C}{2}\cos\frac{C}{2}} = \frac{2r^2}{\sin C} \geqslant 2r^2$$

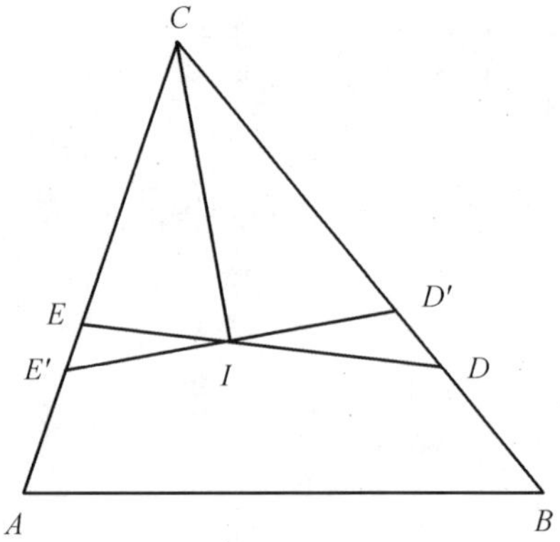

图 6.12

当且仅当 $\angle C=90^\circ$，且 $DE\perp CI$ 时，等式成立.

23. 给定一个凸四边形 $ABCD$，过对角线 AC 和 BD 的交点 O 作一直线，与边 AD 和 BC 分别交于点 K 和 L，使和

$$\frac{1}{[AOK]}+\frac{1}{[BOL]}$$

最小.

解　与例 2.5 的解法类似. 我们将证明要求的直线平行于 AB. 事实上，用 K_0 和 L_0 表示该直线与直线 AD 和 BC 的交点(图 6.13).

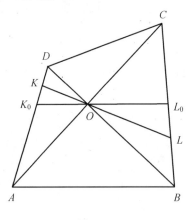

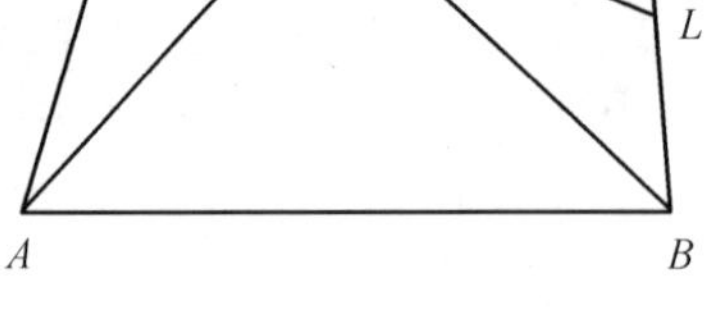

图 6.13

那么必须证明

$$\frac{1}{[AOK]}+\frac{1}{[BOL]}>\frac{1}{[AOK_0]}+\frac{1}{[BOL_0]}$$

上式等价于

$$\frac{1}{[BOL]}-\frac{1}{[BOL_0]}>\frac{1}{[AOK_0]}-\frac{1}{[AOK]} \tag{1}$$

我们可以假定 $L \in BL_0$，那么 $K_0 \in AK$. 于是式(1) 等价于

$$\frac{[OLL_0]}{[BOL][BOL_0]} > \frac{[OKK_0]}{[AOK_0][AOK]} \tag{2}$$

考虑到 $\angle LOL_0 = \angle KOK_0$，我们看到式(2) 能写成

$$\frac{OL}{[BOL]} \cdot \frac{OL_0}{[BOL_0]} > \frac{OK}{[AOK]} \cdot \frac{OK_0}{[AOK_0]} \tag{3}$$

另外

$$\frac{OL_0}{[BOL_0]} = \frac{OK_0}{[AOK_0]}$$

因为 $K_0L_0 \parallel AB$，式(3) 等价于

$$\frac{OL}{[BOL]} > \frac{OK}{[AOK]}$$

后一个不等式成立是因为 B 到 LK 的距离短于 A 到 LK 的距离.

24. 设 $ABCD$ 是凸多边形，证明

$$[ABCD] \leqslant \frac{1}{2}(AB \cdot CD + BC \cdot AD)$$

等式何时成立？

证明　考虑四边形 $AB'CD$，这里 B' 是 B 关于对角线 AC 的垂直平分线的对称点(图 6.14). 显然，$ABCD$ 和 $AB'CD$ 的面积相同. 于是

$$\begin{aligned}[ABCD] &= [B'CD] + [DAB'] \\ &\leqslant \frac{1}{2}(B'C \cdot CD + B'A \cdot AD) \\ &= \frac{1}{2}(AB \cdot CD + BC \cdot AD)\end{aligned}$$

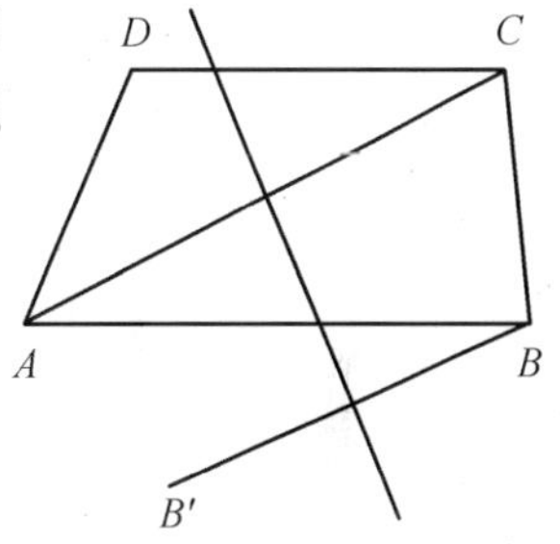

图 6.14

当且仅当 $\angle DAB' = \angle B'CD = 90°$ 时，等式成立. 这一条件意味着 $AB'CD$ 是有一组对角是直角的圆内接四边形. 等价于 $ABCD$ 也是圆内接四边形(有同一个外接圆)，其对角线互相垂直.

25. 设 P 是 $\triangle ABC$ 内一点. AP, BP, CP 分别交 BC, CA, AB 于点 A', B', C'. 证明

$$\frac{PA}{PA'} + \frac{PB}{PB'} + \frac{PC}{PC'} \geqslant 4\left(\frac{PA'}{PA} + \frac{PB'}{PB} + \frac{PC'}{PC}\right)$$

证明　注意到

$$\frac{PA}{PA'} = \frac{[PAB]}{[PA'B]} = \frac{[PAC]}{[PA'C]} = \frac{[PAB]+[PAC]}{[PBC]}$$

设

$$[PBC] = x, [PCA] = y, [PAB] = z$$

于是,给定的不等式等价于

$$\frac{y+z}{x}+\frac{z+x}{y}+\frac{x+y}{z}\geqslant 4\left(\frac{x}{y+z}+\frac{y}{z+x}+\frac{z}{x+y}\right)$$

$$x\left(\frac{1}{y}+\frac{1}{z}-\frac{4}{y+z}\right)+y\left(\frac{1}{z}+\frac{1}{x}-\frac{4}{z+x}\right)+z\left(\frac{1}{x}+\frac{1}{y}-\frac{4}{x+y}\right)\geqslant 0$$

$$\frac{x\ (y-z)^2}{yz\ (y+z)^2}+\frac{y\ (z-x)^2}{zx\ (z+x)^2}+\frac{z\ (x-y)^2}{xy\ (x+y)^2}\geqslant 0$$

当且仅当 $x=y=z$,即 P 是 $\triangle ABC$ 的重心时,等式成立.

26. 对于 $\triangle ABC$ 内任意一点 X,用 x,y,z 分别表示 X 到 BC,CA,AB 的距离. 确定 X 在什么位置时,和最小.

(a) $\dfrac{a}{x}+\dfrac{b}{y}+\dfrac{c}{z}$;

(b) $\dfrac{1}{ax}+\dfrac{1}{by}+\dfrac{1}{cz}$.

(这里 $a=BC,b=CA,c=AB$.)

解 (a) 我们有 $ax+by+cz=2[ABC]$. 那么柯西-许瓦兹不等式表明

$$(ax+by+cz)\left(\frac{a}{x}+\frac{b}{y}+\frac{c}{z}\right)\geqslant (a+b+c)^2$$

所以

$$\frac{a}{x}+\frac{b}{y}+\frac{c}{z}\geqslant\frac{(a+b+c)^2}{2[ABC]}$$

当且仅当 $x=y=z$ 时,等式成立. 于是所求的点 X 是 $\triangle ABC$ 的内心.

(b) 柯西-许瓦兹不等式给出

$$(ax+by+cz)\left(\frac{1}{ax}+\frac{1}{by}+\frac{1}{cz}\right)\geqslant 9$$

于是

$$\frac{1}{ax}+\frac{1}{by}+\frac{1}{cz}\geqslant\frac{9}{2[ABC]}$$

当且仅当 $ax=by=cz$ 时,等式成立. 作为练习,请读者自行证明具有这一性质的唯一的点 X 是 $\triangle ABC$ 的内心.

27. 在 $\triangle ABC$ 的内部给出一点 X,过 X 作三条直线分别平行于三角形的三边. 这三条直线将三角形分割成六个区域,其中三个三角形区域的面积分别是 S_1,S_2 和 S_3. 求使和 $S_1+S_2+S_3$ 最小的点 X 的位置.

解 利用所考虑的三个三角形都与 $\triangle ABC$ 相似这一事实,容易得到

$$[ABC]=(\sqrt{S_1}+\sqrt{S_2}+\sqrt{S_3})^2$$

用平方根平均-算术平均不等式给出

$$S_1+S_2+S_3\geqslant\frac{1}{3}(\sqrt{S_1}+\sqrt{S_2}+\sqrt{S_3})^2=\frac{[ABC]}{3}$$

当且仅当 $S_1=S_2=S_3=\frac{[ABC]}{9}$ 时,等式成立.容易推出这意味着当且仅当 X 是 $\triangle ABC$ 的重心时,和 $S_1+S_2+S_3$ 最小.

28.设 D 和 E 分别在 $\triangle ABC$ 的边 AB 和 BC 上.点 K 和 M 分别将线段 DE 三等分.直线 BK 和 BM 与边 AC 分别相交于点 T 和 P.证明

$$PT\leqslant\frac{AC}{3}$$

第一种证法　设 $[DBK]=[KBM]=[MBE]=S$(图 6.15).

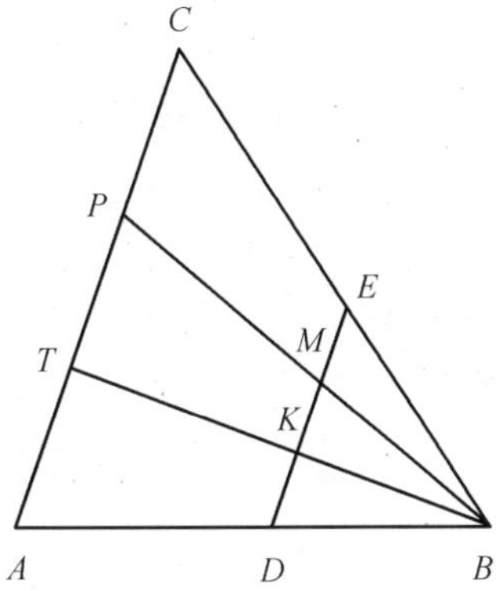

图 6.15

那么

$$\frac{[ABT]}{S}=\frac{AB\cdot BT}{DB\cdot BK}$$

$$\frac{[TBP]}{S}=\frac{TB\cdot BP}{KB\cdot BM}$$

$$\frac{[PBC]}{S}=\frac{PB\cdot BC}{MB\cdot BE}$$

由 AM－GM 不等式推出

$$\begin{aligned}\frac{[ABC]}{S}&=\frac{[ABT]+[TBP]+[PBC]}{S}\\&\geqslant 3\sqrt[3]{\frac{AB\cdot BT}{DB\cdot BK}\cdot\frac{TB\cdot BP}{KB\cdot BM}\cdot\frac{PB\cdot BC}{MB\cdot BE}}\\&=3\left(\frac{TB\cdot BP}{KB\cdot BM}\right)^{\frac{2}{3}}\cdot\left(\frac{AB\cdot BC}{DB\cdot BE}\right)^{\frac{1}{3}}\\&=3\left(\frac{[TBP]}{S}\right)^{\frac{2}{3}}\cdot\left(\frac{[ABC]}{[DBE]}\right)^{\frac{1}{3}}\end{aligned}$$

因为 $[DBE]=3S$,所以上面得到的不等式可改写为 $[ABC]\leqslant 3[TBP]$,这意味着要证明

的不等式 $PT \leqslant \frac{AC}{3}$.

第二种证法 由例 1.25 推得

$$[BPT] \leqslant \sqrt{[ABT][BPC]} \leqslant \frac{[ABT]+[BPC]}{2}$$

因为 $\triangle BPT$, $\triangle ABT$ 和 $\triangle BPC$ 的过顶点 B 的高都相同,所以推出 $PT \leqslant \frac{AT+PC}{2}$, 于是 $TP \leqslant \frac{AC}{3}$.

29. 凸 n 边形 $A_1A_2\cdots A_n$ 内接于半径为 R 的圆. 对于该圆上的一点 A, 设 $a_i = AA_i$, b_i 是点 A 到直线 A_iA_{i+1} $(1 \leqslant i \leqslant n, A_{n+1}=A_1)$ 的距离. 证明

$$\frac{a_1^2}{b_1}+\frac{a_2^2}{b_2}+\cdots+\frac{a_n^2}{b_n} \geqslant 2nR$$

证明 注意到

$$\frac{a_i^2}{b_i}=\frac{a_i}{\sin\angle AA_iA_{i+1}}=2R\,\frac{a_i}{a_{i+1}}, 1 \leqslant i \leqslant n$$

于是,由 AM－GM 不等式,得到

$$\frac{a_1^2}{b_1}+\frac{a_2^2}{b_2}+\cdots+\frac{a_n^2}{b_n} \geqslant 2nR\sqrt[n]{\prod_{i=1}^{n}\frac{a_i}{a_{i+1}}}=2nR$$

30. 证明:对于任意四点 A,B,C,D,以下不等式成立:

(a) $AB^2+BC^2+CD^2+DA^2 \geqslant AC^2+BD^2$;

(b) $(DA+DB+DC)(DA\cdot DB+DB\cdot DC+DC\cdot DA) \geqslant DA\cdot BC^2+DB\cdot CA^2+DC\cdot AB^2$.

证明 (a) 设 $\overrightarrow{AB}=\boldsymbol{b}$, $\overrightarrow{AC}=\boldsymbol{c}$, $\overrightarrow{AD}=\boldsymbol{d}$. 我们必须证明

$$\boldsymbol{b}^2+(\boldsymbol{c}-\boldsymbol{b})^2+(\boldsymbol{d}-\boldsymbol{c})^2 \geqslant \boldsymbol{c}^2+(\boldsymbol{d}-\boldsymbol{b})^2$$

上式等价于

$$(\boldsymbol{b}+\boldsymbol{d}-\boldsymbol{c})^2 \geqslant 0$$

(b) 容易检验,如果 $DA\cdot DB\cdot DC=0$,那么在给定的不等式中等式成立. 如果 $DA\cdot DB\cdot DC \neq 0$,那么给定的不等式等价于在例 2.14 中取

$$x=\frac{1}{DA}, y=\frac{1}{DB}, z=\frac{1}{DC}$$

的不等式.

31. 用向量证明例 1.15 中的不等式.

证明 我们必须证明对于任何不同的点 $M, A_1, A_2, \cdots, A_n$,以下不等式成立

$$\frac{A_1A_2}{MA_1\cdot MA_2}+\frac{A_2A_3}{MA_2\cdot MA_3}+\cdots+\frac{A_{n-1}A_n}{MA_{n-1}\cdot MA_n} \geqslant \frac{A_1A_n}{MA_1\cdot MA_n}$$

为此，考虑向量

$$\boldsymbol{a}_i=\overrightarrow{MA_i},\boldsymbol{r}_i=\frac{\overrightarrow{MA_i}}{MA_i^2},1\leqslant i\leqslant n$$

那么

$$\frac{A_iA_j}{MA_i\cdot MA_j}=\frac{|\boldsymbol{a}_i-\boldsymbol{a}_j|}{|\boldsymbol{a}_i||\boldsymbol{a}_j|}=\sqrt{\frac{(\boldsymbol{a}_i-\boldsymbol{a}_j)^2}{\boldsymbol{a}_i^2\cdot\boldsymbol{a}_j^2}}$$
$$=\sqrt{(\boldsymbol{r}_i-\boldsymbol{r}_j)^2}=|\boldsymbol{r}_i-\boldsymbol{r}_j|$$

于是上面的不等式可写成

$$|\boldsymbol{r}_1-\boldsymbol{r}_2|+|\boldsymbol{r}_2-\boldsymbol{r}_3|+\cdots+|\boldsymbol{r}_{n-1}-\boldsymbol{r}_n|\geqslant|\boldsymbol{r}_1-\boldsymbol{r}_n|$$

这可由推广的三角形不等式推出.

32. 在梯形 $ABCD(AB\parallel CD)$ 中，我们有 $(AD-BC)(AC-BD)>0$.

证明：$AB>CD$.

证明　设 $\overrightarrow{AD}=\boldsymbol{a},\overrightarrow{AC}=\boldsymbol{b}$. 那么 $\overrightarrow{DC}=\boldsymbol{b}-\boldsymbol{a},\overrightarrow{AB}=k(\boldsymbol{b}-\boldsymbol{a})$，这里 $k>0$. 我们必须证明 $k>1$. 假定 $AD>BC,AC>BD$，那么

$$\boldsymbol{a}^2>[(k-1)\boldsymbol{b}-k\boldsymbol{a}]^2$$
$$\boldsymbol{b}^2>[k\boldsymbol{b}-(k+1)\boldsymbol{a}]^2$$

于是

$$\frac{k-1}{k+1}=\frac{\boldsymbol{a}^2-[(k-1)\boldsymbol{b}-k\boldsymbol{a}]^2}{\boldsymbol{b}^2-[k\boldsymbol{b}-(k+1)\boldsymbol{a}]^2}>0$$

这就证明了 $k>1$. $AD<BC,AC<BD$ 的情况类似.

33. 四面体 $XYZT$ 的中线 m_X 是连接 X 与对面 YZT 的重心的线段. 证明：对于表面积为 S 的任何 $ABCD$，以下不等式成立

$$m_A^2+m_B^2+m_C^2+m_D^2\geqslant\frac{3\sqrt{3}}{8}S$$

证明　我们首先计算中线 m_A. 设 G 是 $\triangle BCD$ 的重心，对于空间任何一点 X，设 $\overrightarrow{GX}=\boldsymbol{x}$. 那么

$$9m_A^2=|\overrightarrow{AG}|^2=|\overrightarrow{AB}+\overrightarrow{AC}+\overrightarrow{AD}|^2$$
$$=3(|\boldsymbol{b}-\boldsymbol{a}|^2+|\boldsymbol{c}-\boldsymbol{a}|^2+|\boldsymbol{d}-\boldsymbol{a}|^2)-$$
$$|\boldsymbol{c}-\boldsymbol{b}|^2-|\boldsymbol{d}-\boldsymbol{c}|^2-|\boldsymbol{b}-\boldsymbol{d}|^2$$
$$=3(AB^2+AC^2+AD^2)-BC^2-CD^2-DB^2$$

对另外两条中线利用类似的公式，我们得到

$$m_A^2+m_B^2+m_C^2+m_D^2=4(AB^2+AC^2+AD^2+BC^2+BD^2+CD^2)$$

另外，对于任意 $\triangle XYZ$，我们有不等式(见例 3.10(a))

$$XY^2+YZ^2+ZX^2\geqslant4\sqrt{3}[XYZ]$$

对该四面体的各个面用上面的恒等式，再将这些不等式相加，我们就得到要证明的不等式. 当且仅当该四面体的各个面都是等边三角形，即该四面体是正四面体时，等式成立.

34. 证明：对于平行四边形 $ABCD$ 内任意一点 M，以下不等式成立

$$MA \cdot MC + MB \cdot MD \geqslant AB \cdot BC$$

第一种证法 考虑以平行四边形 $ABCD$ 的中心为原点的复平面. 设 a,b,c,d,m 分别是点 A,B,C,D,M 的复坐标. 因为 $c=-a,d=-b$，我们必须证明

$$|m-a||m+a|+|m-b||m+b|\geqslant|a-b||a+b|$$

或

$$|m^2-a^2|+|m^2-b^2|\geqslant|a^2-b^2|$$

这可从三角形不等式直接推出.

第二种证法 将向量 $\overrightarrow{AB}$ 平移，图形中的各点平移如下：$A\to B,D\to C,B\to B',C\to C',M\to M'$，那么所需要的关系就是四边形 $MBM'C$ 中的托勒密不等式.

35. 设 P 是 $\triangle ABC$ 内的一点. 用 R,R_1,R_2 和 R_3 分别表示 $\triangle ABC$，$\triangle PBC$，$\triangle PCA$ 和 $\triangle PAB$ 的外接圆的半径，直线 PA,PB,PC 分别与边 BC,CA,AB 相交于点 A_1,B_1,C_1. 设

$$k_1=\frac{PA_1}{AA_1},k_2=\frac{PB_1}{BB_1},k_3=\frac{PC_1}{CC_1}$$

证明

$$k_1R_1+k_2R_2+k_3R_3\geqslant R$$

证明 注意到

$$k_1=\frac{[PBC]}{[ABC]},k_2=\frac{[PCA]}{[ABC]},k_3=\frac{[PAB]}{[ABC]}$$

利用公式

$$[ABC]=\frac{AB\cdot BC\cdot CA}{4R}$$

以及对 $[PCA]$，$[PCB]$，$[PAB]$ 类似的公式，我们得到所需证明的不等式等价于例 2.21(a) 的不等式.

在 $\triangle ABC$ 是锐角三角形的情况下，由例 2.21 推出当且仅当 P 是 $\triangle ABC$ 的垂心时，等式成立.

36. 设 A_1,B_1,C_1 分别在 $\triangle ABC$ 的边 BC,CA,AB 上，且 $\triangle A_1B_1C_1\backsim\triangle ABC$. 证明

$$\sum_{\text{cyc}}AA_1\sin A\leqslant\sum_{\text{cyc}}BC\sin A$$

证明 设 M 是平面内一点. 考虑以 M 为原点的复平面，用 a,b,c 分别表示 A,B,C 的复坐标. 因为

$$a(b-c)=b(a-c)+c(b-a)$$

由三角形不等式我们有

$$|a||b-c|=|b(a-c)+c(b-a)|$$
$$\leqslant |b||a-c|+|c||b-a|$$

于是

$$MA\cdot BC\leqslant BM\cdot AC+CM\cdot AB$$

利用正弦定理，我们可以将这一不等式写成

$$MA\sin A\leqslant BM\sin B+CM\sin C$$

对 $M=A_1,B_1,C_1$ 的情况，我们得到

$$AA_1\sin A\leqslant AB_1\sin B+AC_1\sin C$$
$$BB_1\sin B\leqslant BA_1\sin A+BC_1\sin C$$
$$CC_1\sin C\leqslant CA_1\sin A+CB_1\sin B$$

将这三个不等式相加，就得到所求的结论.

37. 多边形 $A_1A_2\cdots A_n$ 内接于圆心为 O，半径为 R 的圆内. M_{ij} 表示线段 $A_iA_j(1\leqslant i<j\leqslant n)$ 的中点. 证明

$$\sum_{1\leqslant i<j\leqslant n}OM_{ij}^2\leqslant\frac{n(n-2)}{4}R^2$$

证明　复平面的原点在 O，设 $a_1,a_2,\cdots,a_n$ 分别是点 $A_1,A_2,\cdots,A_n$ 的复坐标. 我们有

$$\sum_{1\leqslant i<j\leqslant n}4OA_{ij}^2=\sum_{1\leqslant i<j\leqslant n}|a_i+a_j|^2=\sum_{1\leqslant i<j\leqslant n}(a_i+a_j)(\bar{a}_i+\bar{a}_j)$$
$$=\sum_{1\leqslant i<j\leqslant n}(|a_i|^2+|a_j|^2+a_i\bar{a}_j+\bar{a}_ia_j)$$
$$=n(n-1)R^2+\sum_{i\neq j}a_i\bar{a}_j$$
$$=n(n-1)R^2+\sum_{i=1}^{n}\sum_{j=1}^{n}a_i\bar{a}_j-\sum_{i=1}^{n}a_i\bar{a}_i$$
$$=n(n-1)R^2+\left(\sum_{i=1}^{n}a_i\right)\left(\sum_{i=1}^{n}\bar{a}_i-nR^2\right)$$
$$=n(n-2)R^2+\left|\sum_{i=1}^{n}a_i\right|^2\geqslant n(n-2)R^2$$

这就是要证明的.

38. 在 $\triangle ABC$ 中，$\frac{\pi}{7}<A\leqslant B\leqslant C<\frac{5\pi}{7}$. 证明

$$\sin\frac{7A}{4}-\sin\frac{7B}{4}+\sin\frac{7C}{4}>\cos\frac{7A}{4}-\cos\frac{7B}{4}+\cos\frac{7C}{4}$$

证明　本题中所叙述的条件确保

$$0<\frac{7A}{4}-45^\circ<180^\circ$$

$$0<\frac{7B}{4}-45^\circ<180^\circ$$

$$0<\frac{7C}{4}-45^\circ<180^\circ$$

此外

$$\left(\frac{7A}{4}-45^\circ\right)+\left(\frac{7B}{4}-45^\circ\right)+\left(\frac{7C}{4}-45^\circ\right)=180^\circ$$

所以我们有 $\triangle A'B'C'$，其角为

$$A'=\frac{7A}{4}-45^\circ,B'=\frac{7B}{4}-45^\circ,C'=\frac{7C}{4}-45^\circ$$

那么三角形不等式 $a'+c'>b'$ 意味着

$$\sin\left(\frac{7A}{4}-45^\circ\right)+\sin\left(\frac{7C}{4}-45^\circ\right)>\sin\left(\frac{7B}{4}-45^\circ\right)$$

于是推出结论.

39. 设 α,β,γ 是一个三角形的内角. 证明：

(a) $\cos^2\frac{\alpha}{2}+\cos^2\frac{\beta}{2}+\cos^2\frac{\gamma}{2}\geqslant\left(\sin\frac{\alpha}{2}+\sin\frac{\beta}{2}+\sin\frac{\gamma}{2}\right)^2$；

(b) $\sin 2\alpha+\sin 2\beta+\sin 2\gamma\leqslant\cos\frac{\pi+\alpha}{8}+\cos\frac{\pi+\beta}{8}+\cos\frac{\pi+\gamma}{8}$.

证明 (a) 我们可以假定 $\frac{\alpha}{2},\frac{\beta}{2}\geqslant 60^\circ$ 或 $\frac{\alpha}{2},\frac{\beta}{2}\leqslant 60^\circ$. 在这两种情况下，我们都有

$$\left(1-2\sin\frac{\alpha}{2}\right)\left(1-2\sin\frac{\beta}{2}\right)\geqslant 0$$

因此

$$\begin{aligned}&\cos^2\frac{\alpha}{2}+\cos^2\frac{\beta}{2}+\cos^2\frac{\gamma}{2}-\left(\sin\frac{\alpha}{2}+\sin\frac{\beta}{2}+\sin\frac{\gamma}{2}\right)^2\\&=\cos\alpha+\cos\beta+\cos\gamma-2\sin\frac{\alpha}{2}\sin\frac{\beta}{2}-2\sin\frac{\gamma}{2}\left(\sin\frac{\alpha}{2}+\sin\frac{\beta}{2}\right)\\&=1+4\sin\frac{\alpha}{2}\sin\frac{\beta}{2}\sin\frac{\gamma}{2}-2\sin\frac{\alpha}{2}\sin\frac{\beta}{2}-2\sin\frac{\gamma}{2}\left(\sin\frac{\alpha}{2}+\sin\frac{\beta}{2}\right)\\&=1+\sin\frac{\gamma}{2}\left(1-2\sin\frac{\alpha}{2}\right)\left(1-2\sin\frac{\beta}{2}\right)-2\sin\frac{\alpha}{2}\sin\frac{\beta}{2}-\sin\frac{\gamma}{2}\\&=1-\cos\frac{\alpha-\beta}{2}+\sin\frac{\gamma}{2}\left(1-2\sin\frac{\alpha}{2}\right)\left(1-2\sin\frac{\beta}{2}\right)\geqslant 0\end{aligned}$$

这里我们利用了恒等式

$$\begin{aligned}\cos\alpha+\cos\beta+\cos\gamma&=2\sin\frac{\gamma}{2}\cos\frac{\alpha-\beta}{2}+1-2\sin^2\frac{\gamma}{2}\\&=1+4\sin\frac{\alpha}{2}\sin\frac{\beta}{2}\sin\frac{\gamma}{2}\end{aligned}$$

(b) 由例 3.5(a)，我们有

$$\sin 2\alpha + \sin 2\beta + \sin 2\gamma \leqslant \sin\alpha + \sin\beta + \sin\gamma$$

对角 $\frac{\pi-\alpha}{2}, \frac{\pi-\beta}{2}, \frac{\pi-\gamma}{2}$ 应用上面的不等式，得到

$$\sin\alpha + \sin\beta + \sin\gamma \leqslant \cos\frac{\alpha}{2} + \cos\frac{\beta}{2} + \cos\frac{\gamma}{2}$$

同理，对角 $\frac{\pi-\alpha}{2}, \frac{\pi-\beta}{2}, \frac{\pi-\gamma}{2}$ 应用最后一个不等式，得到

$$\cos\frac{\alpha}{2} + \cos\frac{\beta}{2} + \cos\frac{\gamma}{2} \leqslant \cos\frac{\pi-\alpha}{4} + \cos\frac{\pi-\beta}{4} + \cos\frac{\pi-\gamma}{4}$$

再用同样的方法，推出

$$\cos\frac{\pi-\alpha}{4} + \cos\frac{\pi-\beta}{4} + \cos\frac{\pi-\gamma}{4} \leqslant \cos\frac{\pi+\alpha}{8} + \cos\frac{\pi+\beta}{8} + \cos\frac{\pi+\gamma}{8}$$

于是上面四个不等式给出

$$\sin 2\alpha + \sin 2\beta + \sin 2\gamma \leqslant \cos\frac{\pi+\alpha}{8} + \cos\frac{\pi+\beta}{8} + \cos\frac{\pi+\gamma}{8}$$

40. 如果 α, β, γ 是一个三角形的内角. 证明

$$\sin\alpha + \sin\beta\sin\gamma \leqslant \frac{1+\sqrt{5}}{2}$$

等式何时成立？

证明　下面一些不等式是等价的

$$\sin\alpha + \sin\beta\sin\gamma \leqslant \frac{1+\sqrt{5}}{2}$$

$$2\sin\alpha + \cos(\beta-\gamma) - \cos(\beta+\gamma) \leqslant 1+\sqrt{5}$$

$$2\sin\alpha + \cos\alpha + \cos(\beta-\gamma) \leqslant 1+\sqrt{5}$$

设 φ 是第一象限的角，且

$$\cos\varphi = \frac{2}{\sqrt{5}}, \sin\varphi = \frac{1}{\sqrt{5}}$$

于是，最后一个不等式变为

$$\sqrt{5}\sin(\alpha+\varphi) + \cos(\beta-\gamma) \leqslant 1+\sqrt{5}$$

这是由 $\sin(\alpha+\varphi) \leqslant 1$ 和 $\cos(\beta-\gamma) \leqslant 1$ 推得的. 当 $\alpha = 90^\circ - \varphi, \beta = \gamma = 45^\circ + \frac{\varphi}{2}$ 时，等式成立.

41. 设 $\triangle ABC$ 的面积为 1，$\angle A$ 的对边的长是 a. 证明

$$a^2 + \frac{1}{\sin A} \geqslant 3$$

等式何时成立？

证明 设 $b=AC$，$c=AB$，S 表示 $\triangle ABC$ 的面积. 因为 $S=\frac{1}{2}bc\sin A=1$，我们得到 $\frac{bc}{2}=\frac{1}{\sin A}\geqslant 1$. 由余弦定理，我们有

$$\begin{aligned}a^2+\frac{1}{\sin A}&=a^2+\frac{bc}{2}\\&=b^2+c^2-2bc\cos A+\frac{bc}{2}\\&=b^2+c^2-2bc\sqrt{1-\sin^2 A}+\frac{bc}{2}\\&=b^2+\frac{bc}{2}+c^2-2\sqrt{b^2c^2-4}\\&\geqslant\frac{5bc}{2}-4\sqrt{\left(\frac{bc}{2}\right)^2-1}\end{aligned}$$

当 $x\geqslant 1$ 时，设 $y=5x-4\sqrt{x^2-1}$.

那么 y 是正数，由

$$(5x-y)^2=16(x^2-1)$$

得到

$$9x^2-10xy+y^2+16=0$$

因为 x 是实数，所以上面的二次多项式的判别式必为非负. 于是

$$(-10y)^2-36(y^2+16)\geqslant 0$$

由此得到 $y\geqslant 3$. 设 $x=\frac{bc}{2}$ 就得到结果.

从上面给出的证明容易推出，当且仅当 $b=c=\sqrt{\frac{10}{3}}$，$a=2\sqrt{\frac{5-\sqrt{10}}{3}}$ 时，等式成立.

42. 设 a,b,c 是一个三角形的边长. 证明：

(a) $\left|\frac{a-b}{a+b}+\frac{b-c}{b+c}+\frac{c-a}{c+a}\right|<\frac{1}{8}$；

(b) $a(b^2+c^2-a^2)+b(c^2+a^2-b^2)+c(a^2+b^2-c^2)\leqslant 3abc$.

证明 (a) 经过冗长但简单的计算，得到

$$\begin{aligned}\left|\frac{a-b}{a+b}+\frac{b-c}{b+c}+\frac{c-a}{c+a}\right|&=\left|\frac{(a-b)(b-c)(c-a)}{(b+c)(c+a)(a+b)}\right|\\&<\frac{abc}{(a+b)(b+c)(c+a)}\leqslant\frac{1}{8}\end{aligned}$$

(b) 观察到

$$\begin{aligned}&a(b^2+c^2-a^2)+b(c^2+a^2-b^2)+c(a^2+b^2-c^2)\\=&a^2(b+c-a)+b^2(c+a-b)+c^2(a+b-c)\end{aligned}$$

于是由例 3.7(b) 推出所要证明的不等式.

43. 设 m_a, m_b, m_c 是边长为 a, b, c 的,外接圆的半径是 R 的 $\triangle ABC$ 的中线. 证明:

(a) $\dfrac{a^2+b^2}{m_c}+\dfrac{b^2+c^2}{m_a}+\dfrac{c^2+a^2}{m_b}\leqslant 12R$;

(b) $m_a(bc-a^2)+m_b(ca-b^2)+m_c(ab-c^2)\geqslant 0$.

证明　(a) 由例 3.16(b) 推出

$$\frac{b^2+c^2}{m_a}\leqslant 4R, \frac{c^2+a^2}{m_b}\leqslant 4R, \frac{a^2+b^2}{m_c}\leqslant 4R$$

将这三个不等式相加,就得到要证明的不等式.

(b) 例 3.16(d) 证明了

$$2m_aa^2\leqslant abm_c+cam_b, 2m_bb^2\leqslant bcm_a+abm_c, 2m_cc^2\leqslant cam_b+bcm_a$$

将这三个不等式相加,就得到要证明的不等式.

44. 设 G 是 $\triangle ABC$ 的重心. 证明

$$\sin\angle GBC+\sin\angle GCA+\sin\angle GAB\leqslant\frac{3}{2}$$

证明　设 D 是 G 在 BC 上的射影. 因为 $[AGB]=[BGC]=[CGA]$,我们得到 $GD=\dfrac{h_a}{3}$,这里 h_a 是过 A 的的长高. 因为 $BG=\dfrac{2m_b}{3}$,这里 m_b 是过 B 的中线长,我们有

$$\sin\angle BGC=\frac{h_a}{2m_b}$$

将类似的不等式相加,得到等价的不等式

$$\frac{h_a}{m_b}+\frac{h_b}{m_c}+\frac{h_c}{m_a}\leqslant 3$$

我们断言

$$(h_a^2+h_b^2+h_c^2)\left(\frac{1}{m_a^2}+\frac{1}{m_b^2}+\frac{1}{m_c^2}\right)\leqslant 9$$

设 $(x,y,z)=(a^2,b^2,c^2)$,K 是 $\triangle ABC$ 的面积. 注意到

$$\begin{aligned}h_a^2+h_b^2+h_c^2&=4K^2\cdot\frac{xy+yz+zx}{xyz}\\&=\frac{2[(xy+yz+zx)-x^2-y^2-z^2](xy+yz+zx)}{4xyz}\end{aligned}$$

$$\frac{1}{m_a^2}+\frac{1}{m_b^2}+\frac{1}{m_c^2}=\frac{36(xy+yz+zx)}{(2x+2y-z)(2y+2z-x)(2z+2x-y)}$$

那么我们的不等式等价于

$$xyz(2x+2y-z)(2y+2z-x)(2z+2x-y)+(x^2+y^2+z^2)(xy+yz+zx)^2$$
$$\geqslant 2(xy+yz+zx)^3$$

展开后,得到

$$(x-y)^2(y-z)^2(z-x)^2 \geqslant 0$$

最后一步利用柯西－许瓦兹不等式,得到

$$\left(\frac{h_a}{m_b}+\frac{h_b}{m_c}+\frac{h_c}{m_a}\right)^2 \leqslant (h_a^2+h_b^2+h_c^2)\left(\frac{1}{m_a^2}+\frac{1}{m_b^2}+\frac{1}{m_c^2}\right) \leqslant 9$$

45. 对于内心为 I,边长为 a,b,c 的任意 $\triangle ABC$. 证明

$$IA+IB+IC \leqslant \sqrt{ab+bc+ca}$$

等式何时成立?

证明 设 s 是 $\triangle ABC$ 的半周长. 我们有

$$IA=\frac{s-a}{\cos\dfrac{A}{2}}=\frac{s-a}{\sqrt{\dfrac{s-a}{bc}}}=\sqrt{bc}\sqrt{1-\frac{a}{s}}$$

对 IB 和 IC 用类似的公式和柯西－许瓦兹不等式,得到

$$\begin{aligned}(IA+IB+IC)^2 &= \left(\sqrt{bc}\sqrt{1-\frac{a}{s}}+\sqrt{ca}\sqrt{1-\frac{b}{s}}+\sqrt{ab}\sqrt{1-\frac{c}{s}}\right)^2 \\ &\leqslant (ab+bc+ca)\left(1-\frac{a}{s}+1-\frac{b}{s}+1-\frac{c}{s}\right) \\ &= ab+bc+ca\end{aligned}$$

46. 设 I 是 $\triangle ABC$ 的内心. 证明:过内切圆与 IA,IB,IC 的交点的切线围成的三角形的周长不大于 $\triangle ABC$ 的周长.

证明 我们使用三角形中的标准记号. 原三角形和新三角形的周长分别是

$$2r\left(\cot\frac{\alpha}{2}+\cot\frac{\beta}{2}+\cot\frac{\gamma}{2}\right)$$

和

$$2r\left(\cot\frac{\alpha+\beta}{4}+\cot\frac{\beta+\gamma}{4}+\cot\frac{\gamma+\alpha}{4}\right)$$

设 $\frac{\alpha}{2}=x,\frac{\beta}{2}=y,\frac{\gamma}{2}=z$,那么

$$\begin{aligned}\cot x+\cot y &= \frac{2\sin(x+y)}{\cos(x-y)-\cos(x+y)} \\ &\geqslant \frac{2\sin(x+y)}{1-\cos(x+y)} \\ &= 2\cot\frac{x+y}{2}\end{aligned}$$

因此

$$\cot x+\cot y+\cot z=\frac{1}{2}(\cot x+\cot y)+\frac{1}{2}(\cot y+\cot z)+\frac{1}{2}(\cot z+\cot x)$$

$$\geqslant \cot\frac{x+y}{2}+\cot\frac{y+z}{2}+\cot\frac{z+x}{2}$$

要证明的不等式得证.

47. 凸四边形内接于半径为 1 的圆，且其中一边是直径，另三边的长为 a,b,c. 证明：$abc\leqslant 1$.

证明　如果 α,β,γ 分别是长为 a,b,c 的弦所对的圆心角，我们有

$$a=2\sin\frac{\alpha}{2},b=2\sin\frac{\beta}{2},c=2\sin\frac{\gamma}{2}$$

于是

$$abc=8\sin\frac{\alpha}{2}\sin\frac{\beta}{2}\sin\frac{\gamma}{2}\leqslant 1$$

这里的不等式由例 3.4(c) 得到.

48. 设 O 是凸四边形 $ABCD$ 的对角线的交点. 证明：$\triangle AOB$，$\triangle BOC$，$\triangle COD$，$\triangle DOA$ 的内切圆的直径的和不大于 $(2-\sqrt{2})(AC+BD)$.

证明　设 $\angle AOB=\alpha$，那么由余弦定理和 AM－GM 不等式给出

$$\begin{aligned}AB&=\sqrt{(AO+BO)^2-2AO\cdot BO(1+\cos\alpha)}\\&\geqslant\sqrt{(AO+BO)^2-(AO+BO)^2\cdot\frac{1+\cos\alpha}{2}}\\&\geqslant(AO+BO)\sin\frac{\alpha}{2}\end{aligned}$$

同理

$$CD\geqslant(CO+DO)\sin\frac{\alpha}{2}$$

将这两个不等式相加，得到

$$AB+CD\geqslant(AC+BD)\sin\frac{\alpha}{2}$$

设 r_1,r_2,r_3,r_4 分别是 $\triangle AOB$，$\triangle BOC$，$\triangle COD$，$\triangle DOA$ 的内切圆的半径. 那么

$$\begin{aligned}2r_1+2r_3&=(AO+BO-AB)\tan\frac{\alpha}{2}+(CO+DO-CD)\tan\frac{\alpha}{2}\\&=(AC+BD-AB-CD)\tan\frac{\alpha}{2}\\&\leqslant(AC+BD)(1-\sin\frac{\alpha}{2})\tan\frac{\alpha}{2}\end{aligned}$$

同理

$$2r_2+2r_4\leqslant(AC+BD)\left(1-\cos\frac{\alpha}{2}\right)\cot\frac{\alpha}{2}$$

因此，只要证明

$$\left(1-\sin\frac{\alpha}{2}\right)\tan\frac{\alpha}{2}+\left(1-\cos\frac{\alpha}{2}\right)\cot\frac{\alpha}{2}\leqslant 2-\sqrt{2}$$

为此,设

$$t=\sin\frac{\alpha}{2}+\cos\frac{\alpha}{2}$$

那么 $t>0$,恒等式 $t^2=1+\sin\alpha$ 表明 $t\leqslant\sqrt{2}$. 还注意到利用恒等式

$$\sin^2\frac{\alpha}{2}+\cos^2\frac{\alpha}{2}=1,\sin\frac{\alpha}{2}\cos\frac{\alpha}{2}=\frac{t^2-1}{2}$$

我们可以把要证明的不等式写成

$$\frac{t^2+t-2}{t+1}\leqslant 2-\sqrt{2}$$

这等价于以下显然成立的不等式:当 $t\in[0,\sqrt{2}]$ 时,有

$$(t-2)(t+2\sqrt{2}-1)\leqslant 0$$

49. 设 M 是 $\triangle ABC$ 的内点,A_1,B_1,C_1 分别是直线 MA,MB,MC 与 BC,CA,AB 的交点. 证明

$$MA\cdot MB\cdot MC\geqslant 8MA_1\cdot MB_1\cdot MC_1$$

证明 设

$$x=\frac{MA}{MA_1},y=\frac{MB}{MB_1},z=\frac{MC}{MC_1}$$

那么

$$\frac{1}{1+x}=\frac{MA_1}{AA_1}=\frac{[MBC]}{[ABC]}$$

同理

$$\frac{1}{1+y}=\frac{[MAB]}{[ABC]},\frac{1}{1+z}=\frac{[MCA]}{[ABC]}$$

于是

$$\frac{1}{1+x}+\frac{1}{1+y}+\frac{1}{1+z}=1$$

去分母,容易看出这一恒等式等价于

$$2+x+y+z-xyz=0$$

AM－GM 不等式

$$x+y+z\geqslant 3\sqrt[3]{xyz}$$

意味着

$$0\geqslant 2+3t-t^3=(2-t)(1+t)^2$$

这里 $t=\sqrt[3]{xyz}$. 于是 $2-t\leqslant 0$,这表明

$$\frac{MA \cdot MB \cdot MC}{MA_1 \cdot MB_1 \cdot MC_1} = xyz = t^3 \geqslant 8$$

这就是要证明的不等式.

等号成立当且仅当 $x = y = z = 2$,即当

$$\frac{MA}{MA_1} = \frac{MB}{MB_1} = \frac{MC}{MC_1} = 2$$

当且仅当 M 是 $\triangle ABC$ 的重心时,这些等式成立,这作为练习留给读者.

50. 设 R_a, R_b, R_c 和 d_a, d_b, d_c 分别是 $\triangle ABC$ 内的点 M 到顶点 A, B, C 的距离和到直线 BC, CA, AB 的距离. 证明:

(a) $\sqrt{R_a} + \sqrt{R_b} + \sqrt{R_c} \geqslant \sqrt{2}(\sqrt{d_a} + \sqrt{d_b} + \sqrt{d_c})$;

(b) $R_aR_bR_c \geqslant (d_a + d_b)(d_b + d_c)(d_c + d_a)$.

证明　在例 3.25 的解答中证明了不等式

$$R_a \geqslant d_b \frac{\sin C}{\sin A} + d_c \frac{\sin B}{\sin A}$$

$$R_b \geqslant d_a \frac{\sin C}{\sin B} + d_c \frac{\sin A}{\sin B}$$

$$R_c \geqslant d_a \frac{\sin B}{\sin C} + d_b \frac{\sin A}{\sin C}$$

利用正弦定理,这些不等式可写成

$$R_a \geqslant \frac{c}{a}d_b + \frac{b}{a}d_c, R_b \geqslant \frac{a}{b}d_c + \frac{c}{b}d_a, R_c \geqslant \frac{b}{c}d_a + \frac{a}{c}d_b \qquad (*)$$

(a) 对式(*)中的第一个不等式用 AM－GM 不等式推得

$$\sqrt{R_a} \geqslant \sqrt{\frac{cd_b + bd_c}{a}} \geqslant \frac{1}{\sqrt{2a}}(\sqrt{cd_b} + \sqrt{bd_c})$$

同理

$$\sqrt{R_b} \geqslant \frac{1}{\sqrt{2b}}(\sqrt{cd_a} + \sqrt{ad_c})$$

$$\sqrt{R_c} \geqslant \frac{1}{\sqrt{2c}}(\sqrt{bd_a} + \sqrt{ad_b})$$

将这三个不等式相加,得到

$$\sqrt{R_a} + \sqrt{R_b} + \sqrt{R_c} \geqslant \frac{1}{\sqrt{2}}\left[\left(\frac{\sqrt{c}}{\sqrt{b}} + \frac{\sqrt{b}}{\sqrt{c}}\right)\sqrt{d_a} + \left(\frac{\sqrt{c}}{\sqrt{a}} + \frac{\sqrt{a}}{\sqrt{c}}\right)\sqrt{d_b} + \left(\frac{\sqrt{b}}{\sqrt{a}} + \frac{\sqrt{a}}{\sqrt{b}}\right)\sqrt{d_c}\right]$$

因此用 AM－GM 不等式

$$\frac{\sqrt{x}}{\sqrt{y}} + \frac{\sqrt{y}}{\sqrt{x}} \geqslant 2, x, y > 0$$

可推出(a).

(b) 观察到我们在例 3.23(a) 中证明过的不等式 $aR_a \geqslant cd_c + bd_b$ 对 $\angle BAC$ 内的任意一点 M 都成立. 如果我们对 M 关于这个角的平分线的对称点 M' 用这一不等式,那么我们得到

$$2aR_a \geqslant (b+c)(d_b+d_c)$$

同理

$$2bR_b \geqslant (a+c)(d_a+d_c)$$
$$2cR_c \geqslant (a+b)(d_a+d_b)$$

因此

$$8abcR_aR_bR_c \geqslant (a+b)(b+c)(c+a)(d_a+d_b)(d_b+d_c)(d_c+d_a)$$

因为

$$(a+b)(b+c)(c+a) \geqslant 2\sqrt{ab} \cdot 2\sqrt{bc} \cdot 2\sqrt{ca} = 8abc$$

得到要证明的不等式.

51. (IMO 1991) 设 P 是 $\triangle A_1A_2A_3$ 的内点. 证明:在 $\angle PA_1A_2$, $\angle PA_2A_3$, $\angle PA_3A_1$ 中至少有一个角小于或等于 30°.

证明 设 $\angle PA_iA_{i+1} = \vartheta_i (i=1,2,3)$. 用 H_1, H_2, H_3 分别表示 P 向边 A_2A_3, A_3A_1, A_1A_2 所作的垂线的垂足. 现在假定 $\vartheta_1, \vartheta_2, \vartheta_3 > \frac{\pi}{6}$. 因为三角形的内角和等于 180°,所以直接推得 $\vartheta_1, \vartheta_2, \vartheta_3 < \frac{5\pi}{6}$. 因此

$$\frac{PH_i}{PA_{i+1}} = \sin \vartheta_i > \frac{1}{2}, i=1,2,3$$

那么

$$2(PH_1+PH_2+PH_3) > PA_2+PA_3+PA_1$$

这与厄多斯 - 莫德尔不等式矛盾.

52. 设 x, y, z 是正实数. 证明:

(a) $\frac{x}{y+z}+\frac{y}{z+x}+\frac{z}{x+y} \geqslant \frac{3}{2}$;

(b) $\frac{x^2}{y+z}+\frac{y^2}{z+x}+\frac{z^2}{x+y} \geqslant \frac{x+y+z}{2}$;

(c) $xyz \geqslant (x+y-z)(y+z-x)(z+x-y)$;

(d) $3(x+y)(y+z)(z+x) \leqslant 8(x^3+y^3+z^3)$;

(e) $x^4+y^4+z^4-2(x^2y^2+y^2z^2+z^2x^2)+xyz(x+y+z) \geqslant 0$;

(f) $[xy(x+y-z)+yz(y+z-x)+zx(z+x-y)]^2 \geqslant xyz(x+y+z)(xy+yz+zx)$.

证明 在下面的证明中,我们使用替换

$$x=s-a,y=s-b,z=s-c$$

关于 x,y,z 的初等对称多项函数有以下公式

$$\sigma_1=s,\sigma_2=4Rr+r^2,\sigma_3=sr^2$$

(a) 我们有

$$\frac{x}{y+z}+\frac{y}{z+x}+\frac{z}{x+y}=\frac{s-a}{a}+\frac{s-b}{b}+\frac{s-c}{c}$$

$$=\frac{s(ab+bc+ca)-3abc}{abc}$$

$$=\frac{s^2+r^2-8Rr}{4Rr}$$

由例 3.13(a) 和欧拉不等式,我们得到

$$\frac{s^2+r^2-8Rr}{4Rr}\geqslant\frac{8Rr-4r^2}{4Rr}\geqslant\frac{8Rr-2Rr}{4Rr}=\frac{3}{2}$$

注意到,不用例 3.13(a) 也可证明这一不等式,证明如下

$$\frac{s-a}{a}+\frac{s-b}{b}+\frac{s-c}{c}=\frac{1}{2}(a+b+c)\left(\frac{1}{a}+\frac{1}{b}+\frac{1}{c}\right)-3$$

$$\geqslant\frac{9}{2}-3=\frac{3}{2}$$

(b) 容易检验

$$\frac{x^2}{y+z}+\frac{y^2}{z+x}+\frac{z^2}{x+y}-\frac{x+y+z}{2}$$

$$=\frac{(s-a)^2}{a}+\frac{(s-b)^2}{b}+\frac{(s-c)^2}{c}$$

$$=\frac{s}{2}\left[(a+b+c)\left(\frac{1}{a}+\frac{1}{b}+\frac{1}{c}\right)-9\right]\geqslant 0$$

(c) **第一种证法**　我们有

$$(x+y-z)(y+z-x)(z+x-y)=(\sigma_1-2z)(\sigma_1-2x)(\sigma_1-2y)$$

$$=\sigma_1^3-2\sigma_1^3+4\sigma_1\sigma_2-8\sigma_3$$

我们必须证明

$$\sigma_1^3-4\sigma_1\sigma_2+9\sigma_3\geqslant 0$$

然后用标准替换,我们看到上面的不等式等价于例 3.13(a) 中的左边的不等式.

第二种证法　我们可以假定原不等式的右边为正(否则不等式显然成立),这表明 x,y,z 是某三角形的边长.用 s,r,R 分别表示该三角形的半周长,内切圆的半径和外接圆的半径.那么 $xyz=4Rsr$,由海伦公式

$$(x+y-z)(y+z-x)(z+x-y)=8(s-a)(s-b)(s-c)=8sr^2$$

于是,在这种情况下,给定的不等式等价于

$$R \geqslant 2r$$

(d) 容易检验

$$(x+y)(y+z)(z+x)=\sigma_1\sigma_2-\sigma_3$$

$$x^3+y^3+z^3=\sigma_1^3-3\sigma_1\sigma_2+3\sigma_3$$

因此给定的不等式等价于

$$8\sigma_1^3-27\sigma_1\sigma_2+27\sigma_3 \geqslant 0$$

用标准替换以及 x,y,z 的初等对称多项函数的公式,我们可以将这一不等式写成 $2s^2 \geqslant 27Rr$,这可由例 3.13(a) 中左边的不等式和欧拉不等式推出.

(e) **提示** 要证明的不等式的左边可写成 $s^2(s^2-16Rr+5r^2)$,再利用例 3.13(a).

(f) **提示** 该不等式等价于

$$(R-r)(R-2r) \geqslant 0$$

53. 设 x,y,z 是正实数,$x+y+z=1$. 证明:

(a) $\dfrac{1-3x}{1+x}+\dfrac{1-3y}{1+y}+\dfrac{1-3z}{1+z} \geqslant 0$;

(b) $\dfrac{xy}{1+z}+\dfrac{yz}{1+x}+\dfrac{zx}{1+y} \leqslant \dfrac{1}{4}$;

(c) $x^2+y^2+z^2+\sqrt{12xyz} \leqslant 1$.

证明 在下面的证明中,我们使用替换

$$x=\frac{s-a}{s}, y=\frac{s-b}{s}, z=\frac{s-c}{s}$$

关于 x,y,z 的初等对称多项函数的公式

$$\sigma_1=1, \sigma_2=\frac{4Rr+r^2}{s^2}, \sigma_3=\frac{r^2}{s^2}$$

(a) 去分母,可以检验不等式的左边等于 $2-5\sigma_2-9\sigma_3$. 利用上面的公式,该式可写成

$$\frac{2(s^2-10Rr-7r^2)}{s^2}$$

现在例 3.13(a) 和欧拉不等式表明

$$\begin{aligned} s^2-10Rr-7r^2 &\geqslant 16Rr-5r^2-10Rr-7r^2 \\ &=6r(R-2r) \geqslant 0 \end{aligned}$$

这就是要证明的.

(b) 去分母,我们看到这一不等式等价于

$$\sigma_2^2+7\sigma_2-21\sigma_3 \geqslant 2$$

利用上面的公式可以将这一不等式写为

$$s^4-s^2(14Rr-7r^2) \geqslant 2(4Rr+r^2)^2$$

现在再一次应用例 3.13(a),得到

$$\begin{aligned} s^4 - s^2(14Rr - 7r^2) &\geqslant s^2(16Rr - 5r^2) - s^2(14Rr - 7r^2) \\ &= 2r(R + 2r)s^2 \\ &\geqslant 2r(R + 2r)(16Rr - 5r^2) \\ &= 2r^2(16R^2 + 11Rr - 5r^2) \end{aligned}$$

于是,只要证明

$$2r^2(16R^2 + 11Rr - 5r^2) \geqslant 2(4Rr + r^2)^2$$

这等价于 $R \geqslant 2r$.

(c) 我们有

$$x^2 + y^2 + z^2 = \sigma_1^2 - 2\sigma_2 = 1 - \frac{2(4Rr + r^2)^2}{s^2}$$

$$xyz = \sigma_3 = \frac{r^2}{s^2}$$

因此给定的不等式等价于 $4R + r \geqslant s\sqrt{3}$. 现在由例 3.13(c),得到

$$\begin{aligned} 4R + r - s\sqrt{3} &\geqslant 4R + r - \sqrt{3}[2R + (3\sqrt{3} - 4)r] \\ &= 2(2 - \sqrt{3})(R - 2r) \geqslant 0 \end{aligned}$$

要证明的不等式证完.

54.(在证明几何不等式时常用的一些恒等式)设三角形的内角是 α, β, γ,半周长是 s,内切圆的半径是 r,外接圆的半径是 R. 证明:

(a) $\tan\frac{\alpha}{2}$, $\tan\frac{\beta}{2}$ 和 $\tan\frac{\gamma}{2}$ 是三次方程

$$sx^3 - (4R + r)x^2 + sx - r = 0$$

的根;

(b) $\tan\frac{\alpha}{2} + \tan\frac{\beta}{2} + \tan\frac{\gamma}{2} = \frac{4R + r}{s}$;

(c) $\tan\frac{\alpha}{2}\tan\frac{\beta}{2} + \tan\frac{\beta}{2}\tan\frac{\gamma}{2} + \tan\frac{\gamma}{2}\tan\frac{\alpha}{2} = 1$;

(d) $\tan\frac{\alpha}{2}\tan\frac{\beta}{2}\tan\frac{\gamma}{2} = \frac{r}{s}$;

(e) $\tan^2\frac{\alpha}{2} + \tan^2\frac{\beta}{2} + \tan^2\frac{\gamma}{2} = \frac{(4R + r)^2 - 2s^2}{s^2}$;

(f) $\left(\tan\frac{\alpha}{2} + \tan\frac{\beta}{2}\right)\left(\tan\frac{\beta}{2} + \tan\frac{\gamma}{2}\right)\left(\tan\frac{\gamma}{2} + \tan\frac{\alpha}{2}\right) = \frac{4R}{s}$.

证明 (a) 我们有 $a = 2R\sin\alpha$ 和 $s - a = r\cot\frac{\alpha}{2}$. 于是

$$2R\sin\alpha + r\cot\frac{\alpha}{2} = s$$

另外,我们知道

$$\sin\alpha=\frac{2\tan\frac{\alpha}{2}}{1+\tan^2\frac{\alpha}{2}}$$

$$\cot\frac{\alpha}{2}=\frac{1}{\tan\frac{\alpha}{2}}$$

将这两个公式代入上面的恒等式,容易得到

$$s\tan^3\frac{\alpha}{2}-(4R+r)\tan^2\frac{\alpha}{2}+s\tan\frac{\alpha}{2}-r=0$$

即 $\tan\frac{\alpha}{2}$ 是上面的三次方程的根.

(b),(c),(d) 可由(a) 和三次方程的韦达公式推出.

(e) 这一恒等式可从恒等式

$$\begin{aligned}&\tan^2\frac{\alpha}{2}+\tan^2\frac{\beta}{2}+\tan^2\frac{\gamma}{2}\\=&\left(\tan\frac{\alpha}{2}+\tan\frac{\beta}{2}+\tan\frac{\gamma}{2}\right)^2-\\&2\left(\tan\frac{\alpha}{2}\tan\frac{\beta}{2}+\tan\frac{\beta}{2}\tan\frac{\gamma}{2}+\tan\frac{\gamma}{2}\tan\frac{\alpha}{2}\right)\end{aligned}$$

和恒等式(b) 和(c) 推出.

(f) 只要检验

$$\begin{aligned}&\left(\tan\frac{\alpha}{2}+\tan\frac{\beta}{2}\right)\left(\tan\frac{\beta}{2}+\tan\frac{\gamma}{2}\right)\left(\tan\frac{\gamma}{2}+\tan\frac{\alpha}{2}\right)\\=&\left(\tan\frac{\alpha}{2}+\tan\frac{\beta}{2}+\tan\frac{\gamma}{2}\right)\left(\tan\frac{\alpha}{2}\tan\frac{\beta}{2}+\tan\frac{\beta}{2}\tan\frac{\gamma}{2}+\tan\frac{\gamma}{2}\tan\frac{\alpha}{2}\right)-\\&\tan\frac{\alpha}{2}\tan\frac{\beta}{2}\tan\frac{\gamma}{2}\end{aligned}$$

由(b),(c) 和(d) 可推出这个恒等式.

55. 设 s,r 和 R 分别表示 $\triangle ABC$ 的半周长,内切圆的半径和外接圆的半径.证明

$$(s^2+r^2+4Rr)(s^2+r^2+2Rr)\geqslant 4Rr(5s^2+r^2+4Rr)$$

并确定等式何时成立.

证明 设 a,b,c 是 $\triangle ABC$ 的边长.利用已知的公式

$$ab+bc+ca=s^2+r^2+4Rr,abc=4Rrs$$

我们推出

$$\begin{aligned}(a+b)(b+c)(c+a)&=(a+b+c)(ab+bc+ca)-abc\\&=2s(s^2+r^2+2Rr)\end{aligned}$$

又推出要证明的不等式等价于

$$(a+b)(b+c)(c+a)(ab+bc+ca)\geqslant 2abc[(a+b+c)^2+ab+bc+ca]$$

这可改写为

$$a^2(b-c)^2(b+c)+b^2(c-a)^2(c+a)+c^2(a-b)^2(a+b)\geqslant 0$$

当且仅当 $a=b=c$，即 $\triangle ABC$ 是等边三角形时，等式成立.

56. 证明：在边长为 a,b,c，内切圆的半径为 r，外接圆的半径为 R 的任意三角形中，以下不等式成立

$$\frac{1}{a}+\frac{1}{b}+\frac{1}{c}\leqslant\frac{1}{\sqrt{3}}\left(\frac{1}{r}+\frac{1}{R}\right)$$

证明　利用恒等式 $ab+bc+ca=s^2+r^2+4Rr$ 和 $abc=4Rrs$，得到

$$\frac{1}{a}+\frac{1}{b}+\frac{1}{c}=\frac{ab+bc+ca}{abc}=\frac{s^2+r^2+4Rr}{4srR}$$

所以，我们必须证明不等式

$$s^2-\frac{4s(R+r)}{\sqrt{3}}+r^2+4Rr\leqslant 0$$

这可从相应的二次方程的根是

$$s_1=r\sqrt{3},s_2=\frac{4R+r}{\sqrt{3}}$$

这一事实推出，不等式

$$r\sqrt{3}\leqslant s\leqslant\frac{4R+r}{\sqrt{3}}$$

是例 3.12(a) 和欧拉不等式 $R\geqslant 2r$ 的结论.

注　上面的不等式有一系列改进(参见文[9]). 最佳结果属于 S. L. Chen[5]，他于 1996 年证明了：对于任意三角形，不等式

$$\frac{1}{a}+\frac{1}{b}+\frac{1}{c}\leqslant\frac{1}{\sqrt{3}}\left[\frac{1}{r}+\frac{1}{R}+k\left(\frac{2}{R}-\frac{1}{r}\right)\right]$$

恒成立的 $k=\dfrac{\sqrt[3]{2}-1}{2}$ 是最小的常数.

57. 设 α,β,γ 是三角形的内角，证明

$$\left(\cot\frac{\alpha}{2}-1\right)\left(\cot\frac{\beta}{2}-1\right)\left(\cot\frac{\gamma}{2}-1\right)\leqslant 6\sqrt{3}-10$$

证明　在入门题 54(a) 的三次方程中. 作替换 $x=\dfrac{1}{y}$，我们看到 $\cot\dfrac{\alpha}{2},\cot\dfrac{\beta}{2},\cot\dfrac{\gamma}{2}$ 是以下三次方程

$$ry^3 - sy^2 + (4R + r)y - s = 0$$

的根.因此由韦达公式推得

$$\begin{aligned}
A &= \left(\cot\frac{\alpha}{2} - 1\right)\left(\cot\frac{\beta}{2} - 1\right)\left(\cot\frac{\gamma}{2} - 1\right) \\
&= \cot\frac{\alpha}{2} + \cot\frac{\beta}{2} + \cot\frac{\gamma}{2} - \\
&\quad \left(\cot\frac{\alpha}{2}\cot\frac{\beta}{2} + \cot\frac{\beta}{2}\cot\frac{\gamma}{2} + \cot\frac{\gamma}{2}\cot\frac{\alpha}{2}\right) + \\
&\quad \cot\frac{\alpha}{2}\cot\frac{\beta}{2}\cot\frac{\gamma}{2} \\
&= \frac{s}{r} - \frac{4R + r}{r} + \frac{s}{r} - 1 \\
&= \frac{2s - (4R + 2r)}{r}
\end{aligned}$$

因此,由例 3.13(c) 中右边的不等式,我们得到

$$A \leqslant \frac{2[2R + (3\sqrt{3} - 4)r] - (4R + 2r)}{r} = 6\sqrt{3} - 10$$

这就是要证明的.

第 7 章　提高题的解答

1. 设四边形 $ABCD$ 内接于圆 O. P 是对角线的交点,R 是连接对边中点的线段的交点. 证明:$OP \geqslant OR$.

证明　设 E 和 F 分别是 AC 和 BD 的中点,那么显然 R 是 EF 的中点. 还注意到 E 和 F 在以 OP 为直径的圆上. 因此,$OP \geqslant OE$,$OP \geqslant OF$. 因为 OR 是 $\triangle OEF$ 的中线,所以或者 $OR \leqslant OE$,或者 $OR \leqslant OF$,于是 $OP \geqslant OR$.

2. (IMO Shortlist 1999) 对于中线为 m_a, m_b, m_c 的 $\triangle ABC$ 的内点 M. 证明

$$\min\{MA, MB, MC\} + MA + MB + MC < m_a + m_b + m_c$$

证明　设 G 是 $\triangle ABC$ 的重心. 我们可以假定 G 在 $\triangle AGB_1$ 内,这里 B_1 是 AC 的中点,那么利用例 1.1(a),我们得到

$$AM + BM \leqslant \frac{1}{2}AC + m_b$$

$$AM + CM \leqslant \frac{2}{3}m_a + \frac{2}{3}m_c$$

因此

$$\begin{aligned}
&\min\{MA, MB, MC\} + MA + MB + MC \\
\leqslant\ & 2MA + MB + MC \\
\leqslant\ & \frac{1}{2}AC + m_b + \frac{2}{3}m_a + \frac{2}{3}m_c \\
<\ & \frac{1}{3}m_a + \frac{1}{3}m_c + m_b + \frac{2}{3}m_a + \frac{2}{3}m_c \\
=\ & m_a + m_b + m_c
\end{aligned}$$

3. 设 D 是 $\triangle ABC$ 的边 AB 上的点,且 $AD > BC$. 考虑 AC 上的点 E,使

$$\frac{AE}{EC} = \frac{BD}{AD - BC}$$

证明:$AD > BE$.

证明　注意到例 1.6 中的不等式,说明

$$AC \cdot BE \leqslant AE \cdot BC + AB \cdot EC$$

我们也可以将已知的恒等式写成

$$AE \cdot AD = BD \cdot EC + AE \cdot BC$$

于是

$$AC \cdot AD = AD \cdot DE + AD \cdot EC$$
$$= BD \cdot EC + AE \cdot BC + AD \cdot EC$$

现在假定 $AD \leqslant BE$. 那么

$$AC \cdot AD \leqslant AC \cdot BE < AE \cdot BC + AB \cdot EC$$

上面的等式意味着

$$EC(BD + AD - AB) < 0$$

这是一个矛盾. 于是 $AD > BE$.

4. (IMO 2006) 设 $\triangle ABC$ 的内心为 I. 点 P 在 $\triangle ABC$ 的内部,且满足

$$\angle PBA + \angle PCA = \angle PBC + \angle PCB$$

证明:$AP \geqslant AI$,当且仅当 $P = I$ 时,等式成立.

证明 问题的条件表明

$$\angle PBC + \angle PCB = 90^\circ - \frac{A}{2}$$

因此

$$\angle BPC = 90^\circ + \frac{A}{2} = \angle BIC$$

于是点 P 在 $\triangle BCI$ 的外接圆 ω 上. 易知 ω 的圆心 M 是 AI 与 $\triangle ABC$ 的外接圆的第二个交点. 于是

$$AP \geqslant AM - MP = AM - MI = AI$$

当且仅当 $P = I$ 时,等式成立.

5. 如果一个多边形的所有对角线都相等,这个多边形有多少条边?

解 显然正多边形和正方形满足已知条件. 现在我们将证明对角线相等的多边形的边数不大于 5. 事实上,假定多边形 $A_1A_2\cdots A_n$ 是这样的多边形,且 $n \geqslant 6$. 那么 $A_1A_4 = A_1A_5 = A_2A_4 = A_2A_5$,用 M 表示 A_1A_4 和 A_2A_5 的交点,对 $\triangle A_1A_5M$ 和 $\triangle A_2A_4M$ 用三角形不等式,得到

$$A_1A_5 + A_2A_4 < A_1A_4 + A_2A_5$$

这是一个矛盾.

6. 给定一个凸 n 边形,考虑由凸 n 边形的四个连续顶点组成的所有四边形. 证明:这样的四边形中不多于 $\frac{n}{2}$ 个是圆内接四边形.

证明 假定我们有多于 $\frac{n}{2}$ 个这样的四边形是圆内接四边形,那么有五个连续的顶点,譬如说,A_1, A_2, A_3, A_4, A_5 使 $A_1A_2A_3A_4$ 和 $A_2A_3A_4A_5$ 是圆内接四边形,那么

$$A_1A_2 + A_3A_4 = A_2A_3 + A_1A_4$$

$$A_2A_3+A_4A_5=A_3A_4+A_2A_5$$

这表明

$$A_1A_2+A_4A_5=A_1A_4+A_2A_5$$

用 M 表示 A_1A_4 和 A_2A_5 的交点，那么

$$\begin{aligned}A_1A_4+A_2A_5&=A_1M+A_2M+MA_4+MA_5\\&>A_1A_2+A_4A_5\end{aligned}$$

这与上面的恒等式矛盾.

7. A，B 两个城市被一条河岸平行的河隔开. 设计一条从 A 到 B 经过垂直跨越河流的桥的道路.

解　设 l_1 和 l_2 是(平行的)河岸，l_1 在 A 和 l_2 之间(图 7.1). 作直线 $l\parallel l_1$，且使 l_1 与 l_2 关于 l 对称，A 关于 l 的对称点是 A'，A' 关于 l_2 的对称点是 A''. 下面，设 N_0 是 l_2 和 BA'' 的交点，M_0 在 l_1 上，且 $M_0N_0\perp l_1$.

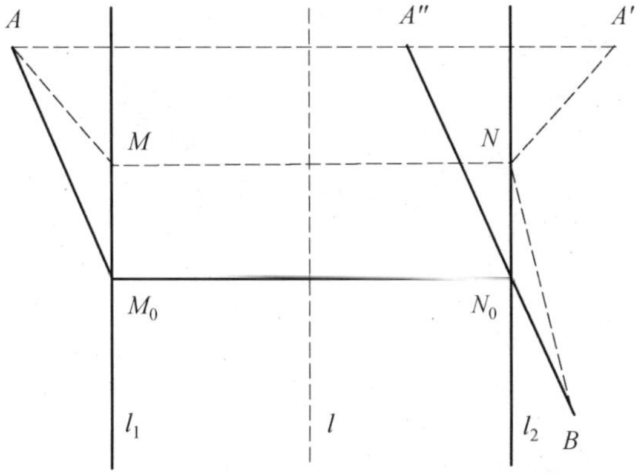

图 7.1

考虑任意的点 $M\in l_1$ 和 $N\in l_2$，使 $MN\perp l_1$，那么 $AM=A'N=A''N$，于是

$$\begin{aligned}AM+MN+NB&=A''N+NB+M_0N_0\\&\geqslant A''B+M_0N_0\end{aligned}$$

当 $N_0=N$，即 $M_0=M$ 时，等式成立. 于是，道路 AM_0N_0B 是最短的可能长度.

8. 给定凸多边形 P，考虑顶点是 P 的各边的中点的多边形 P'. 证明：P' 的周长不小于 P 的周长的一半.

证明　如果 $n=3$，那么 P' 的周长是 P 的周长的一半. 设 $n\geqslant 4$，A_1，A_2，…，A_n 是 P 的顶点. 用 B_1，B_2，…，B_n 分别表示 A_1A_2，A_2A_3，…，A_nA_1 的中点，那么

$$\begin{aligned}&2B_1B_2+2B_2B_3+\cdots+2B_nB_1\\=&\frac{1}{2}(A_1A_3+A_2A_4)+\frac{1}{2}(A_2A_4+A_3A_5)+\cdots+\frac{1}{2}(A_nA_2+A_1A_3)\end{aligned}$$

$$>\frac{1}{2}(A_1A_2+A_3A_4)+\frac{1}{2}(A_2A_3+A_4A_5)+\cdots+\frac{1}{2}(A_nA_1+A_2A_3)$$

$$=A_1A_2+A_2A_3+\cdots+A_nA_1$$

9. 一个四边形的顶点是 $A=(0,0)$, $B=(2,0)$, $C=(2,2)$ 和 $D=(0,4)$. 求从点 $E=(0,1)$ 出发,到点 $F=(2,1)$ 终止,且依次与四边形的边 AD, DC, AB, BC 有公共点的最短的路径.

解 连续三次实施关于直线的对称,如图 7.2 所示. 点 F 在连续三次实施对称后的像是 $F'=(6,1)$. 现在我们要寻找从 E 到 F' 的最短路径,这条路径完全在图 7.2 所示的四边形的并内. 显然这是折线

$$E=(0,1)\to(2,2)\to(4,2)\to(6,2)\to F'=(6,1)$$

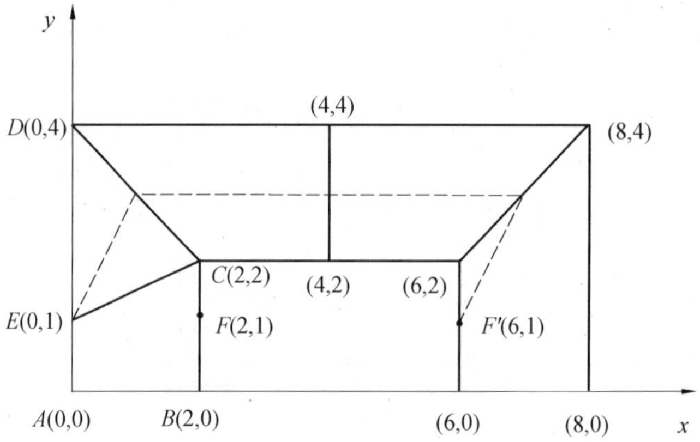

图 7.2

10. (IMO 1993) 对于平面内的三点 P, Q, R, 我们定义 $m(PQR)$ 是 $\triangle PQR$ 的三条高中最短的高的长度(如果这三点共线,那么设 $m(PQR)=0$). 证明:对于平面内的每四点 A, B, C, X, 有

$$m(ABC)\leqslant m(ABX)+m(BCX)+m(CAX)$$

证明 我们对 $\triangle ABC$ 内的一切点 X, 证明上述不等式. 我们可以假定 $BC\geqslant AC\geqslant AB$. 那么 $\triangle ABC$ 的最短的高是从 A 出发的,且等于 $\frac{2[ABC]}{BC}$. 同理,对于 $\triangle ABX$, $\triangle BCX$, $\triangle CAX$, 最短的高的长是相应的三角形的面积的两倍除以该三角形的最长的边. 显然因为 BC 是 $\triangle ABC$ 的最长的边,所以在 $\triangle ABC$ 内没有距离超过 BC 的两点. 于是,因为 X 在 $\triangle ABC$ 内,所以 $\triangle ABX$, $\triangle BCX$, $\triangle CAX$ 中的任何一个三角形的最长的边都不超过 BC. 于是,我们有

$$m(ABX)+m(BCX)+m(CAX)\geqslant\frac{2[ABX]}{BC}+\frac{2[BCX]}{BC}+\frac{2[CAX]}{BC}$$

$$=\frac{2[ABC]}{BC}=m(ABC)$$

这就是要证明的.

现在我们证明 X 在 $\triangle ABC$ 外断言也成立. 不失一般性,我们将假定,在点 A,B,C 中, A 离 X 最远.

如果四边形 $ABXC$ 是凹的或退化的,那么不失一般性,假定点 B 在 $\triangle ACX$ 的内部或边上. 我们将证明 $m(ACX)\geqslant m(ABC)$ 是证明的要点. 如果 $\triangle ACX$ 的最短的高是从点 A 出发的,那么从顶点 A 出发的 $\triangle ABC$ 的高小于这条高,这是因为射线 CB 比射线 CX 靠近 A. 又从点 C 出发的高是 $\triangle ACX$ 的最短的高的情况也类似,所以我们讨论从点 X 出发的高最短的情况. 那么,因为 $\angle XAC\geqslant\angle BAC$,所以从顶点 B 出发的 $\triangle ABC$ 的高显然小于 $m(ACX)$. 这一要点证毕.

然而,如果四边形 $ABCX$ 是凸的,我们用 D 表示 AX 与 BC 的交点. 在证明这一要点之前,我们将证明对于 $\triangle ABX$,我们有 $m(ABX)\geqslant m(ABD)$. 如果最短的高是从点 X 出发的,那么显然从点 D 出发的 AB 上的高小于从点 X 出发的高,因为 D 比 X 靠近 A,所以 $m(ABX)\geqslant m(ABD)$. 如果 $\triangle ABX$ 的最短的高是三角形从点 B 出发的,那么因为 B 到 XD 的高等于 B 到 AD 的高,所以我们有 $m(ABX)\geqslant m(ABD)$. 否则,如果 $\triangle ABX$ 的最短的高是从 A 出发的,那么显然 $\angle B<90^\circ$. 于是,A 在 BD 上的射影和 C 在 B 的同侧. 现在从点 A 出发的 $\triangle ABD$ 的高显然小于从 A 出发的 $\triangle ABX$ 的高,因为射线 BD 比射线 BX 靠近 A. 于是,在各种情况下,我们都有 $m(ABX)\geqslant m(ABD)$. 注意到可以用同样的方法证明 $m(ACX)\geqslant m(ACD)$. 于是,$m(ABX)+m(ACX)\geqslant m(ABD)+m(ACD)$. 但这是点 D 在 $\triangle ABC$ 的边上的情况,这一情况已经在证明的第一部分考虑过了.

所以,在所有情况下不等式

$$m(ABC)\leqslant m(ABX)+m(AXC)+m(XBC)$$

都成立.

11. 给定顶点为 A 的角和角内的一点 P,过点 P 作一条直线与角的两边分别相交于点 B 和 C,使:

(a) $\triangle ABC$ 的周长最小;

(b) 和 $\dfrac{1}{PC}+\dfrac{1}{PB}$ 最大.

解　(a) 考虑 $\triangle ABC$ 的旁切圆 k,设 k 与 BC 切于点 T,与边 AB 和 AC 的延长线分别切于点 R 和 S(图 7.3),那么

$$\begin{aligned}AB+BC+CA&=AB+BT+TC+AC\\&=AR+AS=2AR\end{aligned}$$

因此,我们必须使 AR 最小. 设 k_0 是过点 P 与 AB 和 AC 相切的圆. 分别用 R_0 和 S_0 表示切点,设过点 P 的圆 k_0 的切线分别与角的两边交于点 B_0 和 C_0. 那么 B_0C_0 就是所求的直线,因为圆 k_0 的半径小于圆 k 的半径,这意味着 $AR_0<AR$.

(b) 作 PC' 平行于 AB，$C'P'$ 平行于 BC，如图 7.4 所示.

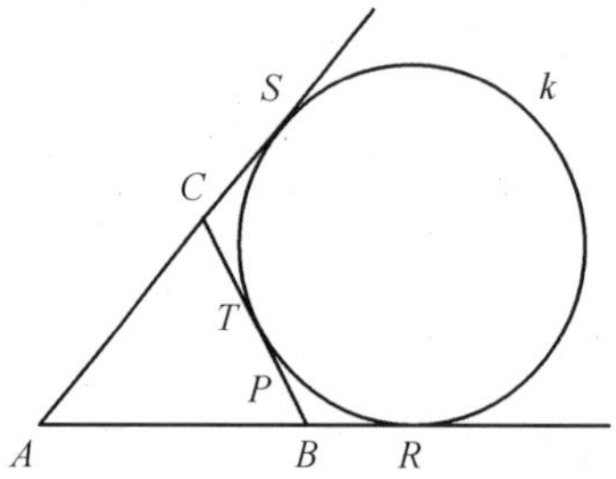

图 7.3

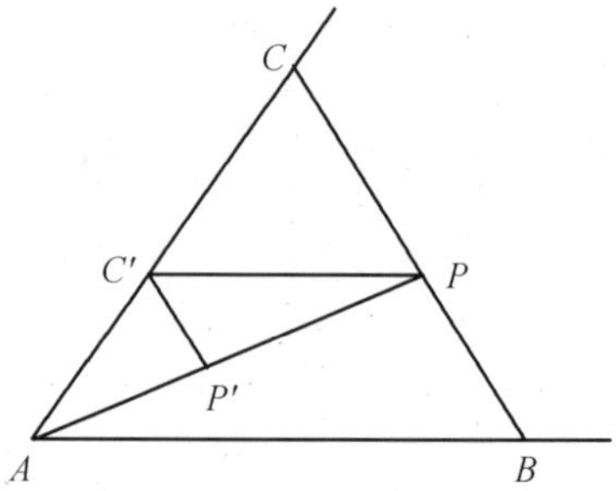

图 7.4

因为 $\triangle AC'P' \backsim \triangle ACP$ 和 $\triangle PC'P' \backsim \triangle ABP$，我们有

$$\frac{C'P'}{CP}=\frac{AP'}{AP},\frac{C'P'}{BP}=\frac{PP'}{AP}$$

将这两个等式相加，得到

$$\frac{C'P'}{BP}+\frac{C'P'}{CP}=\frac{P'P+AP'}{AP}=1$$

于是

$$\frac{1}{PB}+\frac{1}{PC}=\frac{1}{C'P'}$$

使左边的表达式最大等价于 $C'P'$ 最小. 但是 C' 与 BC 的选择无关，所以后者归结为在 AP 上求到 C' 的距离最小的点 P'. 显然，这一点是 C' 到 AP 的垂线的垂足. 由作图可知 $C'P'$ 平行于 BC，所以当且仅当 BC 垂直于 AP 时，达到所求的最大值.

12. 在 $\triangle ABC$ 中，$\angle A=60°$，设 P 是使 $PA=1$，$PB=2$，$PC=3$ 的点. 证明

$$[ABC]\leqslant\frac{\sqrt{3}}{8}(13+\sqrt{73})$$

证明 设 B' 和 P' 是使 $\overrightarrow{BB'}=\overrightarrow{PP'}+\overrightarrow{AC}$ 的点. 设 $PB'=d$，$\triangle ABC$ 的边长是 a,b,c，那么对点 P,B',P',C 的托勒密不等式（例 1.6）给出 $bc\leqslant d+6$. 设 O 是平行四边形 $ABB'C$ 的对角线 BC 和 AB' 的交点，那么

$$(1+d)^2=(AB')^2=2b^2+2c^2-a^2$$
$$(d-1)^2=4PO^2=2(2^2+3^2)-a^2$$

得到 $b^2+c^2-a^2=d^2-12$. 另外，对 $\triangle ABC$ 应用余弦定理得到 $b^2+c^2-a^2=bc$，于是

$$d^2-12=bc\leqslant d+6$$

因此 $d\leqslant\frac{1+\sqrt{73}}{2}$，我们得到

$$[ABC]=\frac{\sqrt{3}}{4}bc\leqslant\frac{\sqrt{3}}{4}(d+6)$$

$$\leqslant \frac{\sqrt{3}}{8}(13+\sqrt{73})$$

13. 两个同心圆的半径分别为 r 和 R，$R>r$. 凸四边形 $ABCD$ 内接于小圆，AB，BC，CD 和 DA 的延长线分别交大圆于点 C_1，D_1，A_1 和 B_1. 证明：

(a) 四边形 $A_1B_1C_1D_1$ 的周长不小于四边形 $ABCD$ 的周长的$\frac{R}{r}$ 倍；

(b) 四边形 $A_1B_1C_1D_1$ 的面积不小于四边形 $ABCD$ 的面积的$\left(\frac{R}{r}\right)^2$ 倍.

证明　(a) 设 O 是这两个圆的公共圆心(图 7.5). 对四边形 OAB_1C_1，OBC_1D_1，OCD_1A_1 和 ODA_1B_1 应用托勒密不等式，我们有

$$R\cdot AC_1\leqslant r\cdot B_1C_1+R\cdot AB_1$$
$$R\cdot BD_1\leqslant r\cdot C_1D_1+R\cdot BC_1$$
$$R\cdot CA_1\leqslant r\cdot D_1A_1+R\cdot CD_1$$
$$R\cdot DB_1\leqslant r\cdot A_1B_1+R\cdot DA_1$$

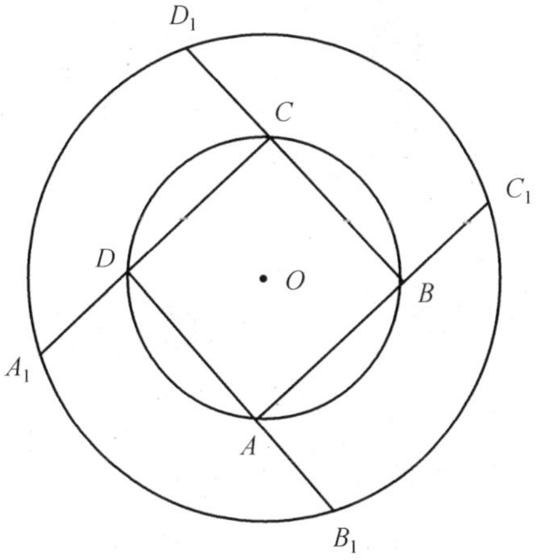

图 7.5

相加，得

$$R\cdot(AB+BC+CD+DA)\leqslant r\cdot(A_1B_1+B_1C_1+C_1D_1+D_1A_1)$$

当等式成立时，这四个四边形都必须是圆内接四边形. 因此由 Thales 定理

$$\angle OAC_1=\angle OB_1C_1=\angle OC_1B_1=\angle OAD$$

所以 OA 平分 $\angle BAD$. 同理，OB，OC 和 OD 分别平分 $\angle ABC$，$\angle BCD$ 和 $\angle CDA$. 因此 O 也是四边形 $ABCD$ 的内心，这只有当四边形 $ABCD$ 是正方形时可能. 反之，如果四边形 $ABCD$ 是正方形，那么四边形 $A_1B_1C_1D_1$ 也是正方形，后者的周长显然是前者的$\frac{R}{r}$ 倍.

(b) 设 $a=AB$，$b=BC$，$c=CD$，$d=AD$，$w=A_1D$，$x=B_1A$，$y=C_1B$，$z=D_1C$. 由点的

圆幂定理(图 7.5) 知

$$x(x+d)=y(y+a)=z(z+b)$$
$$=w(w+c)=R^2-r^2$$

因此我们有

$$\angle B_1AC_1=180^\circ-\angle DAB$$
$$=\angle BCD=180^\circ-\angle A_1CD_1$$

我们也有

$$\frac{[AB_1C_1]}{[ABCD]}=\frac{x(a+y)}{ad+bc}$$
$$\frac{[A_1CD_1]}{[ABCD]}=\frac{z(c+w)}{ad+bc}$$

同理

$$\frac{[BC_1D_1]}{[ABCD]}=\frac{y(b+z)}{ab+cd}$$
$$\frac{[A_1B_1D]}{[ABCD]}=\frac{w(d+x)}{ab+cd}$$

因此

$$\frac{[A_1B_1C_1D_1]}{[ABCD]}=1+\frac{x(a+y)+z(c+w)}{ad+bc}+\frac{y(b+z)+z(d+x)}{ab+cd}$$
$$=1+(R^2-r^2)\left(\frac{x}{y(ad+bc)}+\frac{z}{w(ad+bc)}+\frac{y}{z(ab+cd)}+\frac{w}{x(ab+cd)}\right)$$
$$\geqslant 1+\frac{4(R^2-r^2)}{\sqrt{(ad+bc)(ab+cd)}}$$

这是由 AM－GM 不等式得到的. 此外

$$2\sqrt{(ad+bc)(ab+cd)}\leqslant(ad+bc)+(ab+cd)$$
$$=(a+c)(b+d)$$
$$\leqslant\frac{1}{4}(a+b+c+d)^2$$
$$\leqslant 8r^2$$

这后一步用到了在内接于一个圆的所有这四个四边形中,正方形的周长最大这一事实. 现在我们有

$$\frac{[A_1B_1C_1D_1]}{[ABCD]}\geqslant 1+\frac{4(R^2-r^2)}{4r^2}=\frac{R^2}{r^2}$$

14. (IMO 1995) 设 $ABCDEF$ 是凸六边形,且 $AB=BC=CD$,$DE=EF=FA$,以及 $\angle BCD=\angle EFA=60^\circ$. 设 G 和 H 是该六边形的内点,且 $\angle AGB=\angle DHE=120^\circ$. 证明

$$AG+GB+GH+DH+HE\geqslant CF$$

证明　$\triangle BCD$ 和 $\triangle EFA$ 都是等边三角形，因此 BE 是四边形 $ABDE$ 的对称轴. 设 C'，F' 分别是 C，F 是关于 BE 的对称点. 点 G 和 H 分别在 $\triangle ABC'$ 和 $\triangle DEF'$ 的外接圆上(例如，因为 $\angle AGB = 120° = 180° - \angle AC'B$)；因此由托勒密定理，我们有

$$AG + GB = C'G$$
$$DH + HE = HF'$$

于是

$$AG + GB + GH + DH + HE = C'G + GH + HF' \geqslant C'F' = CF$$

当且仅当 G 和 H 两点都在 $C'F'$ 上时，等式成立.

注　因为由托勒密不等式(例 1.6)

$$AG + GB \geqslant C'G, DH + HE \geqslant HF'$$

所以没有条件 $\angle AGB = \angle DHE = 120°$ 结论也成立.

15. 假定 $\triangle ABC$ 不是钝角三角形，设 m，n 和 p 是给定的正数. 在该平面内求一点 X，使

$$s(X) = mAX + nBX + pCX$$

最小.

解　不失一般性，设 $m \geqslant n \geqslant p$.

情况 1　$m \geqslant n + p$. 那么对于平面内任意一点 X，我们有 $AX + XB \geqslant AB$ 和 $AX + XC \geqslant AC$. 于是

$$\begin{aligned} s(X) &\geqslant (n+p)AX + nBX + pCX \\ &= n(AX + XB) + p(AX + XC) \\ &\geqslant nAB + pAC = s(A) \end{aligned}$$

显然当且仅当 $X = A$ 时，等式成立. 所以在这种情况下，$X = A$ 是(唯一的) 解.

情况 2　$m < n + p$. 那么存在一个 $\triangle A_0B_0C_0$，且 $B_0C_0 = m$，$C_0A_0 = n$，$A_0B_0 = p$. 设 φ 是以下两种变换的叠加：

(i) 以点 A 为中心，比 $k = \dfrac{p}{n}$ 的伸缩；

(ii) 绕点 A 逆时针旋转 $\angle A_0$.

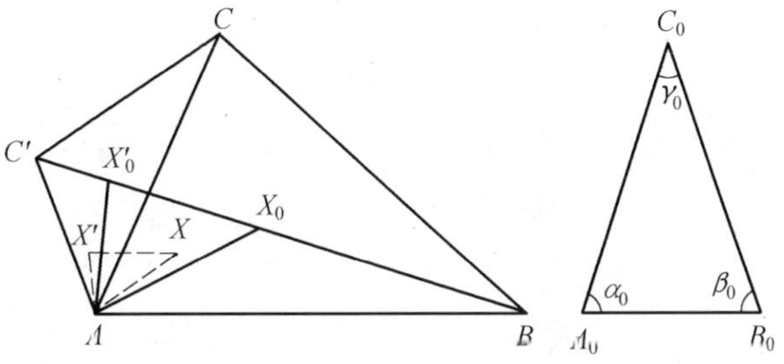

图 7.6

对于平面内每一点 X，设 $X'=\varphi(X)$，注意到 $\angle XAX'=\alpha_0$（图 7.6）以及

$$\frac{AX'}{AX}=k=\frac{p}{n}=\frac{A_0B_0}{A_0C_0}$$

于是，$\triangle AX'X \backsim \triangle A_0B_0C_0$，进而推出 $\dfrac{XX'}{AX}=\dfrac{m}{n}$，即 $mAX=nXX'$. 还有，$C'X'=kCX$，这等价于 $pCX=nC'X'$. 于是

$$s(X)=nXX'+nBX+nX'C'$$

即

$$\frac{s(X)}{n}=XX'+BX+X'C'$$

所以，问题是要确定 X，使折线 $BXX'C'$ 的长度最小. 现在我们考虑三种情况.

(a) 线段 BC' 与 AC 相交（图 7.6）. 设 D 是交点，Γ 是平面内使 $\angle AYD=\gamma_0$ 的点 Y 的轨迹. 用 X_0 表示弧 Γ 与直线 BC 的交点. 因为 $\angle B_0\leqslant\alpha_0$，我们有 $\beta_0<90°$，这和 $\angle B\leqslant 90°$（根据已知）一起给出 $\beta_0+\angle B<180°$，所以点 B 在由 Γ 确定的圆面外. 另外

$$\angle C'DA>\angle C'CA=\gamma_0$$

所以点 X_0 在线段 BD 上. 显然 X'_0 在 BC' 上，对于平面内的任意一点 X，我们有

$$\frac{s(X)}{n}\geqslant BC'=\frac{s(X_0)}{n}$$

当且仅当点 $X=X_0$ 时，等式成立. 于是，在这种情况中，X_0 是问题的唯一解.

(b) 线段 BC' 包含点 A. 因为 $A'=A$，我们有 $s(A)=nBC'$，所以恰当 $X=A$ 时，$s(X)$ 有最小值.

注意到 $\gamma_0<90°$ 和 $\angle C<90°$ 表明 $\angle C+\gamma_0<180°$，所以 BC' 不能包含点 C. 于是余下的只考虑以下情况.

(c) 线段 BC' 与边 AC 没有公共点，即 $\angle A+\alpha_0>180°$. 我们将证明，在这种情况中，当 $X=A$ 时，$s(X)$ 有最小值.

用 D 表示线段 BC' 与直线 AC 的交点（图 7.7），设 X 是平面内任意一点. 如果 X 在 $\angle C'AD$ 内，那么 $CX>AC$ 和 $AX+BX>AB$ 推出

$$\begin{aligned}s(X)&\geqslant nAX+nBX+pCX\\&>nAB+pCA=s(A)\end{aligned}$$

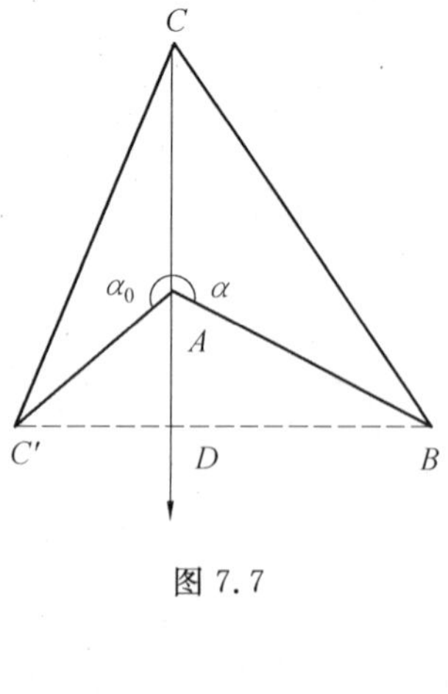

图 7.7

如果 X 不在 $\angle C'AD$ 内，那么折线 $BXX'C'$ 与从点 A 出发经过点 C 的射线有一个公共点. 于是

$$\frac{s(X)}{n}\geqslant BX+XX'+X'C'$$

$$\geqslant BA + AC' = \frac{s(A)}{n}$$

当且仅当 $X = A$ 时，等式成立.

总之，问题永远只有一解. 如果 $\angle A + \alpha_0 \geqslant 180^\circ$，当 $X = A$ 时，$s(X)$ 有最小值，而在 $\angle A + \alpha_0 < 180^\circ$ 的情况下，那么当 $X = X_0$ 时，$s(X)$ 有最小值.

16. 对一切实数 x, y，求表达式

$$\sqrt{(x-1)^2 + (y+1)^2} + \sqrt{(x+1)^2 + (y-1)^2} + \sqrt{(x+2)^2 + (y+2)^2}$$

的最小值.

解　考虑顶点坐标为 $(1, -1)$，$(-1, 1)$ 和 $(-2, -2)$ 的三角形. 那么给出的表达式是点 (x, y) 到以上三点的距离的和. 由例 1.14，这个最小值在每一边对这一点的张角都是 120° 时达到. 经简单的计算表明 $x = y = -\frac{\sqrt{3}}{3}$，所求的最小值是 $2\sqrt{2} + \sqrt{6}$.

17. 设 a, b, c 是正实数，且

$$4abc \leqslant 1$$

$$\frac{1}{a^2} + \frac{1}{b^2} + \frac{1}{c^2} < 9$$

证明：存在边长为 a, b, c 的三角形.

证明　我们可以假定 $a \leqslant b \leqslant c$，那么我们必须证明 $c < a + b$. 假定不是这样，即 $c \geqslant a + b$，设 $d = \frac{1}{4ab}$. 推出

$$d^2 \geqslant c^2 \geqslant (a+b)^2 \geqslant 4ab = \frac{1}{d}$$

这表明 $d \geqslant 1$. 因此

$$\begin{aligned}\frac{1}{a^2} + \frac{1}{b^2} + \frac{1}{c^2} &\geqslant \frac{1}{a^2} + \frac{1}{b^2} + \frac{1}{d^2} \\ &= 4[(a+b)d]^2 - 8d + \frac{1}{d^2} \\ &\geqslant 8d + \frac{1}{d^2} \\ &= 9 + \frac{(d-1)(8d^2 - d - 1)}{d^2} \geqslant 9\end{aligned}$$

这是一个矛盾.

18. 设 $n > 2$ 是正整数，假定 $a_1, a_2, \cdots, a_n$ 都是正实数，且满足不等式

$$(a_1^2 + a_2^2 + \cdots + a_n^2)^2 > (n-1)(a_1^4 + a_2^4 + \cdots + a_n^4)$$

证明：对 $1 \leqslant i < j < k \leqslant n$，数 a_i, a_j, a_k 是一个三角形的边长.

证明　考虑 $n = 3$ 的情况，那么要证明

$$(a_1^2+a_2^2+a_3^2)^2>2(a_1^4+a_2^4+a_3^4)$$

易知该不等式可改写为

$$(a_1+a_2+a_3)(a_1+a_2-a_3)(a_1+a_3-a_2)(a_2+a_3-a_1)>0$$

因为第一个因子为正，推出另三个因子都为正，此时 a_1,a_2,a_3 是三角形的边长；或者其中两个为负，第三个为正.

假定 $a_1+a_2-a_3<0,a_1+a_3-a_2<0$，那么将这两个不等式相加，得到 $a_1<0$，这是一个矛盾. 于是当 $n=3$ 时，命题成立.

现在假定 $n>3$. 由对称性，只要证明 a_1,a_2,a_3 是三角形的边长. 为此，设

$$S_n=(n-1)(a_1^4+a_2^4+\cdots+a_n^4)-(a_1^2+a_2^2+\cdots+a_n^2)^2$$

容易检验

$$S_n-S_{n-1}=(n-3)a_n^4+(a_n^2-a_1^2-a_2^2-\cdots-a_{n-1}^2)^2>0$$

于是 $0>S_n>S_{n-1}>\cdots>S_3$，再用 $n=3$ 的情况.

19. 设正整数 $n\geqslant 3,n\neq 4$. 证明：在平面内的 n 个不同的点中，存在 A,B,C 三点，使

$$1\leqslant\frac{AB}{AC}<1+\frac{2}{n}$$

证明 假定不存在这样的三点. 那么在给定的 n 个点中，选取两点，譬如说 M 和 N，使 $MN=d_1$ 最大. 设 l 是线段 MN 的垂直平分线，l 将平面分成两个半平面，其中一个包含给定的 n 个点中的 k 个点，这里 $k\geqslant\frac{n}{2}$. 我们可以假定 N 在同一个半平面内，并用 N_1，$N_2,\cdots,N_{k-1}$ 表示其余 $k-1$ 个点. 我们也可以假定

$$MN=d_1\geqslant MN_1=d_2\geqslant\cdots\geqslant MN_{k-1}=d_k$$

于是

$$d_1\geqslant\left(1+\frac{2}{n}\right)d_2,d_2\geqslant\left(1+\frac{2}{n}\right)d_3,\cdots,d_{k-1}\geqslant\left(1+\frac{2}{n}\right)d_k$$

将这些不等式相乘，得到

$$\frac{d_1}{d_k}\geqslant\left(1+\frac{2}{n}\right)^{k-1}$$

另外，$MN_{k-1}\geqslant NN_{k-1}$，我们的假定表明

$$MN_{k-1}\geqslant\left(1+\frac{2}{n}\right)NN_{k-1}$$

利用三角形不等式

$$NN_{k-1}\geqslant MN-MN_{k-1}$$

我们得到

$$2+\frac{2}{n}\geqslant\left(1+\frac{2}{n}\right)\frac{d_1}{d_k}\geqslant\left(1+\frac{2}{n}\right)^k$$

注意到当 $n \geqslant 6$ 时，这一不等式结合二项公式和不等式 $k \geqslant \frac{n}{2}$ 推出

$$\begin{aligned} 2+\frac{2}{n} &\geqslant \left(1+\frac{2}{n}\right)^{k} \\ &> 1+k\cdot\frac{2}{n}+\frac{k(k-1)}{2}\cdot\frac{4}{n^{2}} \\ &> 2+\frac{n-2}{2n} \end{aligned}$$

因此，$n<6$，这是一个矛盾.

如果 $n=5$，那么 $k \geqslant 3$，上面的不等式表明

$$\frac{12}{5} \geqslant \left(\frac{7}{5}\right)^{k} \geqslant \left(\frac{7}{5}\right)^{3}$$

这不可能.

最后，如果 $n=3$，那么 $MN \geqslant \frac{5}{3}MN_{1}$，$MN_{1} \geqslant \frac{5}{3}NN_{1}$. 于是，由三角形不等式

$$\begin{aligned} MN &\leqslant MN_{1}+N_{1}N \\ &\leqslant \frac{3}{5}MN+\frac{9}{25}MN \\ &=\frac{24}{25}MN \end{aligned}$$

这是一个矛盾.

注　可以证明在平面内任意四点中，存在三点 A,B,C，使

$$1 \leqslant \frac{AB}{BC} \leqslant \frac{\sqrt{5}+1}{2}$$

这是最佳的可能上界.

20. 设 $ABCD$ 是凸四边形，K,L,M,N 分别是边 AB,BC,CD,DA 上的任意点. 用 O 表示 KM 和 LN 的交点. 证明

$$\begin{aligned} &\frac{1}{[ANK]}+\frac{1}{[BKL]}+\frac{1}{[CLM]}+\frac{1}{[DMN]} \\ \geqslant &\frac{1}{[ONK]}+\frac{1}{[OKL]}+\frac{1}{[OLM]}+\frac{1}{[OMN]} \end{aligned}$$

证明　设经过 K，且平行于 NL 的直线分别交射线 $\overrightarrow{NA}$ 和 $\overrightarrow{LB}$ 于点 A' 和 B'，那么由例 1.21，我们有

$$\frac{1}{[ANK]}+\frac{1}{[BKL]} \geqslant \frac{1}{[A'NK]}+\frac{1}{[B'KL]} \tag{1}$$

同理，经过点 M，且平行于 NL 的直线分别交射线 $\overrightarrow{LC}$ 和 $\overrightarrow{ND}$ 于点 C' 和 D'，那么由例 1.21，我们有

$$\frac{1}{[CLM]}+\frac{1}{[DMN]}\geqslant\frac{1}{[C'LM]}+\frac{1}{[D'MN]} \tag{2}$$

现在我们对四边形 $A'B'C'D'$ 应用例1.21.设经过 N,且平行于 MK 的直线分别交射线 $\overrightarrow{KA'}$ 和 $\overrightarrow{MD'}$ 于点 A'' 和 D''. 同理,在射线 $\overrightarrow{KB'}$ 和 $\overrightarrow{MC'}$ 上定义点 B'',C'',那么由例1.21,我们有

$$\frac{1}{[A'NK]}+\frac{1}{[D'MN]}\geqslant\frac{1}{[A''NK]}+\frac{1}{[D''MN]} \tag{3}$$

$$\frac{1}{[B'KL]}+\frac{1}{[C'LM]}\geqslant\frac{1}{[B''KL]}+\frac{1}{[C''LM]}, \tag{4}$$

四边形 $A''NOK$,$B''KOL$,$C''LOM$ 和 $D''MON$ 是平行四边形,所以

$$[A''NK]=[ONK],[B''KL]=[OKL]$$
$$[C''LM]=[OLM],[D''MN]=[OMN]$$

因此由式(1)-(4)可推出要证明的不等式.

21.设 M 和 N 分别是 $\triangle ABC$ 的边 CA 和 BC 上的点,设 L 是线段 MN 上的点.证明

$$\sqrt[3]{[ABC]}\geqslant\sqrt[3]{[AML]}+\sqrt[3]{[BNL]}$$

证明 设 $\frac{CM}{MA}=x$,$\frac{CN}{NB}=y$,那么

$$\begin{aligned}\frac{[AML]}{[ABC]}&=\frac{[AML]}{[CMN]}\cdot\frac{[CMN]}{[ABC]}\\&=\frac{[AML]}{[CMN]}\cdot\frac{xy}{(1+x)(1+y)}\\&=\frac{[CML]}{[CMN]}\cdot\frac{1}{1+x}\cdot\frac{y}{1+y}\end{aligned}$$

同理

$$\frac{[BNL]}{[ABC]}=\frac{[CNL]}{[CMN]}\cdot\frac{1}{1+y}\cdot\frac{x}{1+x}$$

现在由AM-GM不等式给出

$$\begin{aligned}&\sqrt[3]{\frac{[AML]}{[ABC]}}+\sqrt[3]{\frac{[BNL]}{[ABC]}}\\&\leqslant\frac{1}{3}\left(\frac{[CML]}{[CMN]}+\frac{1}{1+x}+\frac{y}{1+y}\right)+\\&\quad\frac{1}{3}\left(\frac{[CNL]}{[CMN]}+\frac{1}{1+y}+\frac{x}{1+x}\right)=1\end{aligned}$$

要证明的不等式证完.

22.设 K,L,M,N 分别在四边形 $ABCD$ 的边 AB,BC,CD,DA 上.证明

$$\sqrt[3]{[AKN]}+\sqrt[3]{[BKL]}+\sqrt[3]{[CLM]}+\sqrt[3]{[DMN]}\leqslant 2\sqrt[3]{[ABCD]}$$

证明 我们有

$$\sqrt[3]{\frac{[AKN]}{[ABCD]}}=\sqrt[3]{\frac{AK}{AB}\cdot\frac{AN}{AD}\cdot\frac{[ABD]}{[ABCD]}}$$
$$\leqslant\frac{1}{3}\left(\frac{AK}{AB}+\frac{AN}{AD}+\frac{[ABD]}{[ABCD]}\right)$$

同理

$$\sqrt[3]{\frac{[BKL]}{[ABCD]}}\leqslant\frac{1}{3}\left(\frac{BK}{BA}+\frac{BL}{BC}+\frac{[ABC]}{[ABCD]}\right)$$
$$\sqrt[3]{\frac{[CLM]}{[ABCD]}}\leqslant\frac{1}{3}\left(\frac{CL}{CB}+\frac{CM}{CD}+\frac{[BCD]}{[ABCD]}\right)$$
$$\sqrt[3]{\frac{[DMN]}{[ABCD]}}\leqslant\frac{1}{3}\left(\frac{DM}{CD}+\frac{DN}{DA}+\frac{[CDA]}{[ABCD]}\right)$$

将这四个不等式相加,就得到要证明的不等式.

23.设 $ABCDEF$ 是凸六边形,对角线 AD,BE,CF 相交于一点 O.用 A_1 和 D_1 表示分别 AD 与 BF 和 CE 的交点,用 B_1 和 E_1 分别表示 BE 与 AC 和 DF 的交点,用 C_1 和 F_1 分别表示 CF 与 BD 和 AE 的交点.证明

$$[A_1B_1C_1D_1E_1F_1]\leqslant\frac{1}{4}[ABCDEF]$$

证明 注意到

$$\frac{[A_1OF]}{[AOF]}=\frac{OA_1}{OA}=\frac{[A_1OB]}{[AOB]}$$

于是

$$\frac{OA_1}{OA}=\frac{[A_1OF]+[A_1OB]}{[AOF]+[AOB]}$$
$$=\frac{[BOF]}{[AOF]+[AOB]}$$

同理

$$\frac{OB_1}{OB}=\frac{[AOC]}{[AOB]+[BOC]}$$

于是

$$\frac{[A_1OB_1]}{[AOF]}=\frac{OA_1\cdot OB_1}{OA\cdot OB}$$
$$=\frac{[BOF][AOC]}{([AOF]+[AOB])([AOB]+[BOC])}$$
$$=\frac{\frac{1}{4}BO\cdot OF\sin\angle BOC\cdot AO\cdot OC\sin\angle AOF}{([AOF]+[AOB])([AOB]+[BOC])}$$
$$=\frac{[AOF][BOC]}{([AOF]+[AOB])([AOB]+[BOC])}$$

利用 $(x+y)(y+z)(z+x)\geqslant 8xyz$，得到

$$[A_1OB_1]\leqslant\frac{1}{8}([AOF]+[BOC])$$

将所有这类不等式相加，就得到要证明的不等式.

24. 设 $ABCDEF$ 是凸六边形，且 $\triangle ACE\backsim\triangle BDF$. 证明

$$[ABCDEF]\leqslant\frac{R}{r}\sqrt{[ACE][BDF]}$$

这里 R 和 r 分别是 $\triangle ACE$ 的外接圆的半径和内切圆的半径.

证明 考虑这样的 $\triangle MNK$，使 $A\in MN\parallel EC$，$C\in NK\parallel EA$，$E\in KM\parallel CA$. 容易证明 A，C 和 E 分别是 MN，NK 和 KM 的中点. 因此 $\triangle FBD\backsim\triangle MNK$. 设 $MN=\lambda BF$，那么

$$\lambda^2[FBD]=[MNK]=[FBD]+[MNBF]+[NKDB]+[MKDF]$$

推出

$$(\lambda^2-1)[BDF]=\frac{(\lambda+1)BF}{2}\cdot AA_1+\frac{(\lambda+1)BD}{2}\cdot CC_1+\frac{(\lambda+1)DF}{2}\cdot EE_1$$

于是

$$[ABCDEF]=\frac{BF\cdot AA_1}{2}+\frac{BD\cdot CC_1}{2}+\frac{DF\cdot EE_1}{2}=\lambda[BDF]$$

另外，欧拉不等式表明

$$R=\frac{1}{2}R_{MNK}=\frac{\lambda}{2}R_{BDF}\geqslant\lambda r_{BDF}$$

我们得到

$$[ABCDEF]\leqslant\frac{R}{r_{BDF}}[BDF]=\frac{R}{r}\sqrt{[ACE][BDF]}$$

25. 在所有内接于一个给定的圆，且 $AC\perp BD$ 的五边形 $ABCDE$ 中，求面积最小的五边形.

解 我们可以假定给定的圆的半径为1. 固定点 A 和 D，设 $\alpha=\overset{\frown}{AD}<180^\circ$. 因为 $AC\perp BD$，圆心 O 在四边形 $ABCD$ 内(图7.8). 此外

$$\overset{\frown}{AD}+\overset{\frown}{BC}=180^\circ$$

所以

$$[AOD]=[BOC]=\sin\frac{\alpha}{2}$$

这个数是常数(当 α 固定时).

显然 $[AOB]\leqslant\frac{1}{2}$，当 $\angle AOB=90^\circ$ 时，等式成立. 同样用于 $[COD]$. 因此，我们可以假定 $\angle AOB=\angle COD=90^\circ$. 此外，当 E 是 $\overset{\frown}{AD}$ 的中点时，$[ADE]$ 的面积最大. 于是，只要

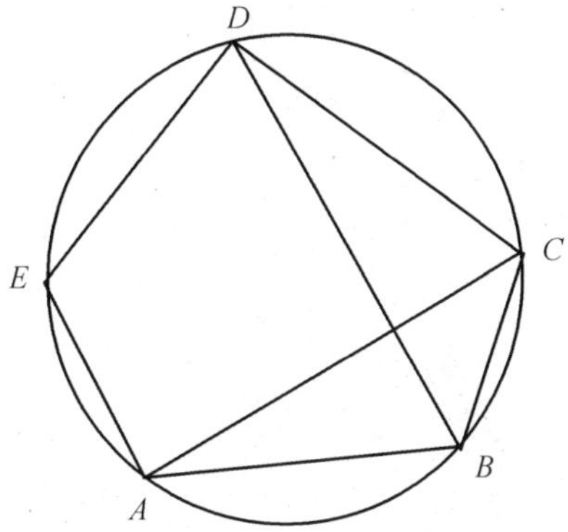

图 7.8

考虑 $\angle AOB=\angle COD=90°$，$E$ 是 $\overset{\frown}{AD}$ 的中点的五边形 $ABCDE$，那么

$$[ABCDE]=1+\frac{\sin\alpha}{2}+\sin\frac{\alpha}{2}$$

容易看出，当 $\alpha=120°$ 时，α 的这个函数达到最大值. 因此，当

$$\angle AOB=\angle COD=90°$$

$$\angle BOC=\angle DOE=\angle EOA=60°$$

时，$[ABCDE]$ 有最大值.

26. 设 $\triangle A_0B_0C_0$ 和 $\triangle A_1B_1C_1$ 是锐角三角形. 考虑与 $\triangle A_1B_1C_1$ 相似(使顶点 A_1，B_1，C_1 分别对应于顶点 A，B，C)，并外接 $\triangle A_0B_0C_0$(顶点 A_0 在 BC 上，顶点 B_0 在 CA 上，顶点 C_0 在 AB 上)的所有这样的 $\triangle ABC$ 中，确定面积最大的一个，并作出这个三角形.

解　过 A_0，B_0，C_0 三点作直线分别平行于 B_1C_1，C_1A_1，A_1B_1. 这些直线形成一个边为 BC，CA，AB，且与 $\triangle A_1B_1C_1$ 相似的 $\triangle ABC$. 现在假定所画的每一条直线分别绕点 A_0，B_0，C_0 旋转同样的角度. 然后相交成与原来相同的角，总是形成与 $\triangle A_1B_1C_1$ 相似的三角形.

在这些三角形中，面积最大的三角形是边长最长的. 为了求出这样的三角形，我们回忆一下，使 $\triangle A_0BC_0$ 有一个给定大小的角为 β 的点 B 的轨迹是弦 A_0C_0 所对的一条圆弧. 这就使人想起作 $\triangle A_0C_0B$，$\triangle B_0A_0C$ 和 $\triangle B_0C_0A$ 的外接圆(图 7.9). 用 O_b，O_c 和 O_a 分别表示这三个外接圆的圆心. 容易证明这三个圆有一个公共点 O. 下面我们证明 $\triangle O_aO_bO_c\backsim\triangle ABC$. 事实上

$$\angle C=\frac{1}{2}\overset{\frown}{A_0OB_0}$$

$$\angle O_aO_cO_b=\frac{1}{2}\overset{\frown}{A_0O}+\frac{1}{2}\overset{\frown}{OB_0}$$

这是因为 O_cO_a 和 O_cO_b 分别是 $\overset{\frown}{OB_0}$ 和 $\overset{\frown}{A_0O}$ 的中点.

所以 $\angle C=\angle O_aO_cO_b$. 同理，$\angle A=\angle O_cO_aO_b$，$\angle B=\angle O_aO_bO_c$.

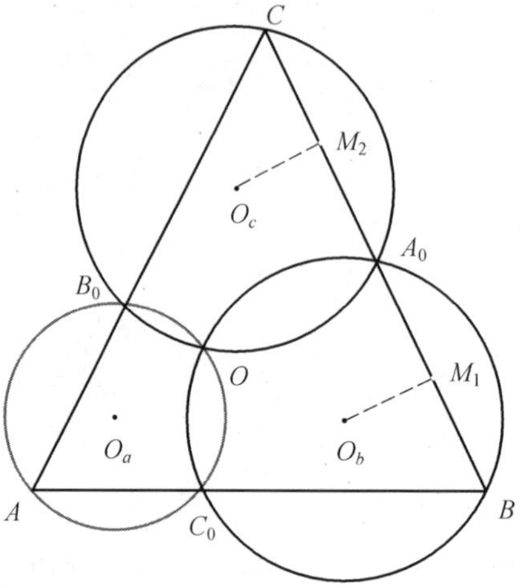

图 7.9

于是 $\triangle O_aO_bO_c \backsim \triangle ABC \backsim \triangle A_1B_1C_1$.

最后,我们将证明经过点 A_0,B_0,C_0 的最大的 $\triangle ABC$ 的各边平行于 $\triangle O_aO_bO_c$ 的各边.

为了证明这一点,注意到从 O_b 和 O_c 出发的垂线分别平分弦 BA_0 和 CA_0 于 M_1 和 M_2,所以 $M_1M_2=\frac{1}{2}BC$.线段 M_1M_2 是 O_bO_c 在 BC 上的射影,当 $BC\parallel O_bO_c$ 时最大.因为 $\triangle O_aO_bO_c \backsim \triangle ABC$,所以最大的三角形的三条边分别平行于 $\triangle O_aO_bO_c$ 的三条边.于是,要作最大的三角形,首先过点 A_0,B_0,C_0 作与 $\triangle A_1B_1C_1$ 相似的任意三角形.然后作 $\triangle A_0C_0B$,$\triangle B_0A_0C$ 和 $\triangle B_0C_0A$ 的外接圆的圆心 O_a,O_b,O_c.最后,过点 A_0,B_0,C_0 作分别平行于 O_bO_c,O_cO_a,O_aO_b 的直线.这些直线形成所求的最大三角形的边 BC,CA,AB.

27.经过给定三面角的内部的一定点 M 的平面 α,分别交三面角的棱于点 A_0,B_0,C_0.求使四面体 $OABC$ 的体积最小的平面 α 的位置.

解 设 α_0 是经过顶点为 O 的三面角内定点 M 的固定的平面,它与三面角的棱分别相交于点 A_0,B_0 和 C_0.因为三面角 $OABC$ 和 $OA_0B_0C_0$ 是有同一顶点 O 的三面角,所以它们的体积 V 和 V_0 的比等于

$$\frac{V}{V_0}=\frac{OA\cdot OB\cdot OC}{OA_0\cdot OB_0\cdot OC_0}$$

于是,α 必须选择得使 $OA\cdot OB\cdot OC$ 最小.

过点 M 作一平面平行于平面 OAB,设 C_1 是该平面与 OC 的交点.用 z 表示 M 到平面 OAB 的距离和 C 到 OAB 的距离的比.那么 $OC=OC_1=z$.采用同样的记号,得到 $OA=OA_1=x$,$OB=OB_1=y$.于是

$$OA\cdot OB\cdot OC=\frac{OA_1\cdot OB_1\cdot OC_1}{xyz}$$

因为线段 OA_1，OB_1 和 OC_1 与过 M 的平面无关，所以当乘积 xyz 最大时，上面等式的右边最小. 注意到 $x+y+z=1$，所以由 AM－GM 不等式给出

$$xyz \leqslant \left(\frac{x+y+z}{3}\right)^3 = \frac{1}{27}.$$

当且仅当 $x=y=z=\frac{1}{3}$ 时，等式成立. 这意味着平面 α 应该作得使 M 是 $\triangle ABC$ 的重心.

28. 设 A,B,C,D,E,F 是平面内的六点，A_1,B_1,C_1,D_1,E_1,F_1 分别是线段 AB,BC,CD,DE,EF,AF 的中点. 证明

$$4(A_1D_1^2+B_1E_1^2+C_1F_1^2) \leqslant 3[(AB+DE)^2+(BC+EF)^2+(CD+AF)^2]$$

证明　设 $\overrightarrow{AB}=\boldsymbol{a}$，$\overrightarrow{BC}=\boldsymbol{b}$，$\overrightarrow{CD}=\boldsymbol{c}$，$\overrightarrow{DE}=\boldsymbol{d}$，$\overrightarrow{EF}=\boldsymbol{e}$. 恒等式 $2\overrightarrow{A_1D_1}=\overrightarrow{BE}+\overrightarrow{AD}$ 给出

$$4A_1D_1^2=BE^2+AD^2+2\,\overrightarrow{BE}\cdot\overrightarrow{AD}$$

另外

$$\overrightarrow{AD}+\overrightarrow{DE}+\overrightarrow{EB}+\overrightarrow{BA}=\mathbf{0}$$

于是，$\overrightarrow{AD}-\overrightarrow{BE}=\boldsymbol{a}-\boldsymbol{d}$. 因此

$$(\boldsymbol{a}-\boldsymbol{d})^2=BE^2+AD^2-2\,\overrightarrow{BE}\cdot\overrightarrow{AD}$$

我们得到

$$4A_1D_1^2=2(BE^2+AD^2)-(\boldsymbol{a}-\boldsymbol{d})^2$$

对 B_1E_1 和 C_1F_1 用类似的恒等式，我们得到

$$\begin{aligned}
&4(A_1D_1^2+B_1E_1^2+C_1F_1^2)\\
&=4CF^2+4BE^2+4AD^2-(\boldsymbol{a}-\boldsymbol{d})^2-\\
&\quad(\boldsymbol{a}+\boldsymbol{b}+2\boldsymbol{c}+\boldsymbol{d}+\boldsymbol{e})^2-(\boldsymbol{b}-\boldsymbol{e})^2\\
&=4(\boldsymbol{c}+\boldsymbol{d}+\boldsymbol{e})^2+4(\boldsymbol{a}+\boldsymbol{b}+\boldsymbol{c})^2+4(\boldsymbol{b}+\boldsymbol{c}+\boldsymbol{d})^2-\\
&\quad(\boldsymbol{a}-\boldsymbol{d})^2-(\boldsymbol{a}+\boldsymbol{b}+2\boldsymbol{c}+\boldsymbol{d}+\boldsymbol{e})^2-(\boldsymbol{b}-\boldsymbol{e})^2\\
&=3(\boldsymbol{a}-\boldsymbol{d})^2+3(\boldsymbol{a}+\boldsymbol{b}+2\boldsymbol{c}+\boldsymbol{d}+\boldsymbol{e})^2+3(\boldsymbol{b}-\boldsymbol{e})^2-4(\boldsymbol{a}+\boldsymbol{c}+\boldsymbol{e})^2\\
&\leqslant 3(\boldsymbol{a}-\boldsymbol{d})^2+3(\boldsymbol{a}+\boldsymbol{b}+2\boldsymbol{c}+\boldsymbol{d}+\boldsymbol{e})^2+3(\boldsymbol{b}-\boldsymbol{e})^2\\
&\leqslant 3(AB+DE)^2+3(BC+EF)^2+3(CD+AF)^2
\end{aligned}$$

29. 设 $\triangle ABC$ 中，A_1,B_1,C_1 分别是直线 BC,CA,AB 上的任意点. 证明：对于一切正实数 x,y,z，以下不等式成立

$$(xAB^2+yBC^2+zCA^2)(xA_1B_1^2+yB_1C_1^2+zC_1A_1^2) \geqslant 4(xy+yz+zx)[ABC]^2$$

证明　设

$$m_1=\sqrt{\frac{xz}{y}},\ m_2=\sqrt{\frac{xy}{z}},\ m_3=\sqrt{\frac{yz}{x}}$$

那么 $m_1m_2=x$，$m_2m_3=y$，$m_3m_1=z$. 设 G 是质点系 $A_1(m_1)$，$B_1(m_2)$，$C_1(m_3)$ 的质心. 那么容易检验

$$m_1m_2A_1B_1^2+m_2m_3B_1C_1^2+m_3m_1C_1A_1^2$$
$$=(m_1+m_2+m_3)(m_1GA_1^2+m_2GB_1^2+m_3GC_1^2)$$

由柯西－许瓦兹不等式,推得

$$\begin{aligned}xA_1B_1^2+yB_1C_1^2+zC_1A_1^2 &\geqslant m_1m_2A_1B_1^2+m_2m_3B_1C_1^2+m_3m_1C_1A_1^2\\ &=(m_1+m_2+m_3)(m_1GA_1^2+m_2GB_1^2+m_3GC_1^2)\\ &\geqslant \frac{(m_1+m_2+m_3)(GA_1\cdot BC+GB_1\cdot CA+GC_1\cdot AB)^2}{\frac{BC^2}{m_1}+\frac{AC^2}{m_2}+\frac{AB^2}{m_3}}\\ &\geqslant \frac{(m_1+m_2+m_3)(2[GBC]+2[GCA]+2[GAB])^2}{\frac{BC^2}{m_1}+\frac{AC^2}{m_2}+\frac{AB^2}{m_3}}\\ &\geqslant \frac{4(xy+yz+zx)[ABC]^2}{xAB^2+yBC^2+zCA^2}\end{aligned}$$

30. 一个面积为 A 的 n 边形内接于一个半径为 R 的圆. 在每一条边上任意各取一点. 证明:第二个 n 边形的周长不小于 $\frac{2A}{R}$.

证明　用 $\boldsymbol{e}_i(1\leqslant i\leqslant n)$ 表示过给定的 n 边形的顶点 A_i 处的圆的切线方向的单位向量. 设 $B_1,B_2,\cdots,B_n$ 分别是边 $A_1A_n,A_1A_2,\cdots,A_{n-1}A_n$ 上的任意点,那么

$$\overrightarrow{B_iB_{i+1}}\cdot\boldsymbol{e}_i\leqslant|\overrightarrow{B_iB_{i+1}}|\cdot|\boldsymbol{e}_i|=B_iB_{i+1},1\leqslant i\leqslant n$$

这里 $B_{n+1}=B_1$. 于是

$$\begin{aligned}P=\sum_{i=1}^{n}B_iB_{i+1}&\geqslant\sum_{i=1}^{n}\overrightarrow{B_iB_{i+1}}\cdot\boldsymbol{e}_i\\ &=\sum_{i=1}^{n}(\overrightarrow{B_iA_i}+\overrightarrow{A_iB_{i+1}})\cdot\boldsymbol{e}_i\end{aligned}$$

另外,我们还有

$$\overrightarrow{B_1A_1}\cdot\boldsymbol{e}_1=\overrightarrow{B_1A_1}\cdot\boldsymbol{e}_n,\overrightarrow{B_2A_2}\cdot\boldsymbol{e}_2=\overrightarrow{B_1A_1}\cdot\boldsymbol{e}_1,\cdots,\overrightarrow{B_nA_n}\cdot\boldsymbol{e}_n=\overrightarrow{B_1A_1}\cdot\boldsymbol{e}_{n-1}$$

这表明,上面的不等式的右边等于

$$\sum_{i=1}^{n}\overrightarrow{A_iA_{i+1}}\cdot\boldsymbol{e}_i$$

设 O 是给定的 n 边形的外接圆的圆心,用 C_i 表示在顶点 A_i 和 A_{i+1} 处的外接圆的切线的交点,那么

$$\begin{aligned}\overrightarrow{A_iA_{i+1}}\cdot\boldsymbol{e}_i&=A_iA_{i+1}\cos(\overrightarrow{A_iA_{i+1}},\boldsymbol{e}_i)\\ &=A_iA_{i+1}\sin(\overrightarrow{A_iO},\overrightarrow{A_iA_{i+1}})\\ &=\frac{2[A_iOA_{i+1}]}{R}\end{aligned}$$

因此

$$P \geqslant \sum_{i=1}^{n} \overrightarrow{A_iA_{i+1}} \cdot \boldsymbol{e}_i = \sum_{i=1}^{n} \frac{2[A_iOA_{i+1}]}{R} = \frac{2A}{R}$$

31. 设在四面体 $ABCD$ 中，$AC \perp BC$，$AD \perp BD$. 证明：直线 AC 和 BD 的夹角的余弦小于$\frac{CD}{AB}$.

证明　设 $\boldsymbol{e}_1, \boldsymbol{e}_2, \boldsymbol{e}_3$ 是互相正交的单位向量，且$\overrightarrow{CA} = a\boldsymbol{e}_1$，$\overrightarrow{CB} = b\boldsymbol{e}_2$，$a, b > 0$. 设$\overrightarrow{CD} = x\boldsymbol{e}_1 + y\boldsymbol{e}_2 + z\boldsymbol{e}_3$. 那么

$$\overrightarrow{BD} = \overrightarrow{CD} - \overrightarrow{CB} = x\boldsymbol{e}_1 + (y-b)\boldsymbol{e}_2 + z\boldsymbol{e}_3$$

用 φ 表示直线 AC 和 BD 的夹角. 那么

$$\cos \varphi = \frac{|\overrightarrow{CA} \cdot \overrightarrow{BD}|}{AC \cdot BD} = \frac{|x|}{\sqrt{x^2 + (y-b)^2 + z^2}}$$

我们还有

$$\frac{CD}{AB} = \frac{\sqrt{x^2 + y^2 + z^2}}{\sqrt{a^2 + b^2}}$$

要证明的不等式等价于

$$\sqrt{x^2(a^2 + b^2)} < \sqrt{(x^2 + y^2 + z^2)(x^2 + y^2 + z^2 + b^2 - 2by)}$$

因为

$$\overrightarrow{AD} = -\overrightarrow{CA} + \overrightarrow{CD} = (x-a)\boldsymbol{e}_1 + y\boldsymbol{e}_2 + z\boldsymbol{e}_3$$

条件 $AD \perp BD$ 给出

$$0 = \overrightarrow{AD} \cdot \overrightarrow{BD} = x(x-a) + y(y-b) + z^2$$

于是

$$x^2 + y^2 + z^2 = ax + by$$

于是，上面的不等式可写成

$$\sqrt{x^2(a^2 + b^2)} < \sqrt{(ax + by)(ax - by + b^2)}$$

将这一不等式的两边平方，我们看到它等价于

$$ax + by - x^2 - y^2 > 0$$

这是显然的，因为

$$ax + by - x^2 - y^2 = z^2$$

32. 单位球面上有 n 个点，其中两两之间的距离至多是$\sqrt{2}$，求最小的正整数 n.

解　设 A_1, A_2, A_3, A_4, A_5 是球心为 O 的单位球面上的五点. 设$\overrightarrow{OA_i} = \boldsymbol{a}_i$，$1 \leqslant i \leqslant 5$. 假定 $A_iA_j \geqslant \sqrt{2}$，$i \neq j$. 那么$(\boldsymbol{a}_i - \boldsymbol{a}_j)^2 = A_iA_j^2 \geqslant 2$，因为$\boldsymbol{a}_i{}^2 = \boldsymbol{a}_j{}^2 = 1$，得到 $\boldsymbol{a}_i \cdot \boldsymbol{a}_j \leqslant 0$. 设 $\boldsymbol{e}_1 = \boldsymbol{a}_1$，$\boldsymbol{e}_2, \boldsymbol{e}_3$ 是空间中互相正交的单位向量，再设

$$\boldsymbol{a}_i = x_i\boldsymbol{e}_1 + y_i\boldsymbol{e}_2 + z_i\boldsymbol{e}_3, 1 \leqslant i \leqslant 5$$

我们有 $x_1=1, y_1=z_1=0, \boldsymbol{a}_i \cdot \boldsymbol{a}_j \leqslant 0$，这表明 $x_2, x_3, x_4, x_5 \leqslant 0$. 考虑向量

$$\boldsymbol{b}_i = y_i \boldsymbol{e}_2 + z_i \boldsymbol{e}_3, 2 \leqslant i \leqslant 5$$

我们即将证明所有这些向量不是零向量. 事实上，假定 $\boldsymbol{b}_2=\boldsymbol{0}$. 那么 $\boldsymbol{a}_2=-\boldsymbol{e}_1$，否则

$$\boldsymbol{a}_2=\boldsymbol{e}_1=\boldsymbol{a}_1$$

$$\boldsymbol{a}_1 \cdot \boldsymbol{a}_2 > 0$$

这是一个矛盾. 于是

$$0=\boldsymbol{a}_3 \cdot \boldsymbol{a}_1+\boldsymbol{a}_3 \cdot \boldsymbol{a}_2<0$$

又是一个矛盾. 这就推出向量 $\boldsymbol{b}_2, \boldsymbol{b}_3, \boldsymbol{b}_4, \boldsymbol{b}_5$ 中的两个之间的夹角不大于 90°. 例如，设 $\angle(\boldsymbol{b}_2, \boldsymbol{b}_3) \leqslant 90^{\circ}$，那么

$$\boldsymbol{a}_2 \cdot \boldsymbol{a}_3=x_2 x_3+\boldsymbol{b}_2 \cdot \boldsymbol{b}_3>0$$

这是一个矛盾.

注意到 $n=5$ 是具有给定性质的最小的正整数，因为四点

$$A_1(0,0,1), A_2\left(\frac{2\sqrt{2}}{3}, 0, \frac{1}{3}\right), A_3\left(-\frac{\sqrt{2}}{3},-\frac{\sqrt{6}}{3},-\frac{1}{3}\right), A_4\left(-\frac{\sqrt{2}}{3}, \frac{\sqrt{6}}{3},-\frac{1}{3}\right)$$

满足条件 $A_i A_j<\sqrt{2}, 1 \leqslant i \neq j \leqslant 4$.

33. 证明：给定边长为 a, b, c 的 $\triangle ABC$ 和所在平面内的点 P，我们有

$$\frac{PA \cdot PB}{ab}+\frac{PB \cdot PC}{bc}+\frac{PC \cdot PA}{ca} \geqslant 1$$

第一种证法 对于实数 x, y, z，我们有

$$(x\overrightarrow{PA}+y\overrightarrow{PB}+z\overrightarrow{PC})^2 \geqslant 0$$

展开后，利用余弦定理，得到

$$(x+y+z)(xPA^2+yPB^2+zPC^2) \geqslant a^2 yz+b^2 zx+c^2 xy$$

现在用替换

$$x=\frac{a}{PA}, y=\frac{b}{PB}, z=\frac{c}{PC}$$

就得到要证明的不等式.

第二种证法 设 a, b, c, p 分别是点 A, B, C, P 的复坐标. 容易检验

$$\begin{aligned}&(a-b)(p-a)(p-b)+(b-c)(p-b)(p-c)+(c-a)(p-c)(p-a)\\ &=(a-b)(b-c)(c-a)\end{aligned}$$

取模后，再利用三角形不等式，得到

$$cPA \cdot PB+aPB \cdot PC+bPC \cdot PA \geqslant abc$$

它等价于要证明的不等式.

34. 设 n 边形 $A_1 A_2 \cdots A_n$ 内接于半径为 R 的圆. 证明

$$\sum_{\text{cyc}} \frac{1}{A_1 A_2 \cdot A_1 A_3 \cdot \cdots \cdot A_1 A_n} \geqslant \frac{1}{R^{n-1}}$$

证明　注意到对于复数 $a_1,a_2,\cdots,a_n$，下面的恒等式

$$\sum_{\text{cyc}}\frac{a_1^{n-1}}{(a_1-a_2)(a_1-a_3)\cdots(a_1-a_n)}=1 \tag{1}$$

成立.

为了证明这一恒等式，对多项式 z^{n-1} 和数 $a_1,a_2,\cdots,a_n$ 应用拉格朗日(Lagrange) 插值公式[2]. 那么

$$z^{n-1}=\sum_{\text{cyc}}\frac{a_1^{n-1}}{(a_1-a_2)(a_1-a_3)\cdots(a_1-a_n)}(z-a_2)(z-a_3)\cdots(z-a_n)$$

比较上面恒等式两边的 z^{n-1} 的系数，推出式(1).

设复平面的原点是该多边形的外接圆的圆心，$a_1,a_2,\cdots,a_n$ 分别是顶点 $A_1,A_2,\cdots,A_n$ 的复坐标. 那么由式(1) 和三角形不等式推出

$$\sum_{\text{cyc}}\frac{|a_1|^{n-1}}{|a_1-a_2||a_1-a_3|\cdots|a_1-a_n|}\geqslant 1$$

上式等价于要证明的不等式.

35. 设 $A_1,A_2,\cdots,A_n$ 是单位圆上的点. 证明：在这个圆上存在一点 P，使

$$PA_1\cdot PA_2\cdot\cdots\cdot PA_n\geqslant 2$$

证明　我们可以假定单位圆的圆心是 O，用 $a_1,a_2,\cdots,a_n,z$ 分别表示对应于 $A_1,A_2,\cdots,A_n,P$ 的复坐标，那么

$$|a_1|=|a_2|=\cdots=|a_n|=|z|$$

且

$$PA_1\cdot PA_2\cdot\cdots\cdot PA_n=|z-a_1||z-a_2|\cdots|z-a_n|$$

设

$$\begin{aligned}f(z)&=(z-a_1)(z-a_2)\cdots(z-a_n)\\&=z^n+c_{n-1}z^{n-1}+\cdots+c_1z+c_0\end{aligned}$$

注意到

$$|c_0|=|a_1a_2\cdots a_n|=1$$

设 $\omega^n=c_0,\omega_j=\exp\dfrac{2j\pi}{n},x_j=\omega\omega_j(0\leqslant j\leqslant n-1)$. 因为 $|x_j|=|\omega||\omega_j|=1$，推出 x_j 是给定的圆上的点. 易知，且容易检验，对 $1\leqslant k\leqslant n-1$，有

$$\sum_{j=0}^{n-1}\omega_j^k=0$$

结合三角形不等式，推得

$$\begin{aligned}&|f(x_0)|+|f(x_1)|+\cdots+|f(x_{n-1})|\\\geqslant&|f(x_0)+f(x_1)+\cdots+f(x_{n-1})|\end{aligned}$$

$$=\left| \omega^n \sum_{j=0}^{n-1} \omega_j^n + c_{n-1}\omega^{n-1} \sum_{j=0}^{n-1} \omega_j^{n-1} + \cdots + c_1\omega \sum_{j=0}^{n-1} \omega_j + nc_0 \right|$$
$$=| n\omega^n + nc_0 | = 2n | c_0 | = 2n$$

因此存在 i,使 $| f(x_i) | \geqslant 2$.

36. 设 r 和 R 分别是 $\triangle ABC$ 的内切圆的半径和外接圆的半径. 证明

$$\sin \frac{A}{2}\sin \frac{B}{2} + \sin \frac{B}{2}\sin \frac{C}{2} + \sin \frac{C}{2}\sin \frac{A}{2} \leqslant \frac{R+r}{2R}$$

证明 众所周知

$$\cos A + \cos B + \cos C = 1 + \frac{r}{R}$$

于是,只要证明

$$2\sum_{\text{cyc}} \sin \frac{A}{2}\sin \frac{B}{2} \leqslant \sum_{\text{cyc}} \cos A$$

对于正数 x,我们有 $2 \leqslant x + \frac{1}{x}$. 取 $x = \cos \frac{A}{2}\cos \frac{B}{2}$,并乘以 $\sin \frac{A}{2}\sin \frac{B}{2}$,得到

$$2\sin \frac{A}{2}\sin \frac{B}{2} \leqslant \frac{1}{2}\left(\sin A\tan \frac{B}{2} + \sin B\tan \frac{A}{2}\right)$$

因此

$$2\sum_{\text{cyc}} \sin \frac{A}{2}\sin \frac{B}{2} \leqslant \frac{1}{2}\sum_{\text{cyc}} \tan \frac{A}{2}(\sin A + \sin B)$$

对乘积公式求和,得到

$$\frac{1}{2}\sum_{\text{cyc}} \tan \frac{A}{2}(\sin A + \sin B)$$
$$= \sum_{\text{cyc}} \frac{\sin \frac{A}{2}}{\cos \frac{A}{2}} \sin \frac{B+C}{2}\cos \frac{B-C}{2}$$
$$= \sum_{\text{cyc}} \cos \frac{B+C}{2}\cos \frac{B-C}{2}$$
$$= \sum_{\text{cyc}} \cos A$$

这就是要证明的不等式.

37. 设 α,β,γ 是三角形的内角. 证明不等式:

(a) $\sin \frac{|\alpha-\beta|}{2} + \sin \frac{|\beta-\gamma|}{2} + \sin \frac{|\gamma-\alpha|}{2} \leqslant \sqrt{\frac{71+17\sqrt{17}}{32}}$;

(b) $\sin \frac{\alpha}{3}\sin \frac{\beta}{3}\sin \frac{\gamma}{3} \geqslant 8\sin^3 \frac{\pi}{9}\sin \frac{\alpha}{2}\sin \frac{\beta}{2}\sin \frac{\gamma}{2}$.

解 我们可以假定 $\alpha \geqslant \beta \geqslant \gamma$. 设 $\alpha - \beta = 2y, \beta - \gamma = 2x$,那么

$$x, y \geqslant 0, x \leqslant \frac{\pi}{4}, 2x + y = \frac{\pi - 3\gamma}{2} \leqslant \frac{\pi}{2}$$

于是

$$\begin{aligned} & \sin\frac{|\alpha-\beta|}{2} + \sin\frac{|\beta-\gamma|}{2} + \sin\frac{|\gamma-\alpha|}{2} \\ \leqslant & \sin\left(\frac{\pi}{2} - 2x\right) + \sin x + \sin\left(\frac{\pi}{2} - x\right) \\ = & \sin x + \cos x + \cos 2x \\ = & \sqrt{1 + \sin 2x} + \sqrt{1 - \sin^2 2x} \end{aligned}$$

考虑函数

$$f(t) = \sqrt{1+t} + \sqrt{1-t^2}, t \in [0,1]$$

求导得

$$\begin{aligned} f'(t) &= \frac{1}{2\sqrt{1+t}} - \frac{1}{\sqrt{1-t^2}} \\ &= \frac{\sqrt{1-t} - 2t}{2\sqrt{1-t^2}} \end{aligned}$$

于是，在区间[0,1]中的最大值在点

$$t = \frac{\sqrt{17} - 1}{8}$$

处达到. 因此

$$\begin{aligned} & \sin\frac{|\alpha-\beta|}{2} + \sin\frac{|\beta-\gamma|}{2} + \sin\frac{|\gamma-\alpha|}{2} \\ \leqslant & f\left(\frac{\sqrt{17}-1}{8}\right) \\ = & \sqrt{\frac{7+\sqrt{17}}{8}} + \sqrt{\frac{23+\sqrt{17}}{32}} \\ = & \sqrt{\frac{71+17\sqrt{17}}{32}} \end{aligned}$$

注　注意到上面的不等式中的等号是不能取到的，但是如果

$$\gamma \approx 0, \beta \approx \arcsin\frac{\sqrt{17}-1}{8}$$

那么近似值还是精确的.

(b) 我们首先证明：如果 $x, y \in \left(0, \frac{\pi}{3}\right)$，那么

$$\frac{\sin 2x \sin 2y}{\sin 3x \sin 3y} \geqslant \frac{\sin^2(x+y)}{\sin^2\frac{3x+3y}{2}} \tag{*}$$

我们可以假定 $x \geqslant y$. 设 $\varphi = x - y, \psi = x + y$, 那么 $0 \leqslant \varphi < \psi < \frac{2\pi}{3}$, 我们必须证明

$$\frac{\cos 2\varphi - \cos 2\psi}{\cos 3\varphi - \cos 3\psi} \geqslant \frac{1 - \cos 2\psi}{1 - \cos 3\psi}$$

它等价于

$$(\cos 2\varphi - \cos 2\psi)(1 - \cos 3\psi) \geqslant (\cos 3\varphi - \cos 3\psi)(1 - \cos 2\psi)$$

这个不等式由如下不等式给出

$$\begin{aligned}&(\cos 2\varphi - \cos 2\psi)(1 - \cos 3\psi) - (\cos 3\varphi - \cos 3\psi)(1 - \cos 2\psi)\\ =&4\left(\sin^2\psi\sin^2\frac{3\varphi}{2} - \sin^2\varphi\sin^2\frac{3\psi}{2}\right)\\ =&8\sin\frac{\varphi}{2}\sin\frac{\psi}{2}\left(4\cos\frac{\varphi}{2}\cos\frac{\psi}{2} + 1\right)\left(\cos\frac{\varphi}{2} - \cos\frac{\psi}{2}\right)\times\\ &\left(\sin\psi\sin\frac{3\varphi}{2} + \sin\varphi\sin\frac{3\psi}{2}\right) \geqslant 0\end{aligned}$$

现在利用式(*),得到

$$\begin{aligned}\frac{\sin\frac{2\alpha}{6}\sin\frac{2\beta}{6}\sin\frac{2\gamma}{6}\sin\frac{2\pi}{18}}{\sin\frac{3\alpha}{6}\sin\frac{3\beta}{6}\sin\frac{3\gamma}{6}\sin\frac{3\pi}{18}} &\geqslant \frac{\sin^2\frac{\alpha+\beta}{6}\sin^2\frac{\gamma+\pi}{6}}{\sin^2\frac{3\alpha+3\beta}{12}\sin^2\frac{3\gamma+3\pi}{12}}\\ &\geqslant \frac{\sin^4\left(\frac{\alpha}{12} + \frac{\beta}{12} + \frac{\gamma}{12} + \frac{\pi}{36}\right)}{\sin^4 3\cdot\frac{\frac{\alpha}{12} + \frac{\beta}{12} + \frac{\gamma}{12} + \frac{\pi}{36}}{2}}\\ &= \frac{\sin^4\frac{\pi}{9}}{\sin^4\frac{\pi}{6}}\end{aligned}$$

这等价于要证明的不等式.

38. 设 σ 是空间内的一个平面, P 是平面 σ 内一定点, Q 是不在平面 σ 内的空间中的任意一点. 在平面 σ 内求点 R, 使 $\frac{QP + PR}{QR}$ 最小.

解 设 Q_0 是 Q 在平面 σ 内的射影, R 是平面 σ 内的任意一点. 用 R_0 表示直线 PQ_0 与圆心为 Q_0 半径为 Q_0R 的圆的交点, 且 Q_0 在 P 和 R_0 之间, 那么 $PR \leqslant PR_0$, $QR = QR_0$, 于是

$$\frac{QP + PR}{QR} \leqslant \frac{QP + PR_0}{QR_0}$$

设 $\angle R_0PQ = \alpha$, $\angle PR_0Q = \beta$, $QQ_0 = h$. 那么

$$QP = \frac{h}{\sin\alpha}, QR_0 = \frac{h}{\sin\beta}$$

$$PR_0=\frac{QP\sin(\alpha+\beta)}{\sin\beta}=\frac{h\sin(\alpha+\beta)}{\sin\alpha\sin\beta}$$

于是

$$\frac{QP+PR_0}{QR_0}=\frac{\sin(\alpha+\beta)+\sin\beta}{\sin\alpha}$$

$$=\frac{\sin\left(\frac{\alpha}{2}+\beta\right)}{\sin\frac{\alpha}{2}}$$

$$\leqslant\frac{1}{\sin\frac{\alpha}{2}}$$

当 $\beta=90^\circ-\frac{\alpha}{2}$，即 $PR_0=PQ$ 时，等式成立. 还注意到如果 $P=Q_0$，那么对于圆心为 Q_0，半径为 QQ_0 的圆上任意一点 R，都达到所求的最大值.

39. 设 $\triangle ABC$ 的边长是 a,b,c，半周长是 s，外接圆的半径是 R，中线是 m_a,m_b,m_c. 证明

$$\max\{am_a,bm_b,cm_c\}\leqslant sR$$

证明　设 A_1,B_1,C_1 分别是边 BC,CA,AB 的中点，B_2,C_2 分别是 A_1 关于 AB 和 CA 的对称点. 用 D 表示 AB 与 A_1B_2 的交点，E 表示 CA 与 A_1C_2 的交点，那么

$$2DE=B_2C_2\leqslant C_2B_1+B_1C_1+C_1B_2$$

$$=A_1B_1+B_1C_1+C_1A_1=s$$

现在利用四边形 A_1DAE 内接于直径为 AA_1 的圆这一事实，再利用正弦定理推出

$$DE=AA_1\sin A=m_a\sin A$$

因此

$$s\geqslant 2DE=2m_a\sin A=\frac{am_a}{R}$$

得到 $am_a\leqslant sR$，同理，$bm_b\leqslant sR$，$cm_c\leqslant sR$.

40. 设边长为 a,b,c 的 $\triangle ABC$ 的垂心是 H，内切圆的半径是 r，外接圆的半径是 R. 证明

$$\frac{HA}{\sqrt{bc}}+\frac{HB}{\sqrt{ca}}+\frac{HC}{\sqrt{ab}}\leqslant\sqrt{2\left(1+\frac{r}{R}\right)}$$

证明　利用柯西－许瓦兹不等式，得到

$$\frac{HA}{\sqrt{bc}}+\frac{HB}{\sqrt{ca}}+\frac{HC}{\sqrt{ab}}\leqslant(HA+HB+HC)\left(\frac{HA}{bc}+\frac{HB}{ca}+\frac{HC}{ab}\right)$$

另外

$$HA=2R\cos A,HB=2R\cos B,HC=2R\cos C$$

于是

$$HA+HB+HC=2R(\cos A+\cos B+\cos C)$$
$$=2R\left(1+\frac{r}{R}\right)=2(R+r)$$

以及

$$\frac{HA}{bc}+\frac{HB}{ca}+\frac{HC}{ab}=2R\left(\frac{\cos A}{bc}+\frac{\cos B}{ca}+\frac{\cos C}{ab}\right)$$
$$=\frac{\sin 2A+\sin 2B+\sin 2C}{4R\sin A\sin B\sin C}=\frac{1}{R}$$

于是从上面的不等式可推出要证明的不等式.

41. 设 $\triangle ABC$ 的内切圆的半径是 r,外接圆的半径是 R,内心是 I,旁心是 I_a,I_b,I_c. 证明

(a) $2BC\sqrt{2}\leqslant II_a+I_bI_c\leqslant 4R\sqrt{2}$;

(b) $\frac{1}{R\sqrt{2}}\leqslant\frac{1}{II_a}+\frac{1}{I_bI_c}\leqslant\frac{\sqrt{2}}{BC}$.

证明 我们将恒等式

$$II_a=4R\sin\frac{A}{2}=\frac{BC}{\cos\frac{A}{2}}$$
$$I_bI_c=4R\cos\frac{A}{2}=\frac{BC}{\sin\frac{A}{2}}$$

的证明留给读者.

于是

$$II_a^2+II_b^2=16R^2$$
$$\frac{1}{II_a^2}+\frac{1}{II_b^2}=\frac{1}{a^2}$$

(a) 我们有

$$II_a+II_b\leqslant\sqrt{2(II_a^2+II_b^2)}=4R\sqrt{2}$$

和

$$II_a+II_b=BC\left(\frac{1}{\cos\frac{A}{2}}+\frac{1}{\sin\frac{A}{2}}\right)$$
$$\geqslant\frac{4BC}{\cos\frac{A}{2}+\sin\frac{A}{2}}$$
$$\geqslant 2BC\sqrt{2}$$

这里我们应用了不等式

$$0 < \cos\frac{A}{2} + \sin\frac{A}{2} = \sqrt{1+\sin A} \leqslant \sqrt{2}$$

(b) 同理

$$\frac{1}{II_a} + \frac{1}{II_b} \leqslant \sqrt{2\left(\frac{1}{II_a^2} + \frac{1}{II_b^2}\right)} = \frac{\sqrt{2}}{BC}$$

和

$$\begin{aligned}\frac{1}{II_a} + \frac{1}{II_b} &= \frac{1}{4R}\left(\frac{1}{\cos\frac{A}{2}} + \frac{1}{\sin\frac{A}{2}}\right)\\ &\geqslant \frac{1}{R\left(\cos\frac{A}{2} + \sin\frac{A}{2}\right)}\\ &\geqslant \frac{1}{R\sqrt{2}}\end{aligned}$$

注意到当且仅当 $A=90^\circ$ 时,等式成立.

42. 设 $\triangle ABC$ 的重心为 G,内心为 I. 证明

$$AG + BG + CG \geqslant AI + BI + CI$$

证明　由角平分线的关系,我们有

$$AI = \frac{b+c}{a+b+c} l_a$$

$$BI = \frac{c+a}{a+b+c} l_b$$

$$CI = \frac{a+b}{a+b+c} l_c$$

所以,我们必须证明

$$\frac{2}{3}\sum_{\text{cyc}} m_a \geqslant \sum_{\text{cyc}} \frac{b+c}{a+b+c} l_a$$

由例 3.20(a),我们有

$$\sum_{\text{cyc}} \frac{b+c}{a+b+c} l_a \leqslant \sum_{\text{cyc}} \frac{b+c}{a+b+c} m_a - \sum_{\text{cyc}} \frac{(b-c)^2}{2(a+b+c)}$$

只要证明

$$\sum_{\text{cyc}} \frac{b+c}{a+b+c} m_a - \sum_{\text{cyc}} \frac{(b-c)^2}{2(a+b+c)} \leqslant \frac{2}{3}\sum_{\text{cyc}} m_a$$

这一不等式可写成

$$2\sum_{\text{cyc}} (b-c)(m_c - m_b) \leqslant 3\sum_{\text{cyc}} (b-c)^2$$

因为

$$m_c^2 - m_b^2 = \frac{3}{4}(b^2 - c^2)$$

所以我们必须证明不等式

$$\sum_{cyc}\frac{(b+c)(b-c)^2}{2(m_c+m_b)}\leqslant\sum_{cyc}(b-c)^2$$

这是由不等式

$$\frac{b+c}{2(m_c+m_b)}\leqslant 1$$

$$\frac{c+a}{2(m_c+m_a)}\leqslant 1$$

$$\frac{b+a}{2(m_b+m_a)}\leqslant 1$$

推出的.这些不等式的证明如下.设 F 和 E 分别是 AB 和 AC 的中点,那么

$$\begin{aligned}b+c&=2CE+2BF\\&\leqslant 2(CG+GE)+2(BG+GF)\\&=2(BE+CF)\\&=2(m_c+m_b)\end{aligned}$$

43.设等边 $\triangle ABC$ 内接于圆心为 O,半径为 R 的圆.证明:对于任意一点 P,均有

$$PA\cdot PB+PB\cdot PC+PC\cdot PA\geqslant 3\max\{PO^2,R^2\}$$

并确定 P 的位置,使等式成立.

证明 设 P_a,P_b,P_c 分别是点 P 在 BC,CA,AB 上的射影.对圆内接四边形 PP_bAP_c 用正弦定理,得到

$$P_bP_c=PA\ \sin 60^\circ=\frac{PA\sqrt{3}}{2}$$

同理

$$P_cP_a=\frac{PB\sqrt{3}}{2},P_aP_b=\frac{PC\sqrt{3}}{2}$$

另外,由熟知的欧拉公式,$\triangle P_aP_bP_c$ 的面积为

$$[P_aP_bP_c]=\frac{[ABC]}{4}\left|1-\frac{OP^2}{R^2}\right|$$

于是对该三角形应用例3.10(a)的结论,得到

$$PA\cdot PB+PB\cdot PC+PC\cdot PA\geqslant\frac{3}{2}\mid R^2-OP^2\mid+\frac{PA^2+PB^2+PC^2}{2}$$

又由莱布尼茨公式,我们有

$$\begin{aligned}PA^2+PB^2+PC^2&=3PO^2+OA^2+OB^2+OC^2\\&=3(PO^2+R^2)\end{aligned}$$

于是

$$PA \cdot PB + PB \cdot PC + PC \cdot PA \geqslant \frac{3}{2} \mid R^2 - OP^2 \mid + \frac{3}{2}(PO^2 + R^2)$$

$$= 3\max\{PO^2, R^2\}$$

当且仅当 $P \equiv O$ 时,等式成立.

44. 设 R_a, R_b, R_c 分别是 $\triangle ABC$ 内一点 M 到顶点 A, B, C 的距离,d_a, d_b, d_c 分别是 M 到直线 BC, CA, AB 的距离. 证明不等式:

(a) $d_aR_a + d_bR_b + d_cR_c \geqslant 2(d_ad_b + d_bd_c + d_cd_a)$;

(b) $R_aR_b + R_bR_c + R_cR_a \geqslant 4(d_ad_b + d_bd_c + d_cd_a)$;

(c) $\dfrac{1}{d_aR_a} + \dfrac{1}{d_bR_b} + \dfrac{1}{d_cR_c} \geqslant 2(\dfrac{1}{R_aR_b} + \dfrac{1}{R_bR_c} + \dfrac{1}{R_cR_a})$;

(d) $\dfrac{1}{d_ad_b} + \dfrac{1}{d_bd_c} + \dfrac{1}{d_cd_a} \geqslant 4(\dfrac{1}{R_aR_b} + \dfrac{1}{R_bR_c} + \dfrac{1}{R_cR_a})$.

证明　(a) 我们将利用不等式

$$aR_a \geqslant bd_b + cd_c$$

该式在例 3.25 的解中已证. 于是

$$d_aR_a \geqslant \frac{b}{a}d_ad_b + \frac{c}{a}d_ad_c$$

同理

$$d_bR_b \geqslant \frac{a}{b}d_ad_b + \frac{c}{b}d_cd_b$$

$$d_cR_c \geqslant \frac{a}{c}d_ad_c + \frac{b}{c}d_bd_c$$

将这三个不等式相加,得到

$$d_aR_a + d_bR_b + d_cR_c \geqslant \left(\frac{a}{b} + \frac{b}{a}\right)d_ad_b + \left(\frac{b}{c} + \frac{c}{b}\right)d_bd_c + \left(\frac{c}{a} + \frac{a}{c}\right)d_cd_a$$

因为

$$\frac{x}{y} + \frac{y}{x} \geqslant 2, x, y > 0$$

所以得到要证明的不等式.

(b) 该不等式由(a) 和例 3.26 推出.

(c) 和(d):利用替换

$$(R_a, R_b, R_c, d_a, d_b, d_c) \mapsto \left(\frac{1}{d_a}, \frac{1}{d_b}, \frac{1}{d_c}, \frac{1}{R_a}, \frac{1}{R_b}, \frac{1}{R_c}\right)$$

由(a) 和(b) 推出这两个不等式.

(见例 3.26 后的注.)

45. (USA TST 2001) 设 P 是给定的 $\triangle ABC$ 的内部一点. 证明

$$\frac{PA}{BC^2}+\frac{PB}{CA^2}+\frac{PC}{AB^2}\geqslant\frac{1}{R}$$

这里 R 是 $\triangle ABC$ 的外接圆的半径.

证明 设 X,Y,Z 分别是在边 BC,CA,AB 上的射影.由厄多斯－莫德尔不等式的标准证明(参见例 3.25),我们有

$$AP\geqslant PY\cdot\frac{AB}{BC}+PZ\cdot\frac{CA}{BC}$$

$$BP\geqslant PZ\cdot\frac{BC}{CA}+PX\cdot\frac{AB}{CA}$$

$$CP\geqslant PX\cdot\frac{CA}{AB}+PY\cdot\frac{BC}{AB}$$

于是

$$\frac{PA}{BC^2}+\frac{PB}{CA^2}+\frac{PC}{AB^2}\geqslant PX\left(\frac{AB}{CA^3}+\frac{CA}{AB^3}\right)+PY\left(\frac{AB}{BC^3}+\frac{BC}{AB^3}\right)+PZ\left(\frac{CA}{BC^3}+\frac{BC}{CA^3}\right)$$

但是,对于一切正数 x 和 y,由 AM－GM 不等式和

$$\frac{x}{y^3}+\frac{y}{x^3}\geqslant\frac{2}{xy}$$

所以

$$\begin{aligned}\frac{PA}{BC^2}+\frac{PB}{CA^2}+\frac{PC}{AB^2}&\geqslant 2\left(\frac{PX}{bc}+\frac{PY}{ca}+\frac{PZ}{ab}\right)\\&=\frac{2(aPX+bPY+cPZ)}{abc}\\&=\frac{4[ABC]}{abc}=\frac{1}{R}\end{aligned}$$

这就证明了要证明的不等式.

46.(Korea,1995) 设 $\triangle ABC$ 中,L,M,N 分别是边 BC,CA,AB 的内点.设 P,Q 和 R 分别是直线 AL,BM 和 CN 分别与 $\triangle ABC$ 的外接圆的交点.证明

$$\frac{AL}{LP}+\frac{BM}{MQ}+\frac{CN}{NR}\geqslant 9$$

等式何时成立?

证明 设 A' 是 BC 的中点,P' 是 $\overset{\frown}{BC}$ 的中点,D 和 D' 分别是 A 和 P 在 BC 上的射影.显然

$$\frac{AL}{LP}=\frac{AD}{PD'}\geqslant\frac{AD}{P'A'}$$

于是

$$\frac{AL}{LP}+\frac{BM}{MQ}+\frac{CN}{NR}$$

的最小值是当 P,Q 和 R 分别是$\widehat{BC},\widehat{CA}$ 和$\widehat{AB}$ 的中点时达到. 这是当 AL,BM 和 CN 分别是 $\triangle ABC$ 的内角平分线时发生，只要在这种情况下证明要证明的不等式.

众所周知

$$BL=\frac{ca}{b+c},CL=\frac{ba}{b+c},AL^2=bc\left[1-\left(\frac{a}{b+c}\right)^2\right]$$

于是

$$\begin{aligned}\frac{AL}{LP}&=\frac{AL^2}{AL\cdot LP}=\frac{AL^2}{BL\cdot LC}\\&=\frac{bc\left[1-\left(\frac{a}{b+c}\right)^2\right]}{\frac{a^2bc}{(b+c)^2}}\\&=\frac{(b+c)^2-a^2}{a^2}\end{aligned}$$

利用由其余两条角平分线确定的比的类似的公式，得到

$$\begin{aligned}\frac{AL}{LP}+\frac{BM}{MQ}+\frac{CN}{NR}&=\left(\frac{b+c}{a}\right)^2+\left(\frac{c+a}{b}\right)^2+\left(\frac{a+b}{c}\right)^2-3\\&\geqslant\frac{4bc}{a^2}+\frac{4ca}{b^2}+\frac{4ab}{c^2}-3\\&\geqslant 4\cdot 3\sqrt[3]{\frac{bc\cdot ca\cdot ab}{a^2b^2c^2}}-3=9\end{aligned}$$

这里，我们用了 AM－GM 不等式两次.

47.(IMO Shortlist 1996) 设 $\triangle ABC$ 的外心为 O，外接圆的半径为 R. 设 AO 交 $\triangle BOC$ 的外接圆于点 A'，BO 交 $\triangle COA$ 的外接圆于点 B'，CO 交 $\triangle AOB$ 的外接圆于点 C'，证明

$$OA'\cdot OB'\cdot OC'\geqslant 8R^3$$

等式何时成立?

第一种证法　设 A_1 是 OA' 与 BC 的交点；类似地定义 B_1 和 C_1. 由 $\triangle OBA_1$ 和 $\triangle OA'B$ 相似，得到 $OA'\cdot OA_1=R^2$. 于是只要证明

$$8OA_1\cdot OB_1\cdot OC_1\leqslant R^3$$

这等价于证明 $lmn\leqslant\frac{1}{8}$，这里

$$\frac{OA_1}{OA}=l,\frac{OB_1}{OB}=m,\frac{OC_1}{OC}=n$$

另外，我们有

$$\frac{l}{1+l}+\frac{m}{1+m}+\frac{n}{1+n}=\frac{[OBC]}{[ABC]}+\frac{[AOC]}{[ABC]}+\frac{[ABO]}{[ABC]}=1$$

化简上述关系,得到

$$1=lm+mn+nl+2lmn$$
$$\geqslant 3\ (lmn)^{\frac{2}{3}}+2lmn$$

这表明 $lmn\leqslant\frac{1}{8}$,当且仅当 $l=m=n=\frac{1}{2}$ 时,等式成立.在这种情况下,O 是 $\triangle ABC$ 的重心,因此 $\triangle ABC$ 是等边三角形.

第二种证法 注意到 $\angle BOA'=180°-2C$ 和 $\angle BA'O=90°-A$.因此,对 $\triangle BA'O$ 应用正弦定理,得到

$$OA'=\frac{R\cos(B-C)}{\cos A}$$

同理

$$OB'=\frac{R\cos(C-A)}{\cos B}$$

$$OC'=\frac{R\cos(A-B)}{\cos C}$$

利用这三个恒等式,我们看到要证明的不等式等价于

$$\cos(A-B)\cos(B-C)\cos(C-A)\geqslant 8\cos A\cos B\cos C$$

这就是例 3.6(b).

48.证明:在任意 $\triangle ABC$ 中

$$\max\{|A-B|,|B-C|,|C-A|\}\leqslant \arccos\left(\frac{4r}{R}-1\right)$$

第一种证法 假定

$$\max\{|A-B|,|B-C|,|C-A|\}=|A-B|$$

我们需要证明

$$\cos(A-B)\geqslant\frac{4r}{R}-1$$

或等价的

$$\cos^2\frac{A-B}{2}\geqslant\frac{2r}{R}$$

内切圆的半径和外接圆的半径由公式

$$\frac{r}{R}=4\sin\frac{A}{2}\sin\frac{B}{2}\sin\frac{C}{2}$$

联系.由此

$$r=2R\left[\cos\left(\frac{A}{2}-\frac{B}{2}\right)-\cos\left(\frac{A}{2}+\frac{B}{2}\right)\right]\sin\frac{C}{2}$$

因为

$$\cos\frac{A+B}{2}=\sin\frac{C}{2}$$

所以我们看到二次方程

$$2Rx^2-\left(2R\cos\frac{A-B}{2}\right)x+r=0$$

有根 $x=\sin\frac{C}{2}$. 因此判别式非负，即

$$4R^2\cos^2\frac{A-B}{2}-8Rr\geqslant 0$$

得到

$$\cos^2\frac{A-B}{2}\geqslant\frac{2r}{R}$$

这就是要证明的.

第二种证法　不失一般性，我们可以假定 $A\leqslant B\leqslant C$，于是

$$\max\{|A-B|,|B-C|,|C-A|\}=C-A$$

所以我们需要证明不等式

$$C-A\leqslant\arccos\left(\frac{4r}{R}-1\right)$$

或等价的

$$\begin{aligned}\cos(C-A)&\geqslant\frac{4r}{R}-1\\&=4(\cos A+\cos B+\cos C)-5\end{aligned}$$

注意到

$$\begin{aligned}\cos B&=\cos[180^\circ-(A+C)]\\&=-\cos(A+C)\\&=2\cos^2\frac{A+C}{2}-1\end{aligned}$$

$$\cos A+\cos C=2\cos\frac{A+C}{2}\cos\frac{C-A}{2}$$

$$\cos(C-A)=2\cos^2\frac{C-A}{2}-1$$

最后，要证明的不等式变为

$$\left(\cos\frac{C-A}{2}-2\cos\frac{A+C}{2}\right)^2\geqslant 0$$

49.（一些常用的恒等式）设三角形的内角分别是 α,β,γ，半周长是 s，内切圆的半径是 r，外接圆的半径是 R. 证明：

(a) $\cos\alpha,\cos\beta,\cos\gamma$ 是三次方程

$$4R^2x^3-4R(R+r)x^2+(s^2+r^2-4R^2)x+(2R+r)^2-s^2=0$$

的根；

(b) $\cos\alpha+\cos\beta+\cos\gamma=1+\dfrac{r}{R}$；

(c) $\cos\alpha\cos\beta+\cos\beta\cos\gamma+\cos\gamma\cos\alpha=\dfrac{s^2+r^2-4R^2}{4R^2}$；

(d) $\cos\alpha\cos\beta\cos\gamma=\dfrac{s^2-(2R+r)^2}{4R^2}$；

(e) $\cos^2\alpha+\cos^2\beta+\cos^2\gamma=\dfrac{6R^2+4Rr+r^2-s^2}{2R^2}$.

证明 (a) 我们有 $a=2R\sin\alpha$ 和 $s-a=r\cot\dfrac{\alpha}{2}$，另外

$$\sin\alpha=\sqrt{1-\cos^2\alpha}=\sqrt{(1-\cos\alpha)(1+\cos\alpha)}$$

$$\cot\frac{\alpha}{2}=\sqrt{\frac{1+\cos\alpha}{1-\cos\alpha}}$$

得到

$$s=a+s-a=2R\sqrt{(1-\cos\alpha)(1+\cos\alpha)}+r\sqrt{\frac{1+\cos\alpha}{1-\cos\alpha}}$$

将上述恒等式的两边平方，再去分母，我们得到

$$4R^2\cos^3\alpha-4R(R+r)\cos^2\alpha+(s^2+r^2-4R^2)\cos\alpha+(2R+r)^2-s^2=0$$

(b),(c),(d)：这三个恒等式由(a)和三次方程的韦达公式推得.

(e) 这一恒等式由恒等式

$$\begin{aligned}&\cos^2\alpha+\cos^2\beta+\cos^2\gamma\\=&(\cos\alpha+\cos\beta+\cos\gamma)^2-\\&2(\cos\alpha\cos\beta+\cos\beta\cos\gamma+\cos\gamma\cos\alpha)\end{aligned}$$

和(a),(b)推得.

50. 设三角形的内角是 α,β,γ. 证明：

(a) $\dfrac{1}{2-\cos\alpha}+\dfrac{1}{2-\cos\beta}+\dfrac{1}{2-\cos\gamma}\geqslant 2$；

(b) $\dfrac{1}{5-\cos\alpha}+\dfrac{1}{5-\cos\beta}+\dfrac{1}{5-\cos\gamma}\leqslant\dfrac{2}{3}$.

证明 (a) 去分母后，我们看到原不等式等价于

$$\begin{aligned}&4(\cos\alpha+\cos\beta+\cos\gamma)+2\cos\alpha\cos\beta\cos\gamma\\\geqslant&4+3(\cos\alpha\cos\beta+\cos\beta\cos\gamma+\cos\gamma\cos\alpha)\end{aligned}$$

利用提高题49的(b)－(e)，我们将这一不等式改写为用 s,r 和 R 的表示

$$4\left(1+\frac{r}{R}\right)+\frac{2[s^2-(2R+r)^2]}{4R^2}\geqslant 4+\frac{3(s^2+r^2-4R^2)}{4R^2}$$

这一不等式等价于

$$s^2 \leqslant 4R^2 + 8Rr - 5r^2$$

这可由例 3.13(a) 右边的不等式和欧拉不等式 $R \geqslant 2r$ 推得.

(b) 用与(a) 相同的方法证明该不等式等价于

$$5s^2 \geqslant 72Rr - 9r^2$$

这可由例 3.13(a) 左边的不等式和欧拉不等式 $R \geqslant 2r$ 推得.

51. 证明以下的 Hadwiger－Finsler 不等式的改进型(例 3.10(a))

$$a^2 + b^2 + c^2 \geqslant 4K\sqrt{3 + \frac{4(R-2r)}{4R+r}} + (a-b)^2 + (b-c)^2 + (c-a)^2$$

证明　注意到原不等式可写为

$$\left[\frac{a^2 + b^2 + c^2 - (a-b)^2 - (b-c)^2 - (c-a)^2}{4K}\right]^2 \geqslant 3 + \frac{4(R-2r)}{4R+r}$$

它等价于

$$\left[\frac{2(ab+bc+ca) - (a^2+b^2+c^2)}{4K}\right]^2 \geqslant \frac{16R-5r}{4R+r}$$

另外，利用恒等式

$$ab + bc + ca = s^2 + r^2 + 4Rr$$

(见例 3.12 的解) 和面积公式 $K = rs$，我们得到

$$\frac{2(ab+bc+ca) - (a^2+b^2+c^2)}{4K} = \frac{4R+r}{s}$$

于是上面的不等式变为

$$\left(\frac{4R+r}{s}\right)^2 \geqslant \frac{16R-5r}{4R+r}$$

我们必须证明不等式

$$\frac{(4R+r)^3}{16R-5r} \geqslant s^2$$

这可由例 3.13(a) 推得，因为容易检验不等式

$$\frac{(4R+r)^3}{16R-5r} \geqslant 4R^2 + 4Rr + 3r^2$$

等价于$(R-2r)^2 \geqslant 0$，而这是显然的.

52. 证明：在任意三角形中

$$s^2 \leqslant \frac{27R^2(2R+r)^2}{27R^2 - 8r^2} \leqslant 4R^2 + 4Rr + 3r^2$$

证明　注意到在任意三角形中，我们有恒等式

$$a\cos\alpha + b\cos\beta + c\cos\gamma = \frac{2sr}{R}$$

事实上，由余弦定理

$$a\cos\alpha+b\cos\beta+c\cos\gamma=\frac{a(b^2+c^2-a^2)}{2bc}+\frac{b(c^2+a^2-b^2)}{2ca}+\frac{c(a^2+b^2-c^2)}{2ab}$$

$$=\frac{a^2(b^2+c^2-a^2)}{2abc}+\frac{b^2(c^2+a^2-b^2)}{2bca}+\frac{c^2(a^2+b^2-c^2)}{2cab}$$

$$=\frac{2a^2b^2+2b^2c^2+2c^2a^2-a^4-b^4-c^4}{2abc}$$

$$=\frac{16K^2}{8KR}=\frac{2K}{R}=\frac{2sr}{R}$$

这里 K 是三角形的面积.

假定该三角形是锐角三角形，那么由 AM－GM 不等式

$$\frac{2sr}{R}=a\cos\alpha+b\cos\beta+c\cos\gamma$$

$$\geqslant 3\sqrt[3]{abc\cos\alpha\cos\beta\cos\gamma}$$

上式与提高题 49(d) 以及恒等式 $abc=4Rrs$ 结合，得到

$$\frac{s^2-(2R+r)^2}{4R^2}=\cos\alpha\cos\beta\cos\gamma\leqslant\frac{2s^2r^2}{27R^4}$$

注意到这一不等式对于钝角三角形也成立，因为在这种情况下

$$\cos\alpha\cos\beta\cos\gamma\leqslant 0<\frac{2s^2r^2}{27R^4}$$

现在解上述关于 s^2 的不等式，得到

$$s^2\leqslant\frac{27R^2(2R+r)^2}{27R^2-8r^2}$$

为证明右边的不等式，我们注意到

$$(27R^2-8r^2)(4R^2+4Rr+3r^2)-27R^2(2R+r)^2=(R-2r)r^2(22R+12r)\geqslant 0$$

53. 证明：在任意三角形中，有

$$\tan^2\frac{\alpha}{2}+\tan^2\frac{\beta}{2}+\tan^2\frac{\gamma}{2}\geqslant 2-8\sin\frac{\alpha}{2}\sin\frac{\beta}{2}\sin\frac{\gamma}{2}$$

证明　易知以下公式

$$\tan^2\frac{\alpha}{2}+\tan^2\frac{\beta}{2}+\tan^2\frac{\gamma}{2}=\frac{(4R+r)^2-2s^2}{s^2}$$

$$\sin\frac{\alpha}{2}\sin\frac{\beta}{2}\sin\frac{\gamma}{2}=\frac{r}{4R}$$

因此我们必须证明不等式

$$s^2\leqslant\frac{R(4R+r)^2}{4R-2r}$$

注意到这一不等式要比例 3.13(a) 的右边的不等式强，我们将利用提高题 52. 只要证明

$$\frac{R(4R+r)^2}{4R-2r} \geqslant \frac{27R^2(2R+r)^2}{27R^2-8r^2}$$

这一不等式可从恒等式

$$\frac{R(4R+r)^2}{4R-2r} - \frac{27R^2(2R+r)^2}{27R^2-8r^2} = \frac{(R-2r)(7R+4r)}{(4R-2r)(27R^2-8r^2)}$$

和欧拉不等式 $R \geqslant 2r$ 推出.

54. 在锐角 $\triangle ABC$ 内给出一定点 X,过 X 作平行于三角形三边的直线. 这三条直线分别交三角形的边于点 $M \in AC$, $N \in BC$($MN \parallel AB$), $P \in AB$, $Q \in AC$($PQ \parallel BC$), $R \in BC$, $S \in AB$($RS \parallel AC$). 求点 X 的位置,使和

$$MX \cdot NX + PX \cdot QX + RX \cdot SX$$

最大.

解 设 A_0, B_0, C_0 分别是过点 X 向 BC, CA 和 AB 作垂线的垂足,那么

$$MX \cdot NX = \frac{XB_0 \cdot XA_0}{\sin A \sin B} = \frac{2[XA_0B_0]}{\sin A \sin B \sin C}$$

同理

$$PX \cdot QX = \frac{2[XB_0C_0]}{\sin A \sin B \sin C}$$

$$RX \cdot SX = \frac{2[XC_0A_0]}{\sin A \sin B \sin C}$$

于是

$$MX \cdot NX + PX \cdot QX + RX \cdot SX = \frac{2[A_0B_0C_0]}{\sin A \sin B \sin C}$$

现在利用例 3.30,我们推得当 X 是 $\triangle ABC$ 的外心时,给定的和最大.

55. 设 P, Q, R 分别是 $\triangle ABC$ 的边 BC, CA, AB 上的点,且 $QA + AR = RB + BP = PC + CQ$. 证明

$$PQ + QR + RP \geqslant \frac{a+b+c}{3}\left(\frac{a}{b+c} + \frac{b}{c+a} + \frac{c}{a+b}\right)$$

证明 设 MN 是线段 QR 在直线 BC 上的射影,那么

$$QR \geqslant MN = a - BR\cos\beta - CQ\cos\gamma$$

同理

$$PR \geqslant b - CP\cos\gamma - AR\cos\alpha$$

$$PQ \geqslant c - AQ\cos\alpha - BP\cos\beta$$

将这三个不等式相加,得到

$$PQ + QR + RP \geqslant \left(\frac{a+b+c}{3}\right)(3 - \cos\alpha - \cos\beta - \cos\gamma)$$

这是由问题的条件

$$QA+AR=RB+BP$$
$$=PC+CQ$$
$$=\frac{a+b+c}{3}$$

得到的. 众所周知

$$\cos\alpha+\cos\beta+\cos\gamma=\frac{R+r}{R}$$

于是,只要证明

$$\frac{a}{b+c}+\frac{b}{c+a}+\frac{c}{a+b}\leqslant 3-\frac{R+r}{R} \tag{*}$$

为此,我们首先利用熟知的 a,b,c 的初等对称函数的公式,再用 s,r,R 表示左边的表达式. 设

$$A=\frac{a}{b+c}+\frac{b}{c+a}+\frac{c}{a+b}$$

那么

$$A+3=(a+b+c)\left(\frac{1}{b+c}+\frac{1}{c+a}+\frac{1}{a+b}\right)$$
$$=2s\left(\frac{1}{2s-a}+\frac{1}{2s-b}+\frac{1}{2s-c}\right)$$
$$=\frac{2s[(2s-a)(2s-b)+(2s-b)(2s-c)+(2s-c)(2s-a)]}{(2s-a)(2s-b)(2s-c)}$$
$$=\frac{2s(4s^2+ab+bc+ca)}{2s(ab+bc+ca)-abc}$$
$$=\frac{5s^2+r^2+4Rr}{s^2+r^2+2Rr}$$

因此要证明式(*),我们必须证明

$$\frac{5s^2+r^2+4Rr}{s^2+r^2+2Rr}-3\leqslant 3-\frac{R+r}{R}$$

去分母后,我们看到这一不等式等价于例 3.13(a) 中右边的不等式,因为由欧拉不等式 $R\geqslant 2r$ 推出

$$6R^2+2Rr-r^2\geqslant 4R^2+4Rr+3r^2$$

56. (IMO Shortlist 1996) 在平面内,考虑点 O 以及多边形 F(不必是凸的). 设 P 是 F 的周长,D 是 O 到 F 的各个顶点的距离的和,H 是 O 到 F 的各边所在直线的距离的和. 证明

$$D^2-H^2\geqslant\frac{P^2}{4}$$

等式何时成立?

证明 我们首先证明在最简单的情况下的结果. 给出二边形 ABA 和点 O,设 a,b,c,

h 分别表示 OA，OB，AB 以及 O 到 AB 的距离. 那么 $D=a+b$，$P=2c$，$H=2h$，所以我们必须证明

$$(a+b)^2 \geqslant 4h^2+c^2$$

事实上，设 l 是经过点 O，且平行于 AB 的直线，D 是 B 关于直线 l 的对称点，那么

$$\begin{aligned}(a+b)^2 &= (OA+OB)^2=(OA+OD)^2 \\ &\geqslant AD^2=c^2+4h^2\end{aligned}$$

现在我们转向一般情况. 设 $A_1A_2\cdots A_n$ 是多边形 F，用 d_i，p_i 和 h_i 分别表示 OA_i，A_iA_{i+1} 和点 O 到 A_iA_{i+1}（$A_{n+1}=A_1$）的距离. 根据上面证明的情况，对于每一个 i，我们有

$$d_i+d_{i+1}=\sqrt{4h_i^2+p_i^2}$$

对 $i=1,2,\cdots,n$，将这些不等式相加，然后平方，我们得到

$$4D^2=\left(\sum_{i=1}^{n}\sqrt{4h_i^2+p_i^2}\right)^2$$

余下的只是要证明

$$\begin{aligned}\sum_{i=1}^{n}\sqrt{4h_i^2+p_i^2} &\geqslant \sqrt{\sum_{i=1}^{n}(4h_i^2+p_i^2)} \\ &= \sqrt{4H^2+D^2}\end{aligned}$$

这可直接从闵可夫斯基不等式得到. 当且仅当 $d_1=d_2=\cdots=d_n$ 和 $\dfrac{h_1}{p_1}=\dfrac{h_2}{p_2}=\cdots=\dfrac{h_n}{p_n}$ 时，等式成立. 这意味着 F 内接于一个圆心为 O 的圆，且 $p_1=p_2=\cdots=p_n$，所以 F 是一个正多边形，且 O 是其中心.

参考文献

[1] ANDREESE T, ANDRICA D. Compleas numbers from A to…Z[M]. Boston: Birkhauser,2006.

[2] ANDRESCU T, DOPINESEU G. Problems from the Book[M]. San Jose :XYZ Press ,2010.

[3] ANDREESCU T, GANESH A. 109 Algebraic Ineqaulities[M]. San Jose: XYZ Press, 2015.

[4] BLUNDON W J. Inequalities asciated with the triangle[J]. Canadian Mathematical Bulletin, 1965 (B): 615-626.

[5] CHEN S-L. Discussion about a geometric inequality again[M]// Geomnetric inequalities in China. Jiangsu Educational Press, 1996 (6):45-60.

[6] Erdos P. Problem 3740[J]. Amer. Math. Monthly, 1935 (42): 396.

[7] FENCHEL W, BONNESEN T. Theory of convex bodies[M]. Moscow, Idaho: L. Boron, C. Christenson, and B. Smith. BCS Associates, 1987.

[8] HARDY G H, LITTLEWOOD J E, POLYA G. Inequalities[M]. Cambridge: Cambridge University Press, 1934.

[9] Huang X-L. Discussion about a geometric inequality[M]. 3rd ed. Nanjing: Jiangsu Educational Press, 1993,11(6).

[10] JOHNSON R A. Advanced Euclidean Geometry, Dover, 1960.

[11] KAZARINFF N D. A simple proof of the Erdos-Mordell inequality for triangles[J]. Michigan Math. J. , 1957 (2): 97-98.

[12] KAZARINOFF N D. Geometric inequalities[M]. NewYork:Random House, 1961.

[13] MITRINOVIC D S. Analytic Inequalites[M]. Heidelberg:Springer- Verlag, 1970.

[14] MITRINOVIC D S, PECARIC J E, VOLENEC V. Recent Advances in Geormetric Inequalities[M]. Dordrecht: Kluwer Academic Publishers, 1989.

[15] MORDELL L J. Losung eines geometrischen Problerms[J]Kozepiskolai Matematikai Lapok, 1935 (11):146-148.

[16] OPPENHEIM A. The Erdos inequality and other inequalities for a triangle[J]. Amer. Math. Monthly, 1961 (68):226-230.

[17] SEDRAKJAN N. Geometric Inequalities[M]. Erevan:Edit Print,2004.

[18] YAGLOM I M. Geometric Transformations[M]. New York:Random House, 1962.

刘培杰数学工作室
已出版(即将出版)图书目录——初等数学

书　　名	出版时间	定　价	编号
新编中学数学解题方法全书(高中版)上卷(第2版)	2018－08	58.00	951
新编中学数学解题方法全书(高中版)中卷(第2版)	2018－08	68.00	952
新编中学数学解题方法全书(高中版)下卷(一)(第2版)	2018－08	58.00	953
新编中学数学解题方法全书(高中版)下卷(二)(第2版)	2018－08	58.00	954
新编中学数学解题方法全书(高中版)下卷(三)(第2版)	2018－08	68.00	955
新编中学数学解题方法全书(初中版)上卷	2008－01	28.00	29
新编中学数学解题方法全书(初中版)中卷	2010－07	38.00	75
新编中学数学解题方法全书(高考复习卷)	2010－01	48.00	67
新编中学数学解题方法全书(高考真题卷)	2010－01	38.00	62
新编中学数学解题方法全书(高考精华卷)	2011－03	68.00	118
新编平面解析几何解题方法全书(专题讲座卷)	2010－01	18.00	61
新编中学数学解题方法全书(自主招生卷)	2013－08	88.00	261

数学奥林匹克与数学文化(第一辑)	2006－05	48.00	4
数学奥林匹克与数学文化(第二辑)(竞赛卷)	2008－01	48.00	19
数学奥林匹克与数学文化(第二辑)(文化卷)	2008－07	58.00	36′
数学奥林匹克与数学文化(第三辑)(竞赛卷)	2010－01	48.00	59
数学奥林匹克与数学文化(第四辑)(竞赛卷)	2011－08	58.00	87
数学奥林匹克与数学文化(第五辑)	2015－06	98.00	370

世界著名平面几何经典著作钩沉——几何作图专题卷(共3卷)	2022－01	198.00	1460
世界著名平面几何经典著作钩沉(民国平面几何老课本)	2011－03	38.00	113
世界著名平面几何经典著作钩沉(建国初期平面三角老课本)	2015－08	38.00	507
世界著名解析几何经典著作钩沉——平面解析几何卷	2014－01	38.00	264
世界著名数论经典著作钩沉(算术卷)	2012－01	28.00	125
世界著名数学经典著作钩沉——立体几何卷	2011－02	28.00	88
世界著名三角学经典著作钩沉(平面三角卷Ⅰ)	2010－06	28.00	69
世界著名三角学经典著作钩沉(平面三角卷Ⅱ)	2011－01	38.00	78
世界著名初等数论经典著作钩沉(理论和实用算术卷)	2011－07	38.00	126
世界著名几何经典著作钩沉(解析几何卷)	2022－10	68.00	1564

发展你的空间想象力(第3版)	2021－01	98.00	1464
空间想象力进阶	2019－05	68.00	1062
走向国际数学奥林匹克的平面几何试题诠释. 第1卷	2019－07	88.00	1043
走向国际数学奥林匹克的平面几何试题诠释. 第2卷	2019－09	78.00	1044
走向国际数学奥林匹克的平面几何试题诠释. 第3卷	2019－03	78.00	1045
走向国际数学奥林匹克的平面几何试题诠释. 第4卷	2019－09	98.00	1046
平面几何证明方法全书	2007－08	35.00	1
平面几何证明方法全书习题解答(第2版)	2006－12	18.00	10
平面几何天天练上卷·基础篇(直线型)	2013－01	58.00	208
平面几何天天练中卷·基础篇(涉及圆)	2013－01	28.00	234
平面几何天天练下卷·提高篇	2013－01	58.00	237
平面几何专题研究	2013－07	98.00	258
平面几何解题之道. 第1卷	2022－05	38.00	1494
几何学习题集	2020－10	48.00	1217
通过解题学习代数几何	2021－04	88.00	1301
圆锥曲线的奥秘	2022－06	88.00	1541

刘培杰数学工作室
已出版(即将出版)图书目录——初等数学

书　　名	出版时间	定　价	编号
最新世界各国数学奥林匹克中的平面几何试题	2007—09	38.00	14
数学竞赛平面几何典型题及新颖解	2010—07	48.00	74
初等数学复习及研究(平面几何)	2008—09	68.00	38
初等数学复习及研究(立体几何)	2010—06	38.00	71
初等数学复习及研究(平面几何)习题解答	2009—01	58.00	42
几何学教程(平面几何卷)	2011—03	68.00	90
几何学教程(立体几何卷)	2011—07	68.00	130
几何变换与几何证题	2010—06	88.00	70
计算方法与几何证题	2011—06	28.00	129
立体几何技巧与方法(第2版)	2022—10	168.00	1572
几何瑰宝——平面几何500名题暨1500条定理(上、下)	2021—07	168.00	1358
三角形的解法与应用	2012—07	18.00	183
近代的三角形几何学	2012—07	48.00	184
一般折线几何学	2015—08	48.00	503
三角形的五心	2009—06	28.00	51
三角形的六心及其应用	2015—10	68.00	542
三角形趣谈	2012—08	28.00	212
解三角形	2014—01	28.00	265
探秘三角形:一次数学旅行	2021—10	68.00	1387
三角学专门教程	2014—09	28.00	387
图天下几何新题试卷.初中(第2版)	2017—11	58.00	855
圆锥曲线习题集(上册)	2013—06	68.00	255
圆锥曲线习题集(中册)	2015—01	78.00	434
圆锥曲线习题集(下册・第1卷)	2016—10	78.00	683
圆锥曲线习题集(下册・第2卷)	2018—01	98.00	853
圆锥曲线习题集(下册・第3卷)	2019—10	128.00	1113
圆锥曲线的思想方法	2021—08	48.00	1379
圆锥曲线的八个主要问题	2021—10	48.00	1415
论九点圆	2015—05	88.00	645
近代欧氏几何学	2012—03	48.00	162
罗巴切夫斯基几何学及几何基础概要	2012—07	28.00	188
罗巴切夫斯基几何学初步	2015—06	28.00	474
用三角、解析几何、复数、向量计算解数学竞赛几何题	2015—03	48.00	455
用解析法研究圆锥曲线的几何理论	2022—05	48.00	1495
美国中学几何教程	2015—04	88.00	458
三线坐标与三角形特征点	2015—04	98.00	460
坐标几何学基础.第1卷,笛卡儿坐标	2021—08	48.00	1398
坐标几何学基础.第2卷,三线坐标	2021—09	28.00	1399
平面解析几何方法与研究(第1卷)	2015—05	18.00	471
平面解析几何方法与研究(第2卷)	2015—06	18.00	472
平面解析几何方法与研究(第3卷)	2015—07	18.00	473
解析几何研究	2015—01	38.00	425
解析几何学教程.上	2016—01	38.00	574
解析几何学教程.下	2016—01	38.00	575
几何学基础	2016—01	58.00	581
初等几何研究	2015—02	58.00	444
十九和二十世纪欧氏几何学中的片段	2017—01	58.00	696
平面几何中考.高考.奥数一本通	2017—07	28.00	820
几何学简史	2017—08	28.00	833
四面体	2018—01	48.00	880
平面几何证明方法思路	2018—12	68.00	913
折纸中的几何练习	2022—09	48.00	1559
中学新几何学(英文)	2022—10	98.00	1562
线性代数与几何	2023—04	68.00	1633

刘培杰数学工作室
已出版(即将出版)图书目录——初等数学

书　　名	出版时间	定　价	编号
平面几何图形特性新析．上篇	2019－01	68.00	911
平面几何图形特性新析．下篇	2018－06	88.00	912
平面几何范例多解探究．上篇	2018－04	48.00	910
平面几何范例多解探究．下篇	2018－12	68.00	914
从分析解题过程学解题：竞赛中的几何问题研究	2018－07	68.00	946
从分析解题过程学解题：竞赛中的向量几何与不等式研究(全2册)	2019－06	138.00	1090
从分析解题过程学解题：竞赛中的不等式问题	2021－01	48.00	1249
二维、三维欧氏几何的对偶原理	2018－12	38.00	990
星形大观及闭折线论	2019－03	68.00	1020
立体几何的问题和方法	2019－11	58.00	1127
三角代换论	2021－05	58.00	1313
俄罗斯平面几何问题集	2009－08	88.00	55
俄罗斯立体几何问题集	2014－03	58.00	283
俄罗斯几何大师——沙雷金论数学及其他	2014－01	48.00	271
来自俄罗斯的5000道几何习题及解答	2011－03	58.00	89
俄罗斯初等数学问题集	2012－05	38.00	177
俄罗斯函数问题集	2011－03	38.00	103
俄罗斯组合分析问题集	2011－01	48.00	79
俄罗斯初等数学万题选——三角卷	2012－11	38.00	222
俄罗斯初等数学万题选——代数卷	2013－08	68.00	225
俄罗斯初等数学万题选——几何卷	2014－01	68.00	226
俄罗斯《量子》杂志数学征解问题100题选	2018－08	48.00	969
俄罗斯《量子》杂志数学征解问题又100题选	2018－08	48.00	970
俄罗斯《量子》杂志数学征解问题	2020－05	48.00	1138
463个俄罗斯几何老问题	2012－01	28.00	152
《量子》数学短文精粹	2018－09	38.00	972
用三角、解析几何等计算解来自俄罗斯的几何题	2019－11	88.00	1119
基谢廖夫平面几何	2022－01	48.00	1461
基谢廖夫立体几何	2023－04	48.00	1599
数学：代数、数学分析和几何(10－11年级)	2021－01	48.00	1250
立体几何．10—11年级	2022－01	58.00	1472
直观几何学：5—6年级	2022－04	58.00	1508
平面几何：9—11年级	2022－10	48.00	1571

谈谈素数	2011－03	18.00	91
平方和	2011－03	18.00	92
整数论	2011－05	38.00	120
从整数谈起	2015－10	28.00	538
数与多项式	2016－01	38.00	558
谈谈不定方程	2011－05	28.00	119
质数漫谈	2022－07	68.00	1529

解析不等式新论	2009－06	68.00	48
建立不等式的方法	2011－03	98.00	104
数学奥林匹克不等式研究(第2版)	2020－07	68.00	1181
不等式研究(第二辑)	2012－02	68.00	153
不等式的秘密(第一卷)(第2版)	2014－02	38.00	286
不等式的秘密(第二卷)	2014－01	38.00	268
初等不等式的证明方法	2010－06	38.00	123
初等不等式的证明方法(第二版)	2014－11	38.00	407
不等式・理论・方法(基础卷)	2015－07	38.00	496
不等式・理论・方法(经典不等式卷)	2015－07	38.00	497
不等式・理论・方法(特殊类型不等式卷)	2015－07	48.00	498
不等式探究	2016－03	38.00	582
不等式探秘	2017－01	88.00	689
四面体不等式	2017－01	68.00	715
数学奥林匹克中常见重要不等式	2017－09	38.00	845

刘培杰数学工作室
已出版(即将出版)图书目录——初等数学

书　　名	出版时间	定　价	编号
三正弦不等式	2018—09	98.00	974
函数方程与不等式:解法与稳定性结果	2019—04	68.00	1058
数学不等式.第1卷,对称多项式不等式	2022—05	78.00	1455
数学不等式.第2卷,对称有理不等式与对称无理不等式	2022—05	88.00	1456
数学不等式.第3卷,循环不等式与非循环不等式	2022—05	88.00	1457
数学不等式.第4卷,Jensen不等式的扩展与加细	2022—05	88.00	1458
数学不等式.第5卷,创建不等式与解不等式的其他方法	2022—05	88.00	1459
同余理论	2012—05	38.00	163
[x]与{x}	2015—04	48.00	476
极值与最值.上卷	2015—06	28.00	486
极值与最值.中卷	2015—06	38.00	487
极值与最值.下卷	2015—06	28.00	488
整数的性质	2012—11	38.00	192
完全平方数及其应用	2015—08	78.00	506
多项式理论	2015—10	88.00	541
奇数、偶数、奇偶分析法	2018—01	98.00	876
不定方程及其应用.上	2018—12	58.00	992
不定方程及其应用.中	2019—01	78.00	993
不定方程及其应用.下	2019—02	98.00	994
Nesbitt不等式加强式的研究	2022—06	128.00	1527
最值定理与分析不等式	2023—02	78.00	1567
一类积分不等式	2023—02	88.00	1579
邦费罗尼不等式及概率应用	2023—05	58.00	1637

历届美国中学生数学竞赛试题及解答(第一卷)1950—1954	2014—07	18.00	277
历届美国中学生数学竞赛试题及解答(第二卷)1955—1959	2014—04	18.00	278
历届美国中学生数学竞赛试题及解答(第三卷)1960—1964	2014—06	18.00	279
历届美国中学生数学竞赛试题及解答(第四卷)1965—1969	2014—04	28.00	280
历届美国中学生数学竞赛试题及解答(第五卷)1970—1972	2014—06	18.00	281
历届美国中学生数学竞赛试题及解答(第六卷)1973—1980	2017—07	18.00	768
历届美国中学生数学竞赛试题及解答(第七卷)1981—1986	2015—01	18.00	424
历届美国中学生数学竞赛试题及解答(第八卷)1987—1990	2017—05	18.00	769

历届中国数学奥林匹克试题集(第3版)	2021—10	58.00	1440
历届加拿大数学奥林匹克试题集	2012—08	38.00	215
历届美国数学奥林匹克试题集:1972～2019	2020—04	88.00	1135
历届波兰数学竞赛试题集.第1卷,1949～1963	2015—03	18.00	453
历届波兰数学竞赛试题集.第2卷,1964～1976	2015—03	18.00	454
历届巴尔干数学奥林匹克试题集	2015—05	38.00	466
保加利亚数学奥林匹克	2014—10	38.00	393
圣彼得堡数学奥林匹克试题集	2015—01	38.00	429
匈牙利奥林匹克数学竞赛题解.第1卷	2016—05	28.00	593
匈牙利奥林匹克数学竞赛题解.第2卷	2016—05	28.00	594
历届美国数学邀请赛试题集(第2版)	2017—10	78.00	851
普林斯顿大学数学竞赛	2016—06	38.00	669
亚太地区数学奥林匹克竞赛题	2015—07	18.00	492
日本历届(初级)广中杯数学竞赛试题及解答.第1卷(2000～2007)	2016—05	28.00	641
日本历届(初级)广中杯数学竞赛试题及解答.第2卷(2008～2015)	2016—05	38.00	642
越南数学奥林匹克题选:1962—2009	2021—07	48.00	1370
360个数学竞赛问题	2016—08	58.00	677
奥数最佳实战题.上卷	2017—06	38.00	760
奥数最佳实战题.下卷	2017—05	58.00	761
哈尔滨市早期中学数学竞赛试题汇编	2016—07	28.00	672
全国高中数学联赛试题及解答:1981—2019(第4版)	2020—07	138.00	1176
2022年全国高中数学联合竞赛模拟题集	2022—06	30.00	1521

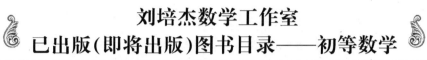

刘培杰数学工作室
已出版(即将出版)图书目录——初等数学

书　　名	出版时间	定　价	编号
20世纪50年代全国部分城市数学竞赛试题汇编	2017-07	28.00	797
国内外数学竞赛题及精解:2018～2019	2020-08	45.00	1192
国内外数学竞赛题及精解:2019～2020	2021-11	58.00	1439
许康华竞赛优学精选集.第一辑	2018-08	68.00	949
天问叶班数学问题征解100题.Ⅰ,2016-2018	2019-05	88.00	1075
天问叶班数学问题征解100题.Ⅱ,2017-2019	2020-07	98.00	1177
美国初中数学竞赛:AMC8准备(共6卷)	2019-07	138.00	1089
美国高中数学竞赛:AMC10准备(共6卷)	2019-08	158.00	1105
王连笑教你怎样学数学:高考选择题解题策略与客观题实用训练	2014-01	48.00	262
王连笑教你怎样学数学:高考数学高层次讲座	2015-02	48.00	432
高考数学的理论与实践	2009-08	38.00	53
高考数学核心题型解题方法与技巧	2010-01	28.00	86
高考思维新平台	2014-03	38.00	259
高考数学压轴题解题诀窍(上)(第2版)	2018-01	58.00	874
高考数学压轴题解题诀窍(下)(第2版)	2018-01	48.00	875
北京市五区文科数学三年高考模拟题详解:2013～2015	2015-08	48.00	500
北京市五区理科数学三年高考模拟题详解:2013～2015	2015-09	68.00	505
向量法巧解数学高考题	2009-08	28.00	54
高中数学课堂教学的实践与反思	2021-11	48.00	791
数学高考参考	2016-01	78.00	589
新课程标准高考数学解答题各种题型解法指导	2020-08	78.00	1196
全国及各省市高考数学试题审题要津与解法研究	2015-02	48.00	450
高中数学章节起始课的教学研究与案例设计	2019-05	28.00	1064
新课标高考数学——五年试题分章详解(2007～2011)(上、下)	2011-10	78.00	140,141
全国中考数学压轴题审题要津与解法研究	2013-04	78.00	248
新编全国及各省市中考数学压轴题审题要津与解法研究	2014-05	58.00	342
全国及各省市5年中考数学压轴题审题要津与解法研究(2015版)	2015-04	58.00	462
中考数学专题总复习	2007-04	28.00	6
中考数学较难题常考题型解题方法与技巧	2016-09	48.00	681
中考数学难题常考题型解题方法与技巧	2016-09	48.00	682
中考数学中档题常考题型解题方法与技巧	2017-08	68.00	835
中考数学选择填空压轴好题妙解365	2017-05	38.00	759
中考数学:三类重点考题的解法例析与习题	2020-04	48.00	1140
中小学数学的历史文化	2019-11	48.00	1124
初中平面几何百题多思创新解	2020-01	58.00	1125
初中数学中考备考	2020-01	58.00	1126
高考数学之九章演义	2019-08	68.00	1044
高考数学之难题谈笑间	2022-06	68.00	1519
化学可以这样学:高中化学知识方法智慧感悟疑难辨析	2019-07	58.00	1103
如何成为学习高手	2019-09	58.00	1107
高考数学:经典真题分类解析	2020-04	78.00	1134
高考数学解答题破解策略	2020-11	58.00	1221
从分析解题过程学解题:高考压轴题与竞赛题之关系探究	2020-08	88.00	1179
教学新思考:单元整体视角下的初中数学教学设计	2021-03	58.00	1278
思维再拓展:2020年经典几何题的多解探究与思考	即将出版		1279
中考数学小压轴汇编初讲	2017-07	48.00	788
中考数学大压轴专题微言	2017-09	48.00	846
怎么解中考平面几何探索题	2019-06	48.00	1093
北京中考数学压轴题解题方法突破(第8版)	2022-11	78.00	1577
助你高考成功的数学解题智慧:知识是智慧的基础	2016-01	58.00	596
助你高考成功的数学解题智慧:错误是智慧的试金石	2016-04	58.00	643
助你高考成功的数学解题智慧:方法是智慧的推手	2016-04	68.00	657
高考数学奇思妙解	2016-04	38.00	610
高考数学解题策略	2016-05	48.00	670
数学解题泄天机(第2版)	2017-10	48.00	850

刘培杰数学工作室
已出版(即将出版)图书目录——初等数学

书名	出版时间	定价	编号
高考物理压轴题全解	2017－04	58.00	746
高中物理经典问题 25 讲	2017－05	28.00	764
高中物理教学讲义	2018－01	48.00	871
高中物理教学讲义:全模块	2022－03	98.00	1492
高中物理答疑解惑 65 篇	2021－11	48.00	1462
中学物理基础问题解析	2020－08	48.00	1183
初中数学、高中数学脱节知识补缺教材	2017－06	48.00	766
高考数学小题抢分必练	2017－10	48.00	834
高考数学核心素养解读	2017－09	38.00	839
高考数学客观题解题方法和技巧	2017－10	38.00	847
十年高考数学精品试题审题要津与解法研究	2021－10	98.00	1427
中国历届高考数学试题及解答.1949—1979	2018－01	38.00	877
历届中国高考数学试题及解答.第二卷,1980—1989	2018－10	28.00	975
历届中国高考数学试题及解答.第三卷,1990—1999	2018－10	48.00	976
数学文化与高考研究	2018－03	48.00	882
跟我学解高中数学题	2018－07	58.00	926
中学数学研究的方法及案例	2018－05	58.00	869
高考数学抢分技能	2018－07	68.00	934
高一新生常用数学方法和重要数学思想提升教材	2018－06	38.00	921
2018 年高考数学真题研究	2019－01	68.00	1000
2019 年高考数学真题研究	2020－05	88.00	1137
高考数学全国卷六道解答题常考题型解题诀窍:理科(全 2 册)	2019－07	78.00	1101
高考数学全国卷 16 道选择、填空题常考题型解题诀窍.理科	2018－09	88.00	971
高考数学全国卷 16 道选择、填空题常考题型解题诀窍.文科	2020－01	88.00	1123
高中数学一题多解	2019－06	58.00	1087
历届中国高考数学试题及解答:1917－1999	2021－08	98.00	1371
2000～2003 年全国及各省市高考数学试题及解答	2022－05	88.00	1499
2004 年全国及各省市高考数学试题及解答	2022－07	78.00	1500
突破高原:高中数学解题思维探究	2021－08	48.00	1375
高考数学中的“取值范围”	2021－10	48.00	1429
新课程标准高中数学各种题型解法大全.必修一分册	2021－06	58.00	1315
新课程标准高中数学各种题型解法大全.必修二分册	2022－01	68.00	1471
高中数学各种题型解法大全.选择性必修一分册	2022－06	68.00	1525
高中数学各种题型解法大全.选择性必修二分册	2023－01	58.00	1600
高中数学各种题型解法大全.选择性必修三分册	2023－04	48.00	1643
历届全国初中数学竞赛经典试题详解	2023－04	88.00	1624

新编 640 个世界著名数学智力趣题	2014－01	88.00	242
500 个最新世界著名数学智力趣题	2008－06	48.00	3
400 个最新世界著名数学最值问题	2008－09	48.00	36
500 个世界著名数学征解问题	2009－06	48.00	52
400 个中国最佳初等数学征解老问题	2010－01	48.00	60
500 个俄罗斯数学经典老题	2011－01	28.00	81
1000 个国外中学物理好题	2012－04	48.00	174
300 个日本高考数学题	2012－05	38.00	142
700 个早期日本高考数学试题	2017－02	88.00	752
500 个前苏联早期高考数学试题及解答	2012－05	28.00	185
546 个早期俄罗斯大学生数学竞赛题	2014－03	38.00	285
548 个来自美苏的数学好问题	2014－11	28.00	396
20 所苏联著名大学早期入学试题	2015－02	18.00	452
161 道德国工科大学生必做的微分方程习题	2015－05	28.00	469
500 个德国工科大学生必做的高数习题	2015－06	28.00	478
360 个数学竞赛问题	2016－08	58.00	677
200 个趣味数学故事	2018－02	48.00	857
470 个数学奥林匹克中的最值问题	2018－10	88.00	985
德国讲义日本考题.微积分卷	2015－04	48.00	456
德国讲义日本考题.微分方程卷	2015－04	38.00	457
二十世纪中叶中、英、美、日、法、俄高考数学试题精选	2017－06	38.00	783

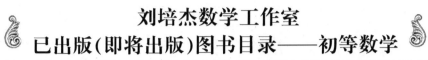

刘培杰数学工作室
已出版(即将出版)图书目录——初等数学

书　　名	出版时间	定　价	编号
中国初等数学研究　2009 卷(第 1 辑)	2009—05	20.00	45
中国初等数学研究　2010 卷(第 2 辑)	2010—05	30.00	68
中国初等数学研究　2011 卷(第 3 辑)	2011—07	60.00	127
中国初等数学研究　2012 卷(第 4 辑)	2012—07	48.00	190
中国初等数学研究　2014 卷(第 5 辑)	2014—02	48.00	288
中国初等数学研究　2015 卷(第 6 辑)	2015—06	68.00	493
中国初等数学研究　2016 卷(第 7 辑)	2016—04	68.00	609
中国初等数学研究　2017 卷(第 8 辑)	2017—01	98.00	712
初等数学研究在中国. 第 1 辑	2019—03	158.00	1024
初等数学研究在中国. 第 2 辑	2019—10	158.00	1116
初等数学研究在中国. 第 3 辑	2021—05	158.00	1306
初等数学研究在中国. 第 4 辑	2022—06	158.00	1520
几何变换(Ⅰ)	2014—07	28.00	353
几何变换(Ⅱ)	2015—06	28.00	354
几何变换(Ⅲ)	2015—01	38.00	355
几何变换(Ⅳ)	2015—12	38.00	356
初等数论难题集(第一卷)	2009—05	68.00	44
初等数论难题集(第二卷)(上、下)	2011—02	128.00	82,83
数论概貌	2011—03	18.00	93
代数数论(第二版)	2013—08	58.00	94
代数多项式	2014—06	38.00	289
初等数论的知识与问题	2011—02	28.00	95
超越数论基础	2011—03	28.00	96
数论初等教程	2011—03	28.00	97
数论基础	2011—03	18.00	98
数论基础与维诺格拉多夫	2014—03	18.00	292
解析数论基础	2012—08	28.00	216
解析数论基础(第二版)	2014—01	48.00	287
解析数论问题集(第二版)(原版引进)	2014—05	88.00	343
解析数论问题集(第二版)(中译本)	2016—04	88.00	607
解析数论基础(潘承洞,潘承彪著)	2016—07	98.00	673
解析数论导引	2016—07	58.00	674
数论入门	2011—03	38.00	99
代数数论入门	2015—03	38.00	448
数论开篇	2012—07	28.00	194
解析数论引论	2011—03	48.00	100
Barban Davenport Halberstam 均值和	2009—01	40.00	33
基础数论	2011—03	28.00	101
初等数论 100 例	2011—05	18.00	122
初等数论经典例题	2012—07	18.00	204
最新世界各国数学奥林匹克中的初等数论试题(上、下)	2012—01	138.00	144,145
初等数论(Ⅰ)	2012—01	18.00	156
初等数论(Ⅱ)	2012—01	18.00	157
初等数论(Ⅲ)	2012—01	28.00	158

刘培杰数学工作室
已出版(即将出版)图书目录——初等数学

书　　名	出版时间	定　价	编号
平面几何与数论中未解决的新老问题	2013—01	68.00	229
代数数论简史	2014—11	28.00	408
代数数论	2015—09	88.00	532
代数、数论及分析习题集	2016—11	98.00	695
数论导引提要及习题解答	2016—01	48.00	559
素数定理的初等证明.第2版	2016—09	48.00	686
数论中的模函数与狄利克雷级数(第二版)	2017—11	78.00	837
数论:数学导引	2018—01	68.00	849
范氏大代数	2019—02	98.00	1016
解析数学讲义.第一卷,导来式及微分、积分、级数	2019—04	88.00	1021
解析数学讲义.第二卷,关于几何的应用	2019—04	68.00	1022
解析数学讲义.第三卷,解析函数论	2019—04	78.00	1023
分析·组合·数论纵横谈	2019—04	58.00	1039
Hall代数:民国时期的中学数学课本:英文	2019—08	88.00	1106
基谢廖夫初等代数	2022—07	38.00	1531

数学精神巡礼	2019—01	58.00	731
数学眼光透视(第2版)	2017—06	78.00	732
数学思想领悟(第2版)	2018—01	68.00	733
数学方法溯源(第2版)	2018—08	68.00	734
数学解题引论	2017—05	58.00	735
数学史话览胜(第2版)	2017—01	48.00	736
数学应用展观(第2版)	2017—08	68.00	737
数学建模尝试	2018—04	48.00	738
数学竞赛采风	2018—01	68.00	739
数学测评探营	2019—05	58.00	740
数学技能操握	2018—03	48.00	741
数学欣赏拾趣	2018—02	48.00	742

从毕达哥拉斯到怀尔斯	2007—10	48.00	9
从迪利克雷到维斯卡尔迪	2008—01	48.00	21
从哥德巴赫到陈景润	2008—05	98.00	35
从庞加莱到佩雷尔曼	2011—08	138.00	136

博弈论精粹	2008—03	58.00	30
博弈论精粹.第二版(精装)	2015—01	88.00	461
数学 我爱你	2008—01	28.00	20
精神的圣徒　别样的人生——60位中国数学家成长的历程	2008—09	48.00	39
数学史概论	2009—06	78.00	50
数学史概论(精装)	2013—03	158.00	272
数学史选讲	2016—01	48.00	544
斐波那契数列	2010—02	28.00	65
数学拼盘和斐波那契魔方	2010—07	38.00	72
斐波那契数列欣赏(第2版)	2018—08	58.00	948
Fibonacci数列中的明珠	2018—06	58.00	928
数学的创造	2011—02	48.00	85
数学美与创造力	2016—01	48.00	595
数海拾贝	2016—01	48.00	590
数学中的美(第2版)	2019—04	68.00	1057
数论中的美学	2014—12	38.00	351

刘培杰数学工作室
已出版(即将出版)图书目录——初等数学

书 名	出版时间	定 价	编号
数学王者 科学巨人——高斯	2015－01	28.00	428
振兴祖国数学的圆梦之旅:中国初等数学研究史话	2015－06	98.00	490
二十世纪中国数学史料研究	2015－10	48.00	536
数字谜、数阵图与棋盘覆盖	2016－01	58.00	298
时间的形状	2016－01	38.00	556
数学发现的艺术:数学探索中的合情推理	2016－07	58.00	671
活跃在数学中的参数	2016－07	48.00	675
数海趣史	2021－05	98.00	1314
数学解题——靠数学思想给力(上)	2011－07	38.00	131
数学解题——靠数学思想给力(中)	2011－07	48.00	132
数学解题——靠数学思想给力(下)	2011－07	38.00	133
我怎样解题	2013－01	48.00	227
数学解题中的物理方法	2011－06	28.00	114
数学解题的特殊方法	2011－06	48.00	115
中学数学计算技巧(第2版)	2020－10	48.00	1220
中学数学证明方法	2012－01	58.00	117
数学趣题巧解	2012－03	28.00	128
高中数学教学通鉴	2015－05	58.00	479
和高中生漫谈:数学与哲学的故事	2014－08	28.00	369
算术问题集	2017－03	38.00	789
张教授讲数学	2018－07	38.00	933
陈永明实话实说数学教学	2020－04	68.00	1132
中学数学学科知识与教学能力	2020－06	58.00	1155
怎样把课讲好:大罕数学教学随笔	2022－03	58.00	1484
中国高考评价体系下高考数学探秘	2022－03	48.00	1487
自主招生考试中的参数方程问题	2015－01	28.00	435
自主招生考试中的极坐标问题	2015－04	28.00	463
近年全国重点大学自主招生数学试题全解及研究.华约卷	2015－02	38.00	441
近年全国重点大学自主招生数学试题全解及研究.北约卷	2016－05	38.00	619
自主招生数学解证宝典	2015－09	48.00	535
中国科学技术大学创新班数学真题解析	2022－03	48.00	1488
中国科学技术大学创新班物理真题解析	2022－03	58.00	1489
格点和面积	2012－07	18.00	191
射影几何趣谈	2012－04	28.00	175
斯潘纳尔引理——从一道加拿大数学奥林匹克试题谈起	2014－01	28.00	228
李普希兹条件——从几道近年高考数学试题谈起	2012－10	18.00	221
拉格朗日中值定理——从一道北京高考试题的解法谈起	2015－10	18.00	197
闵科夫斯基定理——从一道清华大学自主招生试题谈起	2014－01	28.00	198
哈尔测度——从一道冬令营试题的背景谈起	2012－08	28.00	202
切比雪夫逼近问题——从一道中国台北数学奥林匹克试题谈起	2013－04	38.00	238
伯恩斯坦多项式与贝齐尔曲面——从一道全国高中数学联赛试题谈起	2013－03	38.00	236
卡塔兰猜想——从一道普特南竞赛试题谈起	2013－06	18.00	256
麦卡锡函数和阿克曼函数——从一道前南斯拉夫数学奥林匹克试题谈起	2012－08	18.00	201
贝蒂定理与拉姆贝克莫斯尔定理——从一个拣石子游戏谈起	2012－08	18.00	217
皮亚诺曲线和豪斯道夫分球定理——从无限集谈起	2012－08	18.00	211
平面凸图形与凸多面体	2012－10	28.00	218
斯坦因豪斯问题——从一道二十五省市自治区中学数学竞赛试题谈起	2012－07	18.00	196

刘培杰数学工作室
已出版(即将出版)图书目录——初等数学

书　名	出版时间	定　价	编号
纽结理论中的亚历山大多项式与琼斯多项式——从一道北京市高一数学竞赛试题谈起	2012-07	28.00	195
原则与策略——从波利亚"解题表"谈起	2013-04	38.00	244
转化与化归——从三大尺规作图不能问题谈起	2012-08	28.00	214
代数几何中的贝祖定理(第一版)——从一道 IMO 试题的解法谈起	2013-08	18.00	193
成功连贯理论与约当块理论——从一道比利时数学竞赛试题谈起	2012-04	18.00	180
素数判定与大数分解	2014-08	18.00	199
置换多项式及其应用	2012-10	18.00	220
椭圆函数与模函数——从一道美国加州大学洛杉矶分校(UCLA)博士资格考题谈起	2012-10	28.00	219
差分方程的拉格朗日方法——从一道 2011 年全国高考理科试题的解法谈起	2012-08	28.00	200
力学在几何中的一些应用	2013-01	38.00	240
从根式解到伽罗华理论	2020-01	48.00	1121
康托洛维奇不等式——从一道全国高中联赛试题谈起	2013-03	28.00	337
西格尔引理——从一道第 18 届 IMO 试题的解法谈起	即将出版		
罗斯定理——从一道前苏联数学竞赛试题谈起	即将出版		
拉克斯定理和阿廷定理——从一道 IMO 试题的解法谈起	2014-01	58.00	246
毕卡大定理——从一道美国大学数学竞赛试题谈起	2014-07	18.00	350
贝齐尔曲线——从一道全国高中联赛试题谈起	即将出版		
拉格朗日乘子定理——从一道 2005 年全国高中联赛试题的高等数学解法谈起	2015-05	28.00	480
雅可比定理——从一道日本数学奥林匹克试题谈起	2013-04	48.00	249
李天岩一约克定理——从一道波兰数学竞赛试题谈起	2014-06	28.00	349
受控理论与初等不等式:从一道 IMO 试题的解法谈起	2023-03	48.00	1601
布劳维不动点定理——从一道前苏联数学奥林匹克试题谈起	2014-01	38.00	273
伯恩赛德定理——从一道英国数学奥林匹克试题谈起	即将出版		
布查特一莫斯特定理——从一道上海市初中竞赛试题谈起	即将出版		
数论中的同余数问题——从一道普特南竞赛试题谈起	即将出版		
范·德蒙行列式——从一道美国数学奥林匹克试题谈起	即将出版		
中国剩余定理:总数法构建中国历史年表	2015-01	28.00	430
牛顿程序与方程求根——从一道全国高考试题解法谈起	即将出版		
库默尔定理——从一道 IMO 预选试题谈起	即将出版		
卢丁定理——从一道冬令营试题的解法谈起	即将出版		
沃斯滕霍姆定理——从一道 IMO 预选试题谈起	即将出版		
卡尔松不等式——从一道莫斯科数学奥林匹克试题谈起	即将出版		
信息论中的香农熵——从一道近年高考压轴题谈起	即将出版		
约当不等式——从一道希望杯竞赛试题谈起	即将出版		
拉比诺维奇定理	即将出版		
刘维尔定理——从一道《美国数学月刊》征解问题的解法谈起	即将出版		
卡塔兰恒等式与级数求和——从一道 IMO 试题的解法谈起	即将出版		
勒让德猜想与素数分布——从一道爱尔兰竞赛试题谈起	即将出版		
天平称重与信息论——从一道基辅市数学奥林匹克试题谈起	即将出版		
哈密尔顿一凯莱定理:从一道高中数学联赛试题的解法谈起	2014-09	18.00	376
艾思特曼定理——从一道 CMO 试题的解法谈起	即将出版		

刘培杰数学工作室
已出版(即将出版)图书目录——初等数学

书　　名	出版时间	定　价	编号
阿贝尔恒等式与经典不等式及应用	2018－06	98.00	923
迪利克雷除数问题	2018－07	48.00	930
幻方、幻立方与拉丁方	2019－08	48.00	1092
帕斯卡三角形	2014－03	18.00	294
蒲丰投针问题——从2009年清华大学的一道自主招生试题谈起	2014－01	38.00	295
斯图姆定理——从一道“华约”自主招生试题的解法谈起	2014－01	18.00	296
许瓦兹引理——从一道加利福尼亚大学伯克利分校数学系博士生试题谈起	2014－08	18.00	297
拉姆塞定理——从王诗宬院士的一个问题谈起	2016－04	48.00	299
坐标法	2013－12	28.00	332
数论三角形	2014－04	38.00	341
毕克定理	2014－07	18.00	352
数林掠影	2014－09	48.00	389
我们周围的概率	2014－10	38.00	390
凸函数最值定理:从一道华约自主招生题的解法谈起	2014－10	28.00	391
易学与数学奥林匹克	2014－10	38.00	392
生物数学趣谈	2015－01	18.00	409
反演	2015－01	28.00	420
因式分解与圆锥曲线	2015－01	18.00	426
轨迹	2015－01	28.00	427
面积原理:从常庚哲命的一道CMO试题的积分解法谈起	2015－01	48.00	431
形形色色的不动点定理:从一道28届IMO试题谈起	2015－01	38.00	439
柯西函数方程:从一道上海交大自主招生的试题谈起	2015－02	28.00	440
三角恒等式	2015－02	28.00	442
无理性判定:从一道2014年“北约”自主招生试题谈起	2015－01	38.00	443
数学归纳法	2015－03	18.00	451
极端原理与解题	2015－04	28.00	464
法雷级数	2014－08	18.00	367
摆线族	2015－01	38.00	438
函数方程及其解法	2015－05	38.00	470
含参数的方程和不等式	2012－09	28.00	213
希尔伯特第十问题	2016－01	38.00	543
无穷小量的求和	2016－01	28.00	545
切比雪夫多项式:从一道清华大学金秋营试题谈起	2016－01	38.00	583
泽肯多夫定理	2016－03	38.00	599
代数等式证题法	2016－01	28.00	600
三角等式证题法	2016－01	28.00	601
吴大任教授藏书中的一个因式分解公式:从一道美国数学邀请赛试题的解法谈起	2016－06	28.00	656
易卦——类万物的数学模型	2017－08	68.00	838
“不可思议”的数与数系可持续发展	2018－01	38.00	878
最短线	2018－01	38.00	879
数学在天文、地理、光学、机械力学中的一些应用	2023－03	88.00	1576
从阿基米德三角形谈起	2023－01	28.00	1578

幻方和魔方(第一卷)	2012－05	68.00	173
尘封的经典——初等数学经典文献选读(第一卷)	2012－07	48.00	205
尘封的经典——初等数学经典文献选读(第二卷)	2012－07	38.00	206

初级方程式论	2011－03	28.00	106
初等数学研究(Ⅰ)	2008－09	68.00	37
初等数学研究(Ⅱ)(上、下)	2009－05	118.00	46,47
初等数学专题研究	2022－10	68.00	1568

刘培杰数学工作室
已出版(即将出版)图书目录——初等数学

书　　名	出版时间	定　价	编号
趣味初等方程妙题集锦	2014－09	48.00	388
趣味初等数论选美与欣赏	2015－02	48.00	445
耕读笔记(上卷):一位农民数学爱好者的初数探索	2015－04	28.00	459
耕读笔记(中卷):一位农民数学爱好者的初数探索	2015－05	28.00	483
耕读笔记(下卷):一位农民数学爱好者的初数探索	2015－05	28.00	484
几何不等式研究与欣赏.上卷	2016－01	88.00	547
几何不等式研究与欣赏.下卷	2016－01	48.00	552
初等数列研究与欣赏·上	2016－01	48.00	570
初等数列研究与欣赏·下	2016－01	48.00	571
趣味初等函数研究与欣赏.上	2016－09	48.00	684
趣味初等函数研究与欣赏.下	2018－09	48.00	685
三角不等式研究与欣赏	2020－10	68.00	1197
新编平面解析几何解题方法研究与欣赏	2021－10	78.00	1426
火柴游戏(第2版)	2022－05	38.00	1493
智力解谜.第1卷	2017－07	38.00	613
智力解谜.第2卷	2017－07	38.00	614
故事智力	2016－07	48.00	615
名人们喜欢的智力问题	2020－01	48.00	616
数学大师的发现、创造与失误	2018－01	48.00	617
异曲同工	2018－09	48.00	618
数学的味道	2018－01	58.00	798
数学千字文	2018－10	68.00	977
数贝偶拾——高考数学题研究	2014－04	28.00	274
数贝偶拾——初等数学研究	2014－04	38.00	275
数贝偶拾——奥数题研究	2014－04	48.00	276
钱昌本教你快乐学数学(上)	2011－12	48.00	155
钱昌本教你快乐学数学(下)	2012－03	58.00	171
集合、函数与方程	2014－01	28.00	300
数列与不等式	2014－01	38.00	301
三角与平面向量	2014－01	28.00	302
平面解析几何	2014－01	38.00	303
立体几何与组合	2014－01	28.00	304
极限与导数、数学归纳法	2014－01	38.00	305
趣味数学	2014－03	28.00	306
教材教法	2014－04	68.00	307
自主招生	2014－05	58.00	308
高考压轴题(上)	2015－01	48.00	309
高考压轴题(下)	2014－10	68.00	310
从费马到怀尔斯——费马大定理的历史	2013－10	198.00	Ⅰ
从庞加莱到佩雷尔曼——庞加莱猜想的历史	2013－10	298.00	Ⅱ
从切比雪夫到爱尔特希(上)——素数定理的初等证明	2013－07	48.00	Ⅲ
从切比雪夫到爱尔特希(下)——素数定理100年	2012－12	98.00	Ⅲ
从高斯到盖尔方特——二次域的高斯猜想	2013－10	198.00	Ⅳ
从库默尔到朗兰兹——朗兰兹猜想的历史	2014－01	98.00	Ⅴ
从比勃巴赫到德布朗斯——比勃巴赫猜想的历史	2014－02	298.00	Ⅵ
从麦比乌斯到陈省身——麦比乌斯变换与麦比乌斯带	2014－02	298.00	Ⅶ
从布尔到豪斯道夫——布尔方程与格论漫谈	2013－10	198.00	Ⅷ
从开普勒到阿诺德——三体问题的历史	2014－05	298.00	Ⅸ
从华林到华罗庚——华林问题的历史	2013－10	298.00	Ⅹ

刘培杰数学工作室
已出版(即将出版)图书目录——初等数学

书　　名	出版时间	定　价	编号
美国高中数学竞赛五十讲.第 1 卷(英文)	2014－08	28.00	357
美国高中数学竞赛五十讲.第 2 卷(英文)	2014－08	28.00	358
美国高中数学竞赛五十讲.第 3 卷(英文)	2014－09	28.00	359
美国高中数学竞赛五十讲.第 4 卷(英文)	2014－09	28.00	360
美国高中数学竞赛五十讲.第 5 卷(英文)	2014－10	28.00	361
美国高中数学竞赛五十讲.第 6 卷(英文)	2014－11	28.00	362
美国高中数学竞赛五十讲.第 7 卷(英文)	2014－12	28.00	363
美国高中数学竞赛五十讲.第 8 卷(英文)	2015－01	28.00	364
美国高中数学竞赛五十讲.第 9 卷(英文)	2015－01	28.00	365
美国高中数学竞赛五十讲.第 10 卷(英文)	2015－02	38.00	366
三角函数(第 2 版)	2017－04	38.00	626
不等式	2014－01	38.00	312
数列	2014－01	38.00	313
方程(第 2 版)	2017－04	38.00	624
排列和组合	2014－01	28.00	315
极限与导数(第 2 版)	2016－04	38.00	635
向量(第 2 版)	2018－08	58.00	627
复数及其应用	2014－08	28.00	318
函数	2014－01	38.00	319
集合	2020－01	48.00	320
直线与平面	2014－01	28.00	321
立体几何(第 2 版)	2016－04	38.00	629
解三角形	即将出版		323
直线与圆(第 2 版)	2016－11	38.00	631
圆锥曲线(第 2 版)	2016－09	48.00	632
解题通法(一)	2014－07	38.00	326
解题通法(二)	2014－07	38.00	327
解题通法(三)	2014－05	38.00	328
概率与统计	2014－01	28.00	329
信息迁移与算法	即将出版		330
IMO 50 年.第 1 卷(1959－1963)	2014－11	28.00	377
IMO 50 年.第 2 卷(1964－1968)	2014－11	28.00	378
IMO 50 年.第 3 卷(1969－1973)	2014－09	28.00	379
IMO 50 年.第 4 卷(1974－1978)	2016－04	38.00	380
IMO 50 年.第 5 卷(1979－1984)	2015－04	38.00	381
IMO 50 年.第 6 卷(1985－1989)	2015－04	58.00	382
IMO 50 年.第 7 卷(1990－1994)	2016－01	48.00	383
IMO 50 年.第 8 卷(1995－1999)	2016－06	38.00	384
IMO 50 年.第 9 卷(2000－2004)	2015－04	58.00	385
IMO 50 年.第 10 卷(2005－2009)	2016－01	48.00	386
IMO 50 年.第 11 卷(2010－2015)	2017－03	48.00	646

刘培杰数学工作室
已出版(即将出版)图书目录——初等数学

书　名	出版时间	定　价	编号
数学反思(2006—2007)	2020—09	88.00	915
数学反思(2008—2009)	2019—01	68.00	917
数学反思(2010—2011)	2018—05	58.00	916
数学反思(2012—2013)	2019—01	58.00	918
数学反思(2014—2015)	2019—03	78.00	919
数学反思(2016—2017)	2021—03	58.00	1286
数学反思(2018—2019)	2023—01	88.00	1593
历届美国大学生数学竞赛试题集.第一卷(1938—1949)	2015—01	28.00	397
历届美国大学生数学竞赛试题集.第二卷(1950—1959)	2015—01	28.00	398
历届美国大学生数学竞赛试题集.第三卷(1960—1969)	2015—01	28.00	399
历届美国大学生数学竞赛试题集.第四卷(1970—1979)	2015—01	18.00	400
历届美国大学生数学竞赛试题集.第五卷(1980—1989)	2015—01	28.00	401
历届美国大学生数学竞赛试题集.第六卷(1990—1999)	2015—01	28.00	402
历届美国大学生数学竞赛试题集.第七卷(2000—2009)	2015—08	18.00	403
历届美国大学生数学竞赛试题集.第八卷(2010—2012)	2015—01	18.00	404
新课标高考数学创新题解题诀窍:总论	2014—09	28.00	372
新课标高考数学创新题解题诀窍:必修1～5分册	2014—08	38.00	373
新课标高考数学创新题解题诀窍:选修2—1,2—2,1—1,1—2分册	2014—09	38.00	374
新课标高考数学创新题解题诀窍:选修2—3,4—4,4—5分册	2014—09	18.00	375
全国重点大学自主招生英文数学试题全攻略:词汇卷	2015—07	48.00	410
全国重点大学自主招生英文数学试题全攻略:概念卷	2015—01	28.00	411
全国重点大学自主招生英文数学试题全攻略:文章选读卷(上)	2016—09	38.00	412
全国重点大学自主招生英文数学试题全攻略:文章选读卷(下)	2017—01	58.00	413
全国重点大学自主招生英文数学试题全攻略:试题卷	2015—07	38.00	414
全国重点大学自主招生英文数学试题全攻略:名著欣赏卷	2017—03	48.00	415
劳埃德数学趣题大全.题目卷.1:英文	2016—01	18.00	516
劳埃德数学趣题大全.题目卷.2:英文	2016—01	18.00	517
劳埃德数学趣题大全.题目卷.3:英文	2016—01	18.00	518
劳埃德数学趣题大全.题目卷.4:英文	2016—01	18.00	519
劳埃德数学趣题大全.题目卷.5:英文	2016—01	18.00	520
劳埃德数学趣题大全.答案卷:英文	2016—01	18.00	521
李成章教练奥数笔记.第1卷	2016—01	48.00	522
李成章教练奥数笔记.第2卷	2016—01	48.00	523
李成章教练奥数笔记.第3卷	2016—01	38.00	524
李成章教练奥数笔记.第4卷	2016—01	38.00	525
李成章教练奥数笔记.第5卷	2016—01	38.00	526
李成章教练奥数笔记.第6卷	2016—01	38.00	527
李成章教练奥数笔记.第7卷	2016—01	38.00	528
李成章教练奥数笔记.第8卷	2016—01	48.00	529
李成章教练奥数笔记.第9卷	2016—01	28.00	530

刘培杰数学工作室
已出版(即将出版)图书目录——初等数学

书　　名	出版时间	定　价	编号
第19～23届"希望杯"全国数学邀请赛试题审题要津详细评注(初一版)	2014—03	28.00	333
第19～23届"希望杯"全国数学邀请赛试题审题要津详细评注(初二、初三版)	2014—03	38.00	334
第19～23届"希望杯"全国数学邀请赛试题审题要津详细评注(高一版)	2014—03	28.00	335
第19～23届"希望杯"全国数学邀请赛试题审题要津详细评注(高二版)	2014—03	38.00	336
第19～25届"希望杯"全国数学邀请赛试题审题要津详细评注(初一版)	2015—01	38.00	416
第19～25届"希望杯"全国数学邀请赛试题审题要津详细评注(初二、初三版)	2015—01	58.00	417
第19～25届"希望杯"全国数学邀请赛试题审题要津详细评注(高一版)	2015—01	48.00	418
第19～25届"希望杯"全国数学邀请赛试题审题要津详细评注(高二版)	2015—01	48.00	419

物理奥林匹克竞赛大题典——力学卷	2014—11	48.00	405
物理奥林匹克竞赛大题典——热学卷	2014—04	28.00	339
物理奥林匹克竞赛大题典——电磁学卷	2015—07	48.00	406
物理奥林匹克竞赛大题典——光学与近代物理卷	2014—06	28.00	345

历届中国东南地区数学奥林匹克试题集(2004～2012)	2014—06	18.00	346
历届中国西部地区数学奥林匹克试题集(2001～2012)	2014—07	18.00	347
历届中国女子数学奥林匹克试题集(2002～2012)	2014—08	18.00	348

数学奥林匹克在中国	2014—06	98.00	344
数学奥林匹克问题集	2014—01	38.00	267
数学奥林匹克不等式散论	2010—06	38.00	124
数学奥林匹克不等式欣赏	2011—09	38.00	138
数学奥林匹克超级题库(初中卷上)	2010—01	58.00	66
数学奥林匹克不等式证明方法和技巧(上、下)	2011—08	158.00	134,135

他们学什么:原民主德国中学数学课本	2016—09	38.00	658
他们学什么:英国中学数学课本	2016—09	38.00	659
他们学什么:法国中学数学课本.1	2016—09	38.00	660
他们学什么:法国中学数学课本.2	2016—09	28.00	661
他们学什么:法国中学数学课本.3	2016—09	38.00	662
他们学什么:苏联中学数学课本	2016—09	28.00	679

高中数学题典——集合与简易逻辑·函数	2016—07	48.00	647
高中数学题典——导数	2016—07	48.00	648
高中数学题典——三角函数·平面向量	2016—07	48.00	649
高中数学题典——数列	2016—07	58.00	650
高中数学题典——不等式·推理与证明	2016—07	38.00	651
高中数学题典——立体几何	2016—07	48.00	652
高中数学题典——平面解析几何	2016—07	78.00	653
高中数学题典——计数原理·统计·概率·复数	2016—07	48.00	654
高中数学题典——算法·平面几何·初等数论·组合数学·其他	2016—07	68.00	655

刘培杰数学工作室
已出版(即将出版)图书目录——初等数学

书　名	出版时间	定　价	编号
台湾地区奥林匹克数学竞赛试题．小学一年级	2017－03	38.00	722
台湾地区奥林匹克数学竞赛试题．小学二年级	2017－03	38.00	723
台湾地区奥林匹克数学竞赛试题．小学三年级	2017－03	38.00	724
台湾地区奥林匹克数学竞赛试题．小学四年级	2017－03	38.00	725
台湾地区奥林匹克数学竞赛试题．小学五年级	2017－03	38.00	726
台湾地区奥林匹克数学竞赛试题．小学六年级	2017－03	38.00	727
台湾地区奥林匹克数学竞赛试题．初中一年级	2017－03	38.00	728
台湾地区奥林匹克数学竞赛试题．初中二年级	2017－03	38.00	729
台湾地区奥林匹克数学竞赛试题．初中三年级	2017－03	28.00	730
不等式证题法	2017－04	28.00	747
平面几何培优教程	2019－08	88.00	748
奥数鼎级培优教程．高一分册	2018－09	88.00	749
奥数鼎级培优教程．高二分册．上	2018－04	68.00	750
奥数鼎级培优教程．高二分册．下	2018－04	68.00	751
高中数学竞赛冲刺宝典	2019－04	68.00	883
初中尖子生数学超级题典．实数	2017－07	58.00	792
初中尖子生数学超级题典．式、方程与不等式	2017－08	58.00	793
初中尖子生数学超级题典．圆、面积	2017－08	38.00	794
初中尖子生数学超级题典．函数、逻辑推理	2017－08	48.00	795
初中尖子生数学超级题典．角、线段、三角形与多边形	2017－07	58.00	796
数学王子——高斯	2018－01	48.00	858
坎坷奇星——阿贝尔	2018－01	48.00	859
闪烁奇星——伽罗瓦	2018－01	58.00	860
无穷统帅——康托尔	2018－01	48.00	861
科学公主——柯瓦列夫斯卡娅	2018－01	48.00	862
抽象代数之母——埃米·诺特	2018－01	48.00	863
电脑先驱——图灵	2018－01	58.00	864
昔日神童——维纳	2018－01	48.00	865
数坛怪侠——爱尔特希	2018－01	68.00	866
传奇数学家徐利治	2019－09	88.00	1110
当代世界中的数学．数学思想与数学基础	2019－01	38.00	892
当代世界中的数学．数学问题	2019－01	38.00	893
当代世界中的数学．应用数学与数学应用	2019－01	38.00	894
当代世界中的数学．数学王国的新疆域(一)	2019－01	38.00	895
当代世界中的数学．数学王国的新疆域(二)	2019－01	38.00	896
当代世界中的数学．数林撷英(一)	2019－01	38.00	897
当代世界中的数学．数林撷英(二)	2019－01	48.00	898
当代世界中的数学．数学之路	2019－01	38.00	899

刘培杰数学工作室
已出版(即将出版)图书目录——初等数学

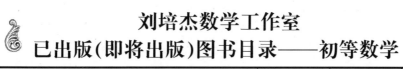

书　名	出版时间	定　价	编号
105 个代数问题:来自 AwesomeMath 夏季课程	2019—02	58.00	956
106 个几何问题:来自 AwesomeMath 夏季课程	2020—07	58.00	957
107 个几何问题:来自 AwesomeMath 全年课程	2020—07	58.00	958
108 个代数问题:来自 AwesomeMath 全年课程	2019—01	68.00	959
109 个不等式:来自 AwesomeMath 夏季课程	2019—04	58.00	960
国际数学奥林匹克中的 110 个几何问题	即将出版		961
111 个代数和数论问题	2019—05	58.00	962
112 个组合问题:来自 AwesomeMath 夏季课程	2019—05	58.00	963
113 个几何不等式:来自 AwesomeMath 夏季课程	2020—08	58.00	964
114 个指数和对数问题:来自 AwesomeMath 夏季课程	2019—09	48.00	965
115 个三角问题:来自 AwesomeMath 夏季课程	2019—09	58.00	966
116 个代数不等式:来自 AwesomeMath 全年课程	2019—04	58.00	967
117 个多项式问题:来自 AwesomeMath 夏季课程	2021—09	58.00	1409
118 个数学竞赛不等式	2022—08	78.00	1526

紫色彗星国际数学竞赛试题	2019—02	58.00	999
数学竞赛中的数学:为数学爱好者、父母、教师和教练准备的丰富资源.第一部	2020—04	58.00	1141
数学竞赛中的数学:为数学爱好者、父母、教师和教练准备的丰富资源.第二部	2020—07	48.00	1142
和与积	2020—10	38.00	1219
数论:概念和问题	2020—12	68.00	1257
初等数学问题研究	2021—03	48.00	1270
数学奥林匹克中的欧几里得几何	2021—10	68.00	1413
数学奥林匹克题解新编	2022—01	58.00	1430
图论入门	2022—09	58.00	1554

澳大利亚中学数学竞赛试题及解答(初级卷)1978～1984	2019—02	28.00	1002
澳大利亚中学数学竞赛试题及解答(初级卷)1985～1991	2019—02	28.00	1003
澳大利亚中学数学竞赛试题及解答(初级卷)1992～1998	2019—02	28.00	1004
澳大利亚中学数学竞赛试题及解答(初级卷)1999～2005	2019—02	28.00	1005
澳大利亚中学数学竞赛试题及解答(中级卷)1978～1984	2019—03	28.00	1006
澳大利亚中学数学竞赛试题及解答(中级卷)1985～1991	2019—03	28.00	1007
澳大利亚中学数学竞赛试题及解答(中级卷)1992～1998	2019—03	28.00	1008
澳大利亚中学数学竞赛试题及解答(中级卷)1999～2005	2019—03	28.00	1009
澳大利亚中学数学竞赛试题及解答(高级卷)1978～1984	2019—05	28.00	1010
澳大利亚中学数学竞赛试题及解答(高级卷)1985～1991	2019—05	28.00	1011
澳大利亚中学数学竞赛试题及解答(高级卷)1992～1998	2019—05	28.00	1012
澳大利亚中学数学竞赛试题及解答(高级卷)1999～2005	2019—05	28.00	1013

天才中小学生智力测验题.第一卷	2019—03	38.00	1026
天才中小学生智力测验题.第二卷	2019—03	38.00	1027
天才中小学生智力测验题.第三卷	2019—03	38.00	1028
天才中小学生智力测验题.第四卷	2019—03	38.00	1029
天才中小学生智力测验题.第五卷	2019—03	38.00	1030
天才中小学生智力测验题.第六卷	2019—03	38.00	1031
天才中小学生智力测验题.第七卷	2019—03	38.00	1032
天才中小学生智力测验题.第八卷	2019—03	38.00	1033
天才中小学生智力测验题.第九卷	2019—03	38.00	1034
天才中小学生智力测验题.第十卷	2019—03	38.00	1035
天才中小学生智力测验题.第十一卷	2019—03	38.00	1036
天才中小学生智力测验题.第十二卷	2019—03	38.00	1037
天才中小学生智力测验题.第十三卷	2019—03	38.00	1038

刘培杰数学工作室
已出版(即将出版)图书目录——初等数学

书名	出版时间	定价	编号
重点大学自主招生数学备考全书:函数	2020—05	48.00	1047
重点大学自主招生数学备考全书:导数	2020—08	48.00	1048
重点大学自主招生数学备考全书:数列与不等式	2019—10	78.00	1049
重点大学自主招生数学备考全书:三角函数与平面向量	2020—08	68.00	1050
重点大学自主招生数学备考全书:平面解析几何	2020—07	58.00	1051
重点大学自主招生数学备考全书:立体几何与平面几何	2019—08	48.00	1052
重点大学自主招生数学备考全书:排列组合·概率统计·复数	2019—09	48.00	1053
重点大学自主招生数学备考全书:初等数论与组合数学	2019—08	48.00	1054
重点大学自主招生数学备考全书:重点大学自主招生真题.上	2019—04	68.00	1055
重点大学自主招生数学备考全书:重点大学自主招生真题.下	2019—04	58.00	1056
高中数学竞赛培训教程:平面几何问题的求解方法与策略.上	2018—05	68.00	906
高中数学竞赛培训教程:平面几何问题的求解方法与策略.下	2018—06	78.00	907
高中数学竞赛培训教程:整除与同余以及不定方程	2018—01	88.00	908
高中数学竞赛培训教程:组合计数与组合极值	2018—04	48.00	909
高中数学竞赛培训教程:初等代数	2019—04	78.00	1042
高中数学讲座:数学竞赛基础教程(第一册)	2019—06	48.00	1094
高中数学讲座:数学竞赛基础教程(第二册)	即将出版		1095
高中数学讲座:数学竞赛基础教程(第三册)	即将出版		1096
高中数学讲座:数学竞赛基础教程(第四册)	即将出版		1097
新编中学数学解题方法 1000 招丛书.实数(初中版)	2022—05	58.00	1291
新编中学数学解题方法 1000 招丛书.式(初中版)	2022—05	48.00	1292
新编中学数学解题方法 1000 招丛书.方程与不等式(初中版)	2021—04	58.00	1293
新编中学数学解题方法 1000 招丛书.函数(初中版)	2022—05	38.00	1294
新编中学数学解题方法 1000 招丛书.角(初中版)	2022—05	48.00	1295
新编中学数学解题方法 1000 招丛书.线段(初中版)	2022—05	48.00	1296
新编中学数学解题方法 1000 招丛书.三角形与多边形(初中版)	2021—04	48.00	1297
新编中学数学解题方法 1000 招丛书.圆(初中版)	2022—05	48.00	1298
新编中学数学解题方法 1000 招丛书.面积(初中版)	2021—07	28.00	1299
新编中学数学解题方法 1000 招丛书.逻辑推理(初中版)	2022—06	48.00	1300
高中数学题典精编.第一辑.函数	2022—01	58.00	1444
高中数学题典精编.第一辑.导数	2022—01	68.00	1445
高中数学题典精编.第一辑.三角函数·平面向量	2022—01	68.00	1446
高中数学题典精编.第一辑.数列	2022—01	58.00	1447
高中数学题典精编.第一辑.不等式·推理与证明	2022—01	58.00	1448
高中数学题典精编.第一辑.立体几何	2022—01	58.00	1449
高中数学题典精编.第一辑.平面解析几何	2022—01	68.00	1450
高中数学题典精编.第一辑.统计·概率·平面几何	2022—01	58.00	1451
高中数学题典精编.第一辑.初等数论·组合数学·数学文化·解题方法	2022—01	58.00	1452
历届全国初中数学竞赛试题分类解析.初等代数	2022—09	98.00	1555
历届全国初中数学竞赛试题分类解析.初等数论	2022—09	48.00	1556
历届全国初中数学竞赛试题分类解析.平面几何	2022—09	38.00	1557
历届全国初中数学竞赛试题分类解析.组合	2022—09	38.00	1558

联系地址:哈尔滨市南岗区复华四道街 10 号　哈尔滨工业大学出版社刘培杰数学工作室
网　　址:http://lpj.hit.edu.cn/
邮　　编:150006
联系电话:0451—86281378　　13904613167
E-mail:lpj1378@163.com